AF721606

Hubert Zeiler

Gams

Österreichischer Jagd- und Fischerei-Verlag

Hubert Zeiler

Gams

Österreichischer Jagd- und Fischerei-Verlag

Dr. Hubert Zeiler, Jahrgang 1963,
lebt in Slowenien und Kärnten.
Von Berufung und Beruf ist er
Wildbiologe, Autor und
Bildender Künstler.

© 2012 by Österreichischer Jagd- und Fischerei-Verlag,
Wickenburggasse 3, 1080 Wien

Titelbild: Nach einem Original von Hubert Zeiler

Fotos: Helmut Fladenhofer (2): Seiten 143, 175;
Gunther Greßmann (4): S. 159, 167 oben, 170, 229;
Veronika Grünschachner-Berger (10): S. 43, 67, 71 oben und unten, 72, 99, 116, 120, 130, 140;
Franz Hafner (1): S. 193; Reinhard Hölzl (1): S. 274;
Stefan Meyers (2): S. 20, 21; Claude Morerod (1): S. 273;
Peter Pichler (1): S. 277; Jaroslav Vogeltanz (1): S. 241;
Paul-Sixtus Volpini de Maestri (1): S. 191 links oben;
Christian Zeiler (12): S. 73, 95, 104, 149, 183, 191 rechts oben und rechts unten, 200, 223, 259, 260, 268;
alle anderen Fotos: Hubert Zeiler (108).

Zeichnungen: Hubert Zeiler

Verlagsassistenz und Sekretariat: Angela Pleyel

Repro: Blaupapier, Wien

Gesamtherstellung: Druckerei Ferdinand Berger & Söhne Ges.m.b.H., Horn

ISBN 978-3-85208-100-7

INHALT

ERSTES KAPITEL:

Entwicklung – Systematik – Verbreitung 11

Zweites Kapitel:

Verhalten 45

Drittes Kapitel:

Lebensraum und Lebensraumnutzung 109

Viertes Kapitel:

Ernährung 161

Fünftes Kapitel:

Zuwachs und Bestandesdynamik 175

Sechstes Kapitel:

Hörner und Krucken 195

Siebtes Kapitel:

Krankheiten 213

ACHTES KAPITEL:

Störungen 231

NEUNTES KAPITEL:

Raubfeinde 241

ZEHNTES KAPITEL:

Jagd 247

ELFTES KAPITEL:

Steckbrief Gamswild 269

Erstes Kapitel:

Entwicklung – Systematik – Verbreitung

Irgendwo rollen Steine von den steilen Hängen längs der Schlucht. Doch obwohl ich mir sicher bin, dass hier nicht zufällig Gestein abbröckelt, kann ich nichts Auffälliges finden. Wer sollte sich in diesen Abhängen auch bewegen, kaum ein Mensch kann die senkrecht abfallenden Felswände durchklettern. Da und dort sind sie bewachsen: Graspolster, Sträucher, die ihre Wurzeln in Spalten und Nischen verankern; hier am Südostrand der Alpen sind Felsenbirnen, Hopfenbuchen oder Blumeneschen typisch. Kronen einzelner Kiefern ragen in den Himmel. Ihre Stämme gehen bereits nach wenigen Metern in ein bizarres Astgewirr über. Vereinzelt reichen Schutthalden bis zu den Felsblöcken, die das Bachbett säumen. In Jahrmillionen hat sich hier das Wasser in die Erdkruste gearbeitet, Gletscher haben Gestein abgerieben und weiter draußen ganze Täler geformt. Zwischen Schrofen und Abhängen kreisen Felsenschwalben, und eben als ich überlege, dass Trittsicherheit für ein Leben in diesem Gelände wohl eine der wichtigsten Voraussetzungen wäre, nehme ich oben an einer Felskante eine Bewegung wahr. Es sind einige Stück Gamswild. Sie haben mich sicher schon eine Zeit lang im Blick. Dort oben fühlen sie sich sicher, gewandt queren sie einen Steilabbruch, setzen über ein Felsband auf einen schmalen Vorsprung, steigen über diesen etwas tiefer und ziehen dann auf einem deutlich erkennbaren Wechsel durch eine Schutthalde in den felsdurchsetzten Hangwald…

Entlang von Schluchten, felsdurchsetzten Taleinschnitten und Bergkämmen ist Gamswild immer wieder in neue Lebensräume eingewandert. Doch von woher kommt jene Wildart, die wir heute als Charaktertier der Alpen bezeichnen? Wann hat sie die Alpen besiedelt? Gibt es sie nur in diesem Gebirgszug, oder unterteilen wir Gams sogar in mehrere Arten und Unterarten?

Rupicapra, die Felsenziege?

Der lateinische Name für unser Gamswild leitet sich von zwei Wörtern ab: „rupes“ steht für Fels und „capra“ für Ziege. Wenn man in den Bergen und Schluchten des Balkan nach der „wilden Ziege“ fragt, wird man von Hirten und Jägern tatsächlich Auskunft über Gams erhalten, doch tatsächlich sind sie nur weitläufig mit Ziegen verwandt. Beide Arten gehören zur Unterfamilie der Caprinae, also zu den Ziegenartigen. Die Ziegenartigen zählen ebenso wie Ducker, Böckchen, Waldböcke, Rinder, Kuhantilopen, Pferdeböcke, Ried- und Wasserböcke, Schwarzfersenantilopen, Gazellen oder Saigaantilopen zur großen Familie der Hornträger Bovidae. Diese gesamte Tierfamilie umfasst zwischen 100 und 140 verschiedene Arten – je nach Klassifizierung. Alle gemeinsam gehören zu den Wiederkäuern und in die Ordnung der Paarhufer. Die Zahl der Unterfamilien und Gattungen schwankt je nach

Hornträger

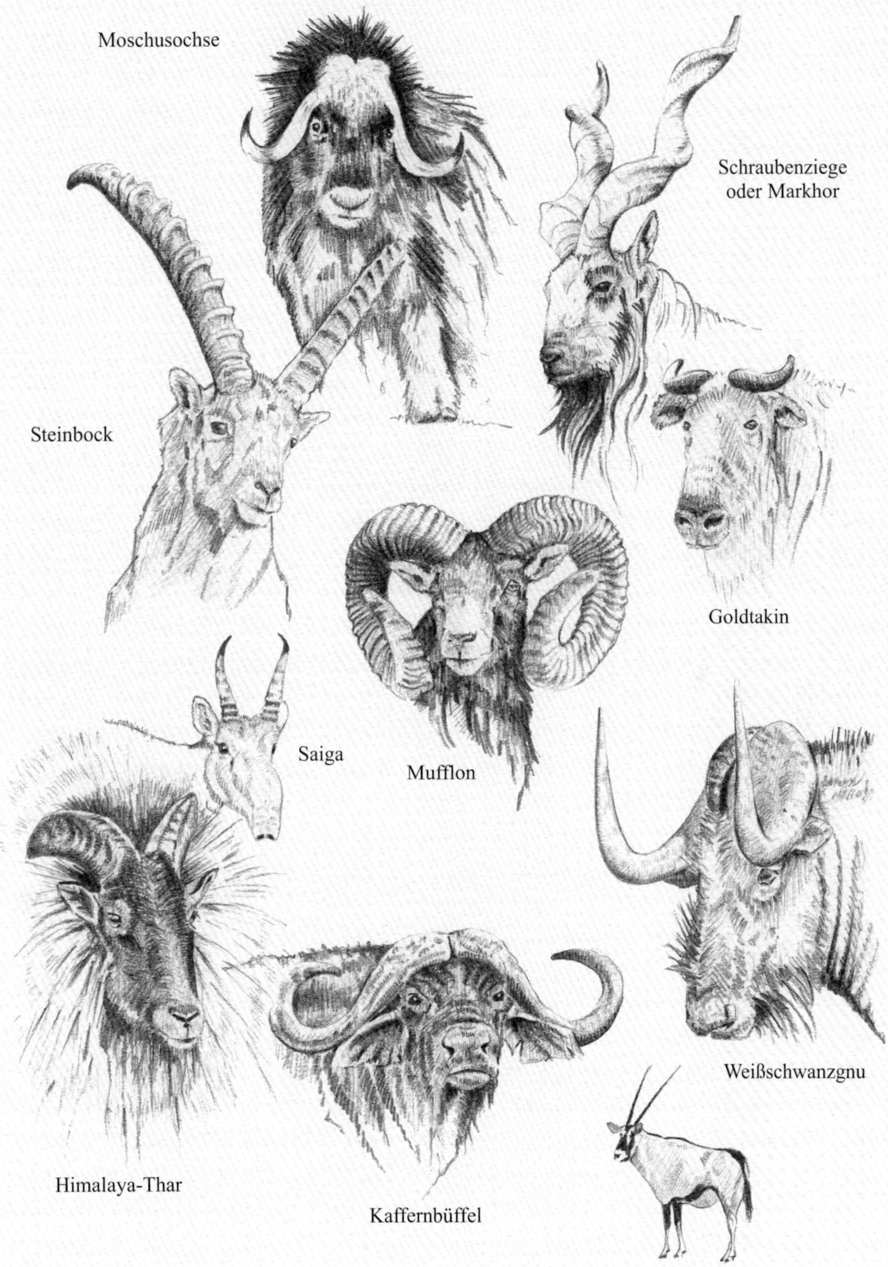
Moschusochse
Schraubenziege
oder Markhor
Steinbock
Goldtakin
Saiga
Mufflon
Weißschwanzgnu
Himalaya-Thar
Kaffernbüffel
Oryx
oder Spießbock

Einteilung immer wieder, selbst bei den Arten ist man in vielen Fällen noch nicht vollkommen sicher, ob man nur von Unterarten oder schon von eigenständigen Arten sprechen kann. Auch beim Gams wurde lange über Zugehörigkeit und Stellung gerätselt. Ein Grund für die schwierige Zuordnung ist, dass die Hornträger eine äußerst vielfältige Gruppe von Tieren sind. Sie stehen gegenwärtig in einer Blüte und entwickeln sich immer noch weiter. Die Gams sind ein gutes Beispiel dafür – wir haben also eine Wildart vor uns, die mitten in ihrer Entwicklung ist, aus der wir nur ein Zeitfenster sehen.

Bleiben wir noch einen Augenblick beim Stammbaum der Ziegenartigen. Allein Schafe und Ziegen zeigen uns, wie viele Formen sich hier in den unterschiedlichsten Lebensräumen entwickelt haben, sowohl in Wüsten wie in den höchsten Bergen der Welt: Von Äthiopien bis Spanien gibt es allein sieben verschiedene Steinbockarten, einige davon mit weiteren Unterarten. Beim Argali, dem Riesenwildschaf, unterteilen manche in neun Unterarten, beim nahe verwandten Orientalischen Wildschaf spricht man etwa von ebenso vielen Unterarten. Dickhornschafe gibt es beispielsweise sowohl in Nordamerika wie auch in Asien; hier werden sieben Unterarten angegeben, manche sprechen von eigenständigen Arten. Zwischen den Ziegen und Schafen stehen wiederum die Mähnenspringer, Thare und Blauschafe. Man kann sich also leicht vorstellen, dass es mit fortlaufenden genetischen Untersuchungen noch Korrekturen geben wird. Unter den Hornträgern finden wir heute einige der beliebtesten jagdbaren Wildarten weltweit. Die vielfältigen, teils imposanten Stirnaufsätze sind als Trophäen sehr begehrt. Doch gerade bei den Ziegenartigen ist nicht immer völlig klar, was genau überhaupt zur Beute wurde, selbst von Zoll- und Naturschutzbehörden gibt es immer wieder Anfragen, weil sie Schwierigkeiten haben, einzelne Trophäen der richtigen Art oder Unterart zuzuordnen. Manche davon sind streng geschützt und nahe dem Aussterben, andere dürfen legal bejagt werden. Wie gesagt: Bei den Hornträgern ist noch alles im Fluss, eine allseits anerkannte Einteilung steht nach wie vor aus. Auch beim Gamswild kommen nun fast jährlich neue Ergebnisse. Hochentwickelte genetische Methoden liefern dazu immer genauere Grundlagen.

Wenn wir zurück zu den Ursprüngen dieser Tierfamilie gehen, dann hilft uns die Genetik nicht viel weiter, hier sind wir zunächst einmal auf Fossilfunde angewiesen. In erdgeschichtlichen Zeiträumen gemessen sind die Hornträger eine sehr junge Gruppe von Tieren. Eine der frühesten Formen ist „Eotragus", ein kleiner Paarhufer mit kurzen, spitzen Hörnern. Er taucht im Miozän vor 18 bis 20 Millionen Jahren auf. Bereits in diesem Erdzeitalter kam es zur Aufspaltung verschiedener Linien. Vor etwa 5 Millionen Jahren haben sich die wichtigen Unterfamilien der heutigen Hornträger herausgebildet. Im Quartär, einem Erdzeitalter, das vor etwa 2,5 Millionen Jahren

Eotragus.

Diese Frühform der Hornträger hat in etwa so wie die indische Vierhornantilope ausgesehen. Er trug kurze spitze Hörner und war in unterwuchsreichen Lebensräumen daheim.

begann und bis heute andauert, wechselten dann Eiszeiten mit Warmzeiten. Mit der Vereisung wurden Lebensräume einerseits voneinander isoliert, andererseits gelangten Hornträger durch den Abfall des Meeresspiegels über die neu entstandene Landbrücke von Asien nach Nordamerika. Rinder, Vorfahren der Schneeziege und Schafarten sind damals auf den Neuen Kontinent gewandert.

Verschneite Dolomiten.

Im Zuge der Vereisung wurden Lebensräume in den Alpen immer wieder voneinander isoliert. Auch verschiedene Gamsvorkommen wurden auf diese Weise zeitweise voneinander getrennt.

Die Caprinae gehören zu den erfolgreichsten Gruppen unter den Hornträgern. Sie besiedelten Asien, Europa, Afrika und Nordamerika. Wir unterscheiden heute 35 Arten. Es sind zumeist mittelgroße, kompakt gebaute Paarhufer mit stämmigen Beinen, sie sind trittsicher, kommen gut mit extremen Temperaturschwankungen zurecht und haben sich an gebirgige Lebensräume angepasst. Die großen Gebirgsketten in Asien und Europa boten beste Ausgangsbedingungen für die rasche Entwicklung dieser Gruppe von Tieren. Der Mangel an gebirgigen, alpinen Lebensräumen in Afrika erklärt, warum die Caprinae die einzige Unterfamilie innerhalb der Bovidae sind, welche in Eurasien deutlich mehr Arten aufweisen als in Afrika – Afrika beheimatet weltweit weitaus die meisten Hornträger.

Die Unterfamilie der Caprinae wird derzeit in vier Gattungen unterteilt: Gegenwärtig fällt darunter auch der Tschiru, das ist die Tibetantilope. Früher wurde sie zusammen mit der Saigaantilope in eine getrennte Gruppe gegeben. Heute geht man davon aus, dass der Tschiru näher bei den Ziegenartigen steht und stellt ihn als eine eigene Gattung zu den Caprinae. In dieser Gruppe ist es die einzige Antilopenart. Eine Gattung, über die ebenfalls noch immer diskutiert wird, sind die Schafochsen. Die zotteligen langhaarigen Moschusochsen gehören dazu und heute auch der Takin, die stämmige Rindergämse. Zur Gattung der Gämsenartigen zählen neben den echten Gams auch noch die Schneeziege sowie Serau und Goral. Die vierte und gleichzeitig artenreichste Gattung stellen die Caprini – die Böcke oder Ziegen. Steinböcke, Bezoar- und Schraubenziege, Riesenwildschaf, Orientalisches Wildschaf, Dickhornschafe, Mähnenspringer, Blauschafe, und Thare werden zu dieser Gattung gezählt. In jeder Gruppe gibt es zahlreiche Arten und Unterarten.

Zwei oder drei Gamsarten?

Während des 20. Jahrhunderts wurde die systematische Einteilung der Gams immer wieder geändert. Auch derzeit ist die Diskussion wieder ganz aktuell im Gang. Wer also ein Kapitel zur Entstehung des Gamswildes verfassen möchte, der tut sich schwer, weil wir noch immer nicht wirklich am Ende der Forschungsarbeit angelangt sind. Dennoch möchte ich versuchen, einige Informationen über die Herkunft dieser Tierart zusammenzufassen. Die bis in jüngste Zeit akzeptierte Einteilung der Gams geht von zwei Arten aus. Eine davon ist die Südliche Gams (Rupicapra pyrenaica), welche das Gamswild der Iberischen Halbinsel mit jenem am Apennin zusammenfasst. Die andere ist die Nördliche Gams (Rupicapra rupicapra), welche alle anderen Vorkommen einschließt. Neuere genetische Studien zeigen jedoch, dass die in Italien beheimatete Abruzzengams (Rupicapra pyrenaica ornata) – wie schon einmal – als eigene Art geführt werden sollte. Auch über die Trennung und Entstehung der zwei oder drei verschiedenen Gamsarten ist man sich bis jetzt noch immer nicht völlig einig. Es gibt also viele Fragezeichen.

Die frühen Vorfahren unserer Gams sind aus dem Nordwesten des Himalaya nach Europa eingewandert. Entlang von Flusstälern, Schluchten oder eisfreien Gebirgszügen zogen sie vom Kaukasus über Kleinasien, den Balkan und die Alpen bis nach Westeuropa. Man nimmt an, dass es in den Alpen wahrscheinlich zwei Einwanderungswellen gab. Tatsache ist, dass die frühesten Funde von Rupicapra in Europa aus dem Mittleren Pleistozän stammen. Procamptoceras brivatense, eine Art mit einfachen spitzen Hörnern, stammt ebenfalls aus dieser Zeit. Sie wird als die am nächsten bekannte Form zu den Vorfahren von Rupicapra angesehen. Das Pleistozän beginnt vor rund 2,6 Millionen Jahren. Auch wenn die europäische Fauna und Flora zu dieser Zeit noch in weiten Bereichen tropisch war, so beginnt in diesem Zeitabschnitt dennoch das Eiszeitalter. Mit Einsetzen der Günz-Kaltzeit, der ältesten der vier Kaltzeiten, wandelt sich die Tierwelt vor etwa 800.000 Jahren im mittleren Pleistozän markant. Allmählich wandern immer mehr Tierarten aus den temperierten und borealen Regionen Asiens nach Europa, darunter die Vorfahren von Rentier, Wisent, Reh, Steinbock oder Saigaantilope. Es wechseln Warm- und Kaltzeiten ebenso wie Wald- und Steppenarten. Wenn Gebirgszüge vollkommen von Gletschern bedeckt werden, muss sich die Tierwelt bis weit hinein in Steppengebiete zurückziehen. Das ist ein Grund, warum fossile Reste von Gams vereinzelt auch weit außerhalb des Alpenraums gefunden werden. Gams sind aber keine ausdauernden Läufer wie der Rothirsch, sie verstecken sich nicht wie Rehe, sondern ziehen sich vor Raubfeinden in die nächstgelegenen schwer zugänglichen Steillagen zurück. Deshalb waren weitgehend baumfreie Mittelgebirge, Schluchten und felsdurchsetzte Hänge damals wichtige Verbindungswege und Rückzugsgebiete.

Im Zuge der Vereisung der Alpen wurden die verschiedenen Vorkommen auch über lange Zeit getrennt. Auf diese Aufsplitterung deuten genetische Untersuchungen hin. Neue Forschungsergebnisse zeigen dabei, dass man die Gams in einen westlichen, einen zentralen und einen nordöstlichen Stamm unterteilen kann – demnach gibt es also drei Hauptlinien. Die Genetiker weisen jedoch darauf hin, dass die Aufspaltung dieser Stämme schon sehr früh erfolgte. Der westliche soll sich gemeinsam mit dem zentralen Stamm bereits vor 1,7 Millionen Jahren vom nordöstlichen abgespalten haben. Aufbauend auf diesen Grundlagen können Gams heute in drei Hauptgruppen eingeteilt werden: die Iberische Population, die Apenninen-Population und die nordöstliche Population. Die vereisten Alpen waren eine Barriere zwischen Südwest und Nordost. Zwischen den zentralen Vorkommen am Südwestrand der Alpen und den westlichen Vorkommen in den Pyrenäen hat es dagegen Überlappungen und Vermischung gegeben. Die Chartreuse-Gams in Frankreich sind in diesem Übergangsbereich daheim, sie tragen noch Erbinformation von beiden Stämmen.

Heute geht man davon aus, dass die Gams ein gutes Beispiel für „vernetzte Evolution" liefern. Was heißt das? Beim Gamswild zeigt sich, dass die Entwicklung einer Art keine Einbahnstraße ist, in der ein Entwicklungsschritt dem nächsten folgt. Im Laufe der Entwicklungsgeschichte dieser Wildart kam es mehrfach zur Vereisung von typischen Gamslebensräumen, während langer Zeitabschnitte waren die gesamten Alpen mit Gletschern bedeckt. Die Wildart braucht aber Lebensräume mit Steilgelände und Felsanteil als Rückzugsgebiet vor natürlichen Feinden. Geeignete Lebensräume wurden mit dem Vorstoß der Gletscher also immer wieder voneinander getrennt, zeitweise blieben nur weit auseinander liegende Reste mit geringen Vorkommen gleichsam wie Inseln über. Das heißt, es gab Zeitabschnitte, wo Vorkommen isoliert waren und nur geringe Bestandeszahlen aufwiesen, worauf wieder Perioden folgten, wo sich Bestände ausgebreitet und vermischt haben. Zwischen diesen Populationen entstehen im Laufe langer Zeiträume genetische Unterschiede, auch neue Unterarten oder Arten sind möglich. Geografische Variationen, Unterarten, und manchmal sogar nahe verwandte Arten können sich unter Umständen wieder neu vermischen, sodass es zu Bastardisierung und genetischem Transfer kommt. Ein Beispiel dafür ist die mögliche Bastardisierung von Steinbock und Ziege. Beide sind nahe verwandt, aber völlig eigenständige Arten. Im Fall der vernetzten Evolution gibt es also ein netzartiges System zwischen oft stark unterschiedlichen Linien. Die beiden derzeit anerkannten Gamsarten Rupicapra rupicapra und Rupicapra pyrenaica haben demnach keine eindeutige gemeinsame Stammform. Zwar gibt es für jeden Organismus einen Stammbaum aus einer Abfolge von Eltern und Kindern, aber nicht jedes Gen wird gleichmäßig von einer auf die nächste Generation weitergegeben. Ohne hier noch weiter in die Tiefe gehen zu wollen, ist schlussendlich auch noch anzufügen, dass einige Genetiker heute Zweifel an der These hegen, Rupicapra sei von Ost nach West gewandert. Es könnte durchaus auch so gewesen sein: Die Vorfahren unserer Gams haben sich in Südwesteuropa entwickelt und sind von dort nach Osten gewandert. Vielleicht wird es in einem der nächsten Gamsbücher eine klare Antwort auf die Frage nach der Herkunft dieser Wildart geben …

Steinzeitliche Gamsdarstellung.

Südliche Gams (Rupicapra pyrenaica)

Die namensgebende Form der südlichen Gams ist die Pyrenäengams. Es gibt derzeit drei Unterarten:

Pyrenäengams (Rupicapra pyrenaica pyrenaica),
Kantabrische Gams (Rupicapra pyrenaica parva) und
Abruzzengams (Rupicapra pyrenaica ornata)

Pyrenäengams und Kantabrische Gams – neue Krankheiten nach Bestandeszunahme

Die Pyrenäengams wird auch „Isard" genannt. Sie kommt in den Pyrenäen entlang der französisch-spanischen Grenze sowie in Andorra vor, die Kantabrische Gams (Rupicapra pyrenaica parva) besiedelt das Kantabrische Gebirge im Nordwesten Spaniens von 400 bis 2.800 Meter Seehöhe. Beide Arten gleichen der Abruzzengams, sind aber etwas kleiner und haben auch deutlich kürzere und dünnere Krucken. Generell stehen bei den südlichen Gams die Schläuche an der Basis enger beisammen, und in der Regel haben die Krucken auch weniger Auslage, zudem ist der Schädel der Alpengams etwas breiter. Ebenso wie bei den Alpengams gibt es auch bei den südlichen Gams ausgeprägte Unterschiede zwischen Sommer- und Winterkleid. Während im Sommer ähnlich wie bei den Alpengams ein fahles Rotbraun überwiegt, sind die südlichen Verwandten im Winter auffällig lebhaft gefärbt. An den Läufen und im mittleren Körperbereich ist die Winterdecke schwarzbraun, Keulen sowie Schultern und Träger sind im Kontrast dazu aber hell cremefarben, ebenso Wangen und Kehle. Von den Lauschern zieht sich seitlich am Träger ein breiter schwarzer Streifen, der im Bereich der Brust zusammenfließt.

Der Bestand der Pyrenäengams stieg seit Ende der 1980er-Jahre markant an. Dazu haben vor allem viele Aussetzungen am Ende des 20. Jahrhunderts beigetragen. Allein auf französischer Seite wurden in den Pyrenäen zwischen 1891 und 2000 mehr als 600 Tiere umgesiedelt. Krankheiten haben aber sowohl im Kantabrischen Gebirge wie auch in den Pyrenäen wieder zu Bestandeseinbrüchen geführt. Anfang, Mitte der 1990er-Jahre ist im Kantabrischen Gebirge die Räude aufgetreten, und in den letzten Jahren gab es in den Pyrenäen Epidemien, die bisher beim Gamswild völlig unbekannt waren. Bei Pyrenäengams wurden Pestvirus, eine Durchfallerkrankung und Border Disease festgestellt, das ist ebenfalls eine Viruskrankheit. Krankheiten stellen in Frankreich und Spanien derzeit die größten Bedrohungen für die Art dar.

Abruzzengams – letzte Überlebende am Apennin

Wie gesagt, es ist wohl nur eine Frage der Zeit, und man wird die Abruzzengams wieder als eigene Art führen. Die im Winter auffällig lebhaft gefärbte Abruzzengams mit ihren deutlich höheren Krucken kommt nur mehr in einem kleinen Rückzugsgebiet in Italien vor. Sie war während des Ersten und Zweiten Weltkriegs nahe der Ausrottung, hat also zwei Mal in kurzer Zeit einen extremen Flaschenhals durchlaufen. Bis zum Beginn des 21. Jahrhunderts ist der Bestand wieder auf etwa 800 Tiere angewachsen, dennoch ist die Wildart genetisch stark verarmt. Zwischen Abruzzengams und Alpengams oder Pyrenäengams gibt es keine Verbindung. Wahrscheinlich hat sich die Abruzzengams im Zuge der Riß-Eiszeit von den Seealpen auf den Apennin zurückgezogen. Dieser 1.500 Kilometer lange Gebirgszug erstreckt sich über den größten Teil der italienischen Halbinsel. Etwa in der Mitte liegen die Abruzzen – mit Gipfeln bis zu 2.900 Meter die höchsten Erhebungen der Gebirgskette. Und eben dort lebt heute noch ein Rest jener Gams aus dem ehemals zentralen Stamm. Genetiker weisen auf die Verwandtschaft mit der ebenfalls isolierten Chartreuse-Gams hin. Auch sie gehört zur zentralen Stammlinie. Einst waren Abruzzengams über den größten Teil des Apennin,

Abruzzengams.
Einst in weiten Teilen des Apennin zu Hause, gibt es heute nur mehr 800 Stück davon.

Abruzzengams gelten vielen als der schönste Gams überhaupt.
Im Winter sind Abruzzengams auffallend lebhaft gezeichnet. Die Krucken sind deutlich länger als beim Alpengams, und auch die Bockkrucken sind stärker gehakelt. Zwischen den Vorkommen des Abruzzengams und des Alpengams gibt es keine Verbindung.

vom Norden, wo der Gebirgszug bis an die Adriaküste reicht, bis nach Kalabrien an der Südspitze des italienischen Stiefels verbreitet. Heute gibt es drei kleine Teilpopulationen: eine im Abruzzen-Nationalpark, eine im Majella-Massiv und eine im Gran Sasso-Massiv. Daneben versucht man mit einem Zuchtprogramm die genetische Variabilität zu erhöhen.

Für viele sind die Abruzzengams die schönsten ihrer Gattung – ich schließe mich diesem Urteil an.

Auffällig sind besonders die Krucken, welche eher wenig Auslage aufweisen, dafür aber stark und bis über 30 Zentimeter hoch werden. Abruzzengams tragen deutlich längere Krucken als Pyrenäen- und Alpengams. Die Böcke sind so wie bei den Alpengams schwerer und auch stärker gehakelt. Die Körpergröße entspricht in etwa jener der Alpengams. Die Abruzzengams gilt als gefährdet und ist streng geschützt. Konkurrenz mit Weidetieren, darunter besonders Hausziegen, zählt derzeit zu jenen Faktoren, welche die Bestandesentwicklung ungünstig beeinflussen.

Nördliche Gams (Rupicapra rupicapra)

Die namensgebende Form der nördlichen Gams ist die Alpengams (Rupicapra rupicapra rupicapra). Es ist die Art mit der größten Verbreitung, wobei man eigentlich von der „nordöstlichen Gams“ sprechen sollte. Die Alpen stellen zwar sowohl nach der Fläche als auch nach der Anzahl das wichtigste Kerngebiet dar, aber die Art kommt im Osten bis in die Türkei und den Kaukasus vor. Man geht derzeit insgesamt von etwa 400.000 bis 450.000 Tieren aus. In manchen Gebieten sind die Zahlen rückläufig, einzelne Vorkommen sind sogar stark gefährdet und brauchen Hilfe. In den Alpen gilt der überwiegende Teil der Population als gesichert. Es gibt derzeit sieben Unterarten:

Alpengams (Rupicapra rupicapra rupicapra),
Chartreuse-Gams (Rupicapra rupicapra cartusiana),
Tatragams (Rupicapra rupicapra tatrica),
Karpatengams (Rupicapra rupicapra carpatica),
Balkangams (Rupicapra rupicapra balcanica),
Unterart Asiatica (Rupicapra rupicapra asiatica) und
Kaukasusgams (Rupicapra rupicapra caucasia).

Alpengams – die zahlenmäßig stärkste Gruppe

Von Rax und Schneeberg kurz vor Wien bis in die Seealpen nahe bei Nizza reicht das Vorkommen der Alpengams. Am Balkan gibt es diese Unterart bis knapp über die slowenisch-kroatische Grenze, südlich des Schneebergs. Österreich, die Schweiz, Norditalien sowie die französischen Westalpen umfassen das Kerngebiet. Bayern beherbergt Randvorkommen, die in den letzten Jahren im Staatswald stark reduziert wurden. Ausgesetzt wurde die Art im Jura, wie auch im Schwarzwald und in den Vogesen. Für das Elbsandsteingebirge an der Grenze zwischen Sachsen und Tschechien sind Aussetzungsversuche schon aus dem 17. Jahrhundert bekannt, erfolgreich war die Ansiedlung dort erst zu Beginn des 20. Jahrhunderts. Daneben gibt es eine Reihe von kleineren Kolonien, die mit Alpengams begründet worden sind. Die Unterart wurde auch immer wieder für Blutauffrischungen verwendet und sogar nach Neuseeland und Argentinien gebracht.

Es steht zwar fest, dass die Alpengams zahlenmäßig die stärkste Gruppe darstellen, aber genaue Bestandesschätzungen gibt es keine. Die Jagdstrecken in Österreich sind ebenso wie in der Schweiz seit etwa Mitte der 1990er-Jahre rückläufig. Im Kanton Graubünden geht man davon aus, dass es diese Bestandesabnahme im gesamten Alpenraum gibt, auch in großen Schutzgebieten kommt sie vor. Aus diesem Grund nimmt man an, dass nicht die Jagd allein,

Gamsarten

Nördliche Gams
(Rupicapra rupicapra)

Südliche Gams
(Rupicapra pyrenaica)

Abruzzengams
(Rupicapra pyrenaica ornata)

sondern übergeordnete Faktoren wie das Klima, außergewöhnliche Schneemengen, Konkurrenz mit anderen Huftieren, Störungen durch zunehmenden Tourismus, Lebensraumverlust und Krankheiten von größerer Bedeutung sind. Während in den Westalpen die Gamsblindheit immer wieder zu starken Bestandeseinbrüchen führt, ist es in den Ostalpen die Räude. Insgesamt sind die Bestände nicht gefährdet, aber der rückläufige Trend ist in Österreich und in der Schweiz eindeutig.

Chartreuse-Gams – abgeschiedenes Vorkommen in den Bergen der Kartäuser

Die Chartreuse-Gams lebt heute in einem kleinen isolierten Vorkommen am westlichen Rand der französischen Alpen. Die Unterart ist nach dem gleichnamigen Kalkmassiv benannt. Es ist vor allem durch Grenoble, dem Austragungsort der 10. Olympischen Winterspiele, bekannt geworden. Die Chartreuse zählt zu den Voralpen, einige Gipfel werden bis knapp über 2.000 Meter hoch. Während der Eiszeiten blieben sie weitgehend frei von Gletschern und waren deshalb wohl auch ein Rückzugsgebiet für Gams. Im Laufe der Zeit hat sich dann die Unterart „cartusiana“ entwickelt, sie kommt nur im Chartreuse-Massiv vor. Die Bestände sind in den 1970er- und 1980er-Jahren auf 150 bis 300 Tiere zusammengeschrumpft, haben sich danach aber wieder erholt. Sie waren streng geschützt, und teilweise wurden Gams auch in ehemalige Vorkommensgebiete umgesiedelt. Angaben zu den Bestandeszahlen gehen stark auseinander, aber derzeit schätzt man, dass es wieder 1.000 bis 2.000 Tiere gibt. Im deutschen Sprachraum nennt man die Unterart „Kartäusergams“. Das Mutterkloster des gleichnamigen Kartäuserordens liegt in einem abgelegenen Seitental des Gebirgsstocks. Grenoble zählt zwar in den Alpen zu den Regionen mit den höchsten Einwohnerdichten, der Rest des Bergmassivs ist aber nur dünn vom Menschen besiedelt. Dennoch beeinflussen die Konkurrenz mit Weidetieren, Forstwirtschaft, Tourismus sowie Wilderei die Entwicklung der Gamsbestände ungünstig. Daneben wird auch die Konkurrenz mit Rotwild und Mufflon sowie die Vermischung mit ausgesetzten Alpengams erwähnt. Die Unterart gilt immer noch als gefährdet.

Tatragams – gefährdeter Rest im polnisch-slowakischen Grenzraum

Die Tatragams ist eine Unterart, um die man sich wirklich ernsthaft Sorgen machen muss! In alten Jagdbüchern wird die Jagd auf Gams in der Tatra immer wieder beschrieben. Besonders aus jener Zeit, als der Gebirgsstock an der polnisch-slowakischen Grenze noch Teil der k.u.k. Monarchie war, ist eine Reihe von Berichten überliefert. Dort, wo einst österreich-ungarische

Aristokraten auf Tatragams jagten, gibt es heute einen Nationalpark. Ein großes Naturschutzgebiet – das alljährlich von mehreren Millionen Menschen besucht wird. Seit den 1960er-Jahren nimmt der Bestand der Tatragams kontinuierlich ab, heute sind die wenigen noch verbliebenen Gams in der Tatra vom Aussterben bedroht. Die Weltnaturschutzorganisation IUCN geht von weniger als 200 Tieren aus. Vor allem Inzucht stellt bei derart geringen Bestandeszahlen eines des größten Risiken dar. So wie für viele andere kleine isolierte Vorkommen gilt auch für die Tatragams: Das illegale Aussetzen von Alpengams bedroht die genetische Eigenständigkeit dieser Unterart! Solche Aktionen sind vielleicht gut gemeint, aber ganz sicher nicht die Lösung, wenn es um den Rückgang einer lokalen Unterart geht. Illegale Jagd, Störung sowie Einschränkung des verfügbaren Lebensraumes durch immer stärkere touristische Nutzung und vor allem Inzucht gefährden die Gamsvorkommen in der Großen und Kleinen Tatra. Die IUCN sieht den Fortbestand dieser Unterart als kritisch bedroht.

Karpatengams – kapitale Krucken und leichter Bestandesanstieg in Transsylvanien

Vielen Jägern ist das Gamswild aus den Karpaten und Transsylvanischen Alpen durch besonders starke Trophäen und Jagderzählungen aus längst vergangenen Tagen bekannt. Nachdem sich die Bestände im 20. Jahrhundert verringert haben, geht man heute wieder von einem leichten Bestandesanstieg aus. Verantwortlich dafür ist auch eine Reihe von erfolgreichen Wiederansiedlungen. Man nimmt an, dass es derzeit wieder etwa 9.000 Tiere gibt. Da und dort spielen Weidetiere als Konkurrenten eine Rolle.

Balkangams – Splittergruppen in Südosteuropa

Südosteuropa ist eine Gebirgsregion, das Wort „Balkan“ stammt ursprünglich aus dem Türkischen und bedeutet nichts anderes als „Gebirge“. Am Balkan gibt es eine ganze Reihe von oft kleinen zersplitterten Gamsbeständen, die völlig voneinander isoliert sind. Genaue Bestandeszahlen sind schwer zu erheben. Man geht von 11.000 bis 14.000 Stück in den Nachfolgestaaten des ehemaligen Jugoslawien aus, rund 1.000 Gams sollen es in Albanien sein. Die Wildart ist dort ebenso gefährdet wie im benachbarten Griechenland, wo es nur noch 500 bis 700 Tiere in zerstreuten, oft sehr kleinen Vorkommen gibt. Darunter sind auch Bestände, die nur mehr 20 bis 30 Stück beherbergen. In Bulgarien ist Gamswild selten, man rechnet mit 1.600 Stück. Dort wurden ebenso wie auch in anderen Balkanländern immer wieder Gams ausgesetzt, um die Bestände zu stabilisieren. In der Regel hat man dafür in der Ver-

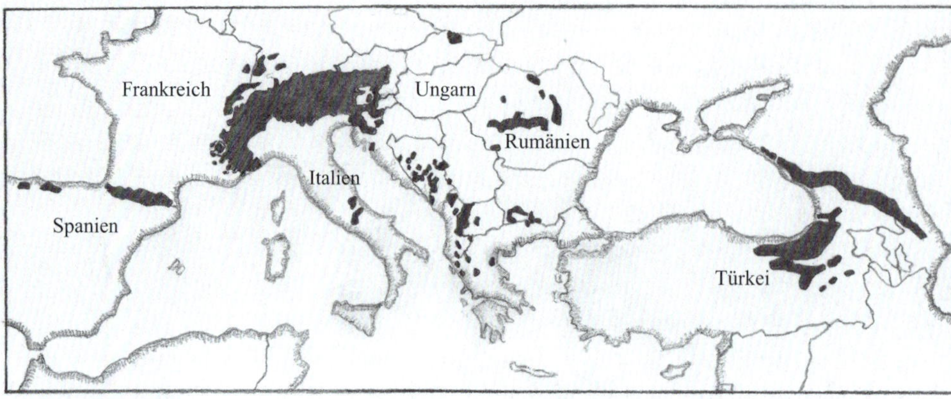

Geografische Verbreitung von Gamswild.

„Gams" heißt auf…

Deutsch: *Gämse, Gams, Gemse*
Englisch: *Chamois, Chamy*
Französisch: *Chamois, Isard*
Italienisch: *Camoscio*
Spanisch: *Gamuza, Rebeco*
Slowenisch: *Gams*
Kroatisch: *Divokoza*
Serbisch: *Divokoza*
Griechisch: *Agriogido*
Bulgarisch: *Diwa Kosa*
Rumänisch: *Capra neagra*
Slowakisch: *Kamzicia zver*
Tschechisch: *Kamzici zver*
Polnisch: *Koziorozee*
Niederländisch: *Gems*

gangenheit aber Gams aus Österreich – also Alpengams – eingeführt. Damit sind bodenständige, gut angepasste Vorkommen genetisch vermischt worden. Generell sind heute in vielen Gebieten kleinste, voneinander isolierte Bestände der Balkangams stark bedroht. Während des Balkankrieges wurden manche Bestände stark dezimiert, heute stellen Wilderei, Weidedruck, Lebensraumzerstörung und in neuerer Zeit auch Freizeitsport Bedrohungen dar. Für die Balkangams wird dabei die zunehmende Erschließung der Berge zur Gefahr. Je weiter man mit dem Auto in die Bergwelt eindringen kann, umso leichter wird die Wilderei. Wobei Wilderei hier vieles einschließt: Es geht um Wildbret, Trophäen, Jagdtouristen, um illegale und auch um legale Jäger, die einmal einen Gams verschwinden lassen. Im Gegensatz dazu stellt der Wolf heute für die Balkangams keine große Gefahr dar. In Bulgarien geht man davon aus, dass nur etwa 6 Prozent der gesamten Verluste auf Kosten von Wölfen gehen, auch wenn deren Dichte hoch ist. Stärker zu Buche können da wildernde Hunde schlagen. Nicht weil sie Gamswild reißen, aber weil sie den Lebensraum der Wildart im Umfeld von Siedlungen oder Ferienhäusern und Almhütten stark einschränken. Auf das Konto der großen grauen Hirtenhunde kann das ein oder andere Kitz allerdings durchaus gehen. Räude ist bisher am Balkan noch nicht aufgetreten.

Unterart Asiatica / Asiatische Gams –
Verwandte, über die man wenig weiß

Der Name „Asiatische Gams“ ist eigentlich irreführend, tatsächlich geht es nicht um Asien, sondern um Kleinasien, also um die Gamsvorkommen in der Türkei. Die Unterart lebt in verstreuten Vorkommen im Osten und Nordosten des Landes. Es gibt wenig Informationen über diese Verwandten der Alpengams, man nimmt an, dass die Bestände laufend abnehmen. Wilderei und Konkurrenz mit Weidetieren sind zum Teil dafür verantwortlich.

Kaukasusgams – Teil der Artenvielfalt zwischen Europa und Asien

Für die alten Griechen endete am Kaukasus die Welt, doch der Gebirgszug ist seit der Frühzeit ein Schmelztiegel der Kulturen – dort leben etwa 50 verschiedene Völker mit mindestens ebenso vielen Sprachen. Der Große Kaukasus erstreckt sich zwischen Schwarzem Meer und Kaspischem Meer über rund 1.100 Kilometer. Das Gebirge ist so alt wie die Alpen, als höchster Gipfel ragt der Elbrus mit 5.642 Metern jedoch weit über die höchsten Berge der Alpen hinaus. Je nachdem, wo man die Grenzen Europas festlegt, ist also der Mont Blanc oder der Elbrus der höchste Berg des Kontinents. Von weit größerer Bedeutung ist aber nicht die Frage, wo es die höheren Berge gibt, sondern dass der Kaukasus weltweit zu den wichtigsten Brennpunkten zählt, wenn es um Artenvielfalt geht! Er beherbergt tausende Blütenpflanzen, viele kommen nur dort vor und sind dazu auch noch Relikte aus der Tertiärzeit, jener Erdepoche, in der das Gebirge entstanden ist. Eine ganze Reihe von dort heimischen Pflanzengattungen gibt es sonst nirgendwo auf der Welt. Der Kleine Kaukasus liegt rund 100 Kilometer südlich und weist immer noch Berge bis 3.700 Meter Höhe auf. In beiden Gebirgszügen lebt Gamswild. Im Kleinen Kaukasus sind die Bestände jedoch stark zersplittert und isoliert voneinander. Gamswild kommt dort hauptsächlich in Georgien und Armenien vor. Im Großen Kaukasus kommen Gams sowohl im Norden als auch im Süden des Gebirges vor, von West nach Ost nimmt das Gamsvorkommen aber ab. Gams leben dort in Russland, Georgien und Aserbaidschan.

Obwohl die Art im Großen Kaukasus noch weit verbreitet ist, nehmen die Bestände in den letzten Jahren stark ab. In Aserbaidschan, an den Südhängen des Kaukasus sind Gams häufiger als am Nordabhang. Das Verbreitungsgebiet der Kaukasusgams teilt sich mehr und mehr in voneinander getrennte Vorkommen auf. In den frühen 1990er-Jahren schätzte man den Bestand auf rund 15.000 Stück, heute dürfte er deutlich darunter liegen. Wilderei, illegale Holznutzung, intensive Weide und zunehmende Landnutzung sind für die Bestandesabnahmen mitverantwortlich. Natürliche Lebensräume mit ursprünglicher Vegetation gibt es noch in Hochregionen. Auch wenn manche die Kaukasusregion mit Unruhen und vielleicht sogar Rückständigkeit verbinden, sie beherbergt auch sehr große Naturschutzgebiete, manche davon zählen zu den ältesten weltweit. Daneben nehmen auch Jagdschutzgebiete einige tausend Quadratkilometer ein.

Aussetzungen

Gams wurden vor allem in Frankreich und Italien immer wieder umgesiedelt. So wurden neue Bestände begründet oder bestehende aufgestockt. Leider hat man besonders am Balkan oder in der Tatra auf diese Weise auch immer wieder verschiedene Unterarten vermischt. Gams wurden aber auch in Gebieten angesiedelt, in denen die Wildart in historischer Zeit nicht vorgekommen ist. Man geht davon aus, dass die Wildart in den letzten hundert Jahren in etwa dreißig Gebieten neu angesiedelt wurde, bei weitem nicht alle Versuche waren erfolgreich. Besonders bekannt geworden sind die Einbürgerungen im Jura, im Schwarzwald, in den Vogesen und im Elbsandsteingebirge. Wie andere Schalenwildarten auch, so wurden Gams ebenfalls nach Neuseeland und Argentinien gebracht.

Ausgesetzt.

Im vergangenen Jahrhundert wurden Gams in rund dreißig Gebieten neu angesiedelt, teils auch in Gegenden, wo Gamswild nie vorgekommen ist.

Jura

Der Jura ist ein Mittelgebirgszug, der sich entlang der schweizerisch-französischen Grenze über rund 300 Kilometer erstreckt. Das Gebiet ist zum größten Teil bewaldet, die höchsten Erhebungen reichen bis 1.600 und 1.700 Meter Seehöhe. Von 1950 bis 1962 wurden an fünf verschiedenen Orten im schweizerischen Jura Gams ausgesetzt. Die Tiere stammten aus den Schweizer Alpen und vermehrten sich rasch. Ende der 1970er-Jahre schätzte man die Bestände bereits auf etwa 3.000 Stück Gamswild. Prähistorische Fundstellen belegen, dass der Jura auch nach der letzten Eiszeit von Gams besiedelt war. Die Wildart kam dort zumindest bis in die Jungsteinzeit, vielleicht sogar bis in die Bronzezeit vor.

Schwäbische Alb

Die Schwäbische Alb wird oft auch als „Schwäbischer Jura" bezeichnet. Dieses Mittelgebirge liegt in Süddeutschland und zieht sich vom Donauursprung etwa zweihundert Kilometer nach Nordosten hin. Die höchsten Erhebungen reichen bis 1.000 Meter. Gams besiedeln dort heute die Felslandschaft des Donautals. Ursprünglich stammen die Tiere aus den Alpen, die ersten wurden 1957 auf der Schwäbischen Alb ausgesetzt. Dazu gibt es allerdings widersprüchliche Angaben. Es gibt auch Quellen, die davon ausgehen, dass das Donautal und die Schwäbische Alb von Gamswild aus dem Randgebiet der Alpen selbständig besiedelt wurden. Das Donautal und das württembergische voralpine Hügelland werden heute auch zum Randbereich des natürlichen Verbreitungsgebietes der Gams gezählt. Wanderbewegungen und ein Austausch zwischen Randalpen und dem angrenzenden Mittelgebirge kommen vor.

Schwarzwald

Der Schwarzwald ist Deutschlands größtes zusammenhängendes Mittelgebirge. Die höchste Erhebung dort ist der Feldberg mit knapp 1.500 Metern. Im Schwarzwald tauchten in historischer Zeit immer wieder einzelne Gams aus den Alpen auf. Im Mittelalter sollen Gams dort noch Standwild gewesen sei. Erst gegen Ende des 14. Jahrhunderts ist die Wildart dort ausgerottet worden. 1935 wurde ein erster Wiederansiedlungsversuch unternommen, 1938/39 erfolgten weitere. Insgesamt wurden 21 Tiere aus der Steiermark eingebürgert. Der Bestand ist rasch angewachsen, heute geht man von etwa 900 Stück Gamswild im Schwarzwald aus.

Vogesen

Die erfolgreiche Ausbürgerung im Schwarzwald führte dazu, dass man auch in den benachbarten Vogesen 1956 Gams ansiedelte. Sieben Gaisen und vier Böcke wurden vom Schwarzwald in die Vogesen gebracht, 1959 kamen fünf Stück aus Savoyen dazu. Die Vogesen sind, wie der Schwarzwald und der Jura, ein großteils bewaldeter Mittelgebirgszug, dessen höchste Erhebungen bis etwa 1.400 Meter reichen. Insgesamt ist das Klima etwas rauer als im Schwarzwald, besonders am Westabfall gibt es mehr Niederschlag.

Elbsandsteingebirge

Das Elbsandsteingebirge wird in Deutschland auch „Sächsische Schweiz", in Tschechien „Böhmische Schweiz" genannt. Das Mittelgebirge erstreckt sich beidseits der Elbe und weist zwar nur Erhebungen bis knapp über 700 Meter auf, dafür ist die Sandsteinlandschaft enorm formenreich. Felstürme wechseln mit Schluchten, Tafelbergen und Wäldern. Die Artenvielfalt ist hoch. Bereits im 16. Jahrhundert wollten die Sächsischen Kurfürsten dort Gams aussetzen, im 17. Jahrhundert kamen mit Sicherheit Gams aus Salzburg nach Sachsen. Der Versuch scheiterte jedoch. 1907/08 wurden erneut Gams in ein Einbürgerungsgatter gebracht, weitere Tiere kamen 1913 und auch noch später dazu. Über „die Gemse des Elbsandsteingebirges" gibt es eine eigene Abhandlung, welche die Ansiedlung und Entwicklung der Bestände eingehend beschreibt. Auch im Grenzbereich zwischen Tschechien und Polen wurden im Altvatergebirge Gams ausgesetzt, das Gebirge gehört zu den Sudeten. Auch in die Hohe und Niedere Tatra brachte man Alpengams.

Neuseeland

Bedenkt man, dass der österreichische Kaiser Franz Josef 1907 acht und 1914 nochmals zwei, also insgesamt nur zehn Gams zur anderen Seite unseres Planeten verschickt hat, dann ist es kaum zu glauben, dass ausgehend von diesen zehn Tieren so gut wie alle Berge auf der Südinsel Neuseelands besiedelt wurden. Derzeit sind dies rund 50.000 Quadratkilometer. Die zehn Gams stammten aus der Steiermark, sie wurden am Fuße des Mount Cook in den Neuseeländischen Alpen freigelassen. Schon 1908 sah man Jungtiere. 1920 heißt es in einem Bericht, dass die Gruppe stetig zunimmt und die Tiere in guter Kondition sind, Rudel von dreißig, vierzig und siebzig Gams können bereits beobachtet werden. Die Gams vermehrten sich rapid. Während zu Beginn noch Freude über das neue Jagdwild herrschte – die Wildart war unter Schutz gestellt –, wurden aber schon in den 1930er-Jahren die Auswirkungen der Fremdlinge auf ihren Lebensraum augenscheinlich. Gebietsweise wurde die Vegetation massiv zerstört, und es kam zu Bodenerosion. Gams haben sich von ihrem ursprünglichen Aussetzungsort weiter entfernt als jede andere in Neuseeland eingebürgerte Schalenwildart. Auch die Geschwindigkeit, mit der sich der Gams im neuen Lebensraum ausbreitete, wurde von keiner der anderen Arten übertroffen. Im Schnitt legte die Wildart 8,7 Kilometer im Jahr zurück (!), und man geht davon aus, dass die Kolonialisierung des neuen Lebensraumes noch immer nicht völlig abgeschlossen ist, vor allem in der Region der felsigen Küstenfjorde, wie auch in den trockeneren Gebieten von Süd-Canterbury und Otago stoßen Gams weiterhin in geeignete Gebiete vor. Die Brunft findet im Mai statt, die Kitze werden im Dezember gesetzt. Raubfeinde fehlen völlig. Bereits 1936 begann man den Gams zu bekämpfen. Seit damals wurden von staatlich beauftragten Schützen rund 69.000 Tiere geschossen, die von privaten Jägern erlegte Stückzahl ist unbekannt – selbst Gift kam zum Einsatz. Die Jagd auf Gamswild unterliegt in Neuseeland keiner zahlenmäßigen Beschränkung.

Argentinien

Auch nach Argentinien brachte man den Gams. 1967 wurden aus dem ehemaligen Jugoslawien acht Tiere in ein 3.000 Hektar-Gatter („Parque Diana“) umgesiedelt, ein Bock entkam während des Transportes. Wo genau und wie viel Gams es heute in Argentinien gibt, konnte nicht ermittelt werden.

Gämsenartige

Grauer Goral

Japanischer Serau

Schneeziege

Nächste Verwandte

Wie gesagt, zur Gattung der Gämsenartigen zählen derzeit neben den echten Gams auch noch die Schneeziege sowie Serau und Goral. Will man unsere Gams besser verstehen, dann hilft auch ein Blick auf die nächste Verwandtschaft. Der Ursprung der vier Gruppen liegt in Asien. Fossile Funde der Stammform Pachygazella grangeri wurden in Nordchina gefunden. Diese Gazelle lebte vor rund drei Millionen Jahren und war an das Leben in felsigem, steilen Gelände gut angepasst. Ausgehend von diesem gemeinsamen Ursprung sind die Vorfahren der Schneeziege nach Nordamerika gewandert. Ein Vorfahre des Gorals ist auch nach Europa gekommen, dort aber wieder verschwunden, heute leben Goral und Serau in Asien. Die Urahnen unserer Gams sind in den Westen Eurasiens gewandert, dort haben sich daraus die heutigen Gams entwickelt. Alle Arten sind ausgezeichnete Kletterer.

Goral Naemorhedus – ziegenähnliche Kletterkünstler im Bergwald

Der Goral wird als die einfachste Art innerhalb der Unterfamilie der Caprinae angesehen. Er bewohnt bevorzugt bewaldete oder mit Sträuchern bewachsene, felsdurchsetzte, steile Berg- oder Küstengebiete. Es gibt vier Arten, die von Kaschmir im westlichen Himalaya über Tibet, Nepal und Bhutan bis nach Indien, Burma, Vietnam, Thailand, weite Teile Chinas sowie nach Korea, Sibirien und in die Innere Mongolei vorkommen. Beide Geschlechter tragen einfache, leicht nach hinten gebogene Hörner, sie haben ein dichtes Fell und einen bis zu zwanzig Zentimeter langen Schwanz. Die Fellfärbung ist je nach Art verschieden, sie reicht von graubraun über dunkelgrau bis zu rotbraun. Alle Arten haben wie die Gams einen dunklen Aalstrich und auch einen hellen Kehlfleck, Böcke besitzen eine kurze Nackenmähne. Gorale entfernen sich selten weit von Felsen, sie sind schlechte Läufer, dafür umso bessere Kletterer. Der Goral ist in etwa so groß wie der Gams, lebt einzeln oder in kleinen Gruppen und hält eng an seinem Streifgebiet fest. Diese Gamsverwandten dürften den gemeinsamen ursprünglichen Vorfahren noch recht ähnlich sein. Der Goral erleidet heute im Himalaya ein ähnliches Schicksal wie unsere Gams im ausgehenden Mittelalter. Die Art verschwindet immer mehr aus Tieflagen und Mittelgebirgen. Besonders in Nepal wird der Goral durch Rodung, Siedlung, Waldweide, Jagd und Wilderei immer weiter ins Hochgebirge zurückgedrängt.

Serau Capricornis –
stämmige Verwandte in Südostasien

Serau und Goral sind eng verwandt. Auch das Verbreitungsgebiet der beiden Arten deckt sich zum Großteil. In der Vergangenheit hat man die Seraue in zwei Gruppen zusammengefasst, die Festland-Seraue und die Insel-Seraue. Tatsächlich besiedelt diese Gruppe viele Inseln im Indonesischen Archipel. Heute unterscheidet man sechs Arten, die von Japan über China, Taiwan, Sumatra, Indonesien, Malaysia und Thailand bis Indien und in den Himalaya vorkommen. Mit Ausnahme des eher kleinen Taiwan-Seraus sind diese Tiere mit ihren kurzen, einfach nach hinten gebogenen Hörnern stämmig gebaut. Wiederum tragen beide Geschlechter Hörner. Der chinesische Serau erreicht eine Kopf-Rumpflänge von 180 Zentimetern und ein Gewicht von bis zu 140 Kilogramm. Fast alle Arten haben eine Rückenmähne und einen kurzen, buschigen Schwanz. Sie sind zumeist Einzelgänger, Gaisen mit Kitzen können auch kleine Gruppen bilden. Seraue haben auffällige große Voraugendrüsen, mit dem Sekret aus diesen Drüsen werden Reviere markiert. Der Serau ist ein sicherer, bedächtiger Kletterer, der meist steile Bergwälder bewohnt. Da die Tiere eng an ein bestimmtes Streifgebiet gebunden sind, kann über Losungsaufnahmen gut auf die Wilddichte rückgeschlossen werden.

Schneeziege Oreamnos americanus –
weiße „Gams" Nordamerikas?

Schneeziegen sind die einzigen Vertreter der Gämsenartigen in Nordamerika. Da während der Kaltzeiten viel Wasser in den vereisten Polkappen gebunden war, konnten die Tiere über die Beringstraße trockenen Fußes von Asien nach Amerika gelangen. Schneeziegen sind große stämmige Tiere, die eine Kopf-Rumpflänge bis zu 160 Zentimetern erreichen können. Erwachsene Böcke werden bis zu 80 Kilogramm, vereinzelt auch über 100 Kilogramm schwer, sie sind deutlich größer als die Gaisen. Der Geschlechtsdimorphismus tritt allerdings erst bei erwachsenen Tieren deutlich zu Tage; Böcke können dann 40 bis 50 Prozent schwerer sein als Gaisen. Das rein weiße Haarkleid ist im Sommer kurz, im Winter tragen die ausgezeichneten Kletterer ein langes Fell mit dichter Unterwolle. Beide Geschlechter haben einfache, spitz zulaufende Hörner, die 20 bis 30 Zentimeter lang werden. Ihr ursprüngliches Verbreitungsgebiet reicht von Alaska über die Rocky Mountains Kanadas bis nach Washington, Idaho und Montana. Die meisten Tiere leben im Küstengebirge von Britisch Kolumbien. Schneeziegen wurden in vielen verschiedenen Gebieten ausgesetzt, so in Montana, Wyoming, South Dakota, Nevada, Colorado oder Oregon. Sie kommen im temperierten Regenwald von Britisch Kolumbien in felsigen Küstenfjorden auf Meereshöhe ebenso vor wie in waldfreien Höhen von über 4.000 Metern. Im Sommer teilen sich Schneeziegen ähnlich wie Gams in Rudel mit Gaisen, Kitzen und Jahrlingen sowie Gruppen von Böcken oder einzelne Altböcke. Die Rudel nutzen große Streifgebiete, wahrscheinlich vor allem, um Angriffe von Feinden zu vermeiden. Die Brunft findet im November/Dezember statt. Wenn Böcke kämpfen, stehen sie verkehrt parallel zueinander und versuchen ihre Hörner in die Flanke des Gegners zu schlagen. Diese Kampftechnik entspricht einem einfachen, kaum ritualisierten Beschädigungskampf. Oreamnus americanus ist keine Ziege, genetische Studien stellen heute selbst die enge Verwandtschaft mit den anderen Gämsenartigen in Frage; man wird also sehen, welche neuen Erkenntnisse uns in Zukunft noch ins Haus stehen.

Gams – eine Wildart wirft Fragen auf

Bock und Gais – auf den ersten Blick könnte man meinen: Gams ist Gams, der Unterschied fällt kaum auf. Wer genau hinschaut, der findet auf den zweiten Blick aber jede Menge Gegensätze. Der Geschlechtsdimorphismus bei dieser Wildart ist gering, zu bestimmter Jahreszeit aber für jeden Laien erkennbar. Das ist aber nur eine Facette, wenn es um Leben und Lebensstrategie dieser Wildart geht, auch Jugendentwicklung und Fortpflanzungssystem lassen sich nicht so ohne weiteres einfachen, herkömmlichen Mustern zuordnen. Alles zusammen führt dazu, dass wir die Überlebensstrategie dieser Wildart noch immer nicht vollkommen verstehen. Man möchte es kaum glauben, aber eine allgemein bekannte Tierart wirft noch immer Fragen auf. Versuchen wir, uns zur Einstimmung einigen davon anzunähern.

Saisonaler Geschlechtsdimorphismus

Wer einen Steinbock mit einer Steingais vergleicht, der sieht auf Anhieb, wo Mann und Frau steht. Dasselbe gilt für Hirsch und Hirschtier oder Widder und Schaf. Bei Gams tritt der Unterschied zur Brunftzeit ebenfalls zu Tage, im restlichen Jahr ist es aber oft gar nicht einfach, die beiden Geschlechter auseinanderzuhalten. „Brunft“ und „Fortpflanzung“ sind die Stichworte; damit sind wir bereits bei einem zentralen Punkt, wenn es ganz generell um den Unterschied zwischen den beiden Geschlechtern einer Art geht. Schon Darwin hat darauf hingewiesen: Bei jenen Tierarten, wo sich ein Männchen während einer Fortpflanzungsperiode mit mehreren Weibchen paart – also bei polygynen Arten – führt die sexuelle Auswahl zur Entwicklung von großen Männchen.

Nehmen wir Rotwild, damit klar wird, was gemeint ist. Die Körpergröße ist ein recht guter Weiser für die Kampfkraft eines Hirsches und daher auch

Vor der Brunft.

Nun können Böcke bis zu 40 Prozent schwerer sein als Gaisen. Am Ende der Brunft werden es nur mehr etwa 10 Prozent sein.

für seine Erfolgsaussichten im Einsatz um brunftige Tiere. Über die Zeit haben sich die größeren Hirsche durchgesetzt, es entwickelten sich Männchen, deren Äußeres mehr und mehr von jenem der Weibchen abweicht. Auch Geweihe sind in erster Linie nur ein Hilfsmittel, damit zwei Konkurrenten ihre Kräfte messen können, Tiere brauchen sie nicht. Die Tierwelt liefert uns viele Beispiele für auffällige Größenunterschiede zwischen Männchen und Weibchen – auch der Mensch ist eines davon. Bei Kängurus, Robben oder Primaten ganz allgemein sind die Unterschiede besonders stark ausgeprägt. Ebenso häufig kommt dieser Geschlechtsdimorphismus bei Paarhufern vor – also auch beim heimischen Schalenwild. Dazu gibt es einige Grundregeln: Polygyne Systeme sind eher in offenen, gut übersichtlichen Landschaften zu finden, wenn dort Weibchen in größeren Gruppen zusammenleben. Hier bietet sich die Gelegenheit, einen Harem zu verteidigen. Monogame Systeme gibt es eher in dichten, bewaldeten Lebensräumen, wo Gaisen allein oder in kleinen Familiengruppen leben. In der Regel steht die Fortpflanzungsstrategie auch in losem Zusammenhang mit dem Körpergewicht. Monogame Arten leben häufig territorial und sind eher klein, polygyne Tierarten sind dagegen meist groß, die Geschlechter leben getrennt. Das sind einfache Grundmuster – an die sich Gams aber nicht halten …

Während der Brunft.

Zur Brunft äsen reife Böcke wenig. Durch den leeren Pansen und die allmählich aufgezehrten Feistreserven erscheint der Bock nun deutlich höher auf den Läufen.

Gamsböcke und Gaisen leben übers Jahr getrennt, doch sie sind im Vergleich mit anderen Hornträgern nicht groß, auch der Unterschied zwischen den Geschlechtern ist nicht besonders auffällig. Dennoch paart sich ein Gamsbock während der Brunft mit mehreren Gaisen; wenn möglich versucht er als Platzbock sogar ein Brunftrudel zu verteidigen und für sich allein zu halten. Wo soll man diese Wildart nun einordnen? Welcher Strategie folgen Gams? Anne Loison, eine französische Zoologin, die intensiv über diese Wildart gearbeitet hat, bezeichnet Gams als die kleinste polygyne Schalenwildart! Wie meistert aber ein Gamsbock die Herausforderungen, welche an ein Männchen gestellt werden, das eine Gruppe von Weibchen gegen Konkurrenten verteidigt und für sich allein beansprucht? Ein Platzbock, der ein Brunftrudel hält, sollte eigentlich deutlich größer und schwerer als die Gaisen sein. Das hat nicht nur mit der Kampfkraft zu tun, es hat vielleicht noch viel mehr mit der Ernährung während der Fortpflanzungszeit zu tun. Reife Hirsche, Steinböcke und auch Gamsböcke nehmen während der Brunft kaum Äsung auf, sie brauchen also unbedingt ausreichend große Reserven, wenn sie zwei, vielleicht drei Wochen lang durchhalten wollen.

Ein Blick auf den Körperbau von Böcken und Gaisen zeigt: Das Skelett erwachsener Gamsböcke ist nur geringfügig größer als jenes von Gaisen, dennoch sind die Böcke im Herbst um bis zu 40 Prozent schwerer! Nachgewiesen haben diese Unterschiede Marco Rughetti und Marco Festa-Bianchet, zwei Zoologen, die sich besonders viel mit bergbewohnenden Huftieren befassen. Dazu haben sie im Piemont in den italienischen Westalpen zwei Gamsbestände untersucht. Insgesamt wurden 1.000 Gaisen und 1.036 Böcke vermessen, darunter sowohl gefangene als auch erlegte Tiere. Am Ende der Brunft sowie im Frühling waren dort Böcke und Gaisen beinahe gleich schwer, und, wie gesagt, auch der Größenunterschied war gering. Bei Kantabrischen Gams konnte man sogar zeigen, dass die Nierenfettanlagerung bei Böcken zu Beginn der Brunftzeit dreimal so groß war wie bei Gaisen – der Nierenfettindex ist ein guter Konditionsweiser –, am Ende des Winters ist bei den Kantabrischen Gamsböcken aber nur mehr halb soviel Fett an den Nieren angelagert wie bei den Gaisen.

Reife Gamsböcke erfüllen also zu Beginn der Brunftzeit alle Anforderungen, die an ein polygynes Männchen gestellt werden, am Ende der Brunft sind sie den „Ballast" an Fett- und Muskelreserven aber wieder los. Das hat den Vorteil, dass sie über den Winter nur annähernd gleich viel Energie brauchen wie die Gaisen. Ein abgebrunfteter Hirsch verliert zwar ebenfalls viel an Gewicht, aber er bleibt auch nach der Brunft immer noch deutlich größer als ein Tier und braucht daher auch dann immer noch mehr Energie. Dasselbe gilt für die mächtigen Widder von Dickhornschafen. Dazu kommt der eingangs erwähnte sexuelle Auslesedruck: Die Männchen dieser beiden Arten investieren besonders viel in Körperwachstum und Muskelzuwachs. Das kostet nicht nur Energie, sondern ist auch riskant, weil deshalb oft weniger Fettvorräte angelegt werden. Wird die Äsung knapp, dann haben besonders die jungen Männer weniger Reserven, es kommt eher zu Ausfällen.

In diesem Zusammenhang spielt es auch eine Rolle, wie die Herren ihre Auseinandersetzungen führen. Gibt es Schiebekämpfe, oder wird der Gegner gerammt, dann spielen Gewicht und Größe eine wichtige Rolle. Gams kämpfen aber ganz anders – bei den Hetzjagden, die es zwischen den Böcken gibt, kommt es vor allem auf Geschwindigkeit und Kondition an. Ein großes schweres Männchen wäre dabei im Nachteil. Was sich also die einen über einen „Ring- oder Boxkampf" ausmachen, das regeln Gams über einen „Sprintbewerb". Allein dieses Verhalten verhindert also schon, dass sich im Laufe der Evolution immer größere Böcke durchsetzen – sie wären den wendigen, schnellen Konkurrenten nicht gewachsen.

Steinböcke sind ausgezeichnete Kletterer, aber sie „steigen"; ausgewachsene Böcke sind viel schwerer als Gaisen, wenn sie kämpfen, dann kommen die großen Hörner und das volle Gewicht zum Einsatz. Gams stehen höher auf den Läufen, ihre Krucken sind gefährliche „Reißhaken“, deren Einsatz zu schlimmen Verletzungen führt. Diesen Krucken heißt es auszuweichen, dafür sind Wendigkeit und Geschwindigkeit notwendig. Was also Steinböcke mit Kraft machen, das machen Gams mit Geschwindigkeit. Das ist auch ein Grund dafür, dass jüngere Gamsböcke am Ende der Brunft, wenn die Platzböcke schon etwas geschwächt sind, für kurze Zeit noch ein wenig mitmischen können. Die jungen sind zwar körperlich noch nicht voll entwickelt, aber sie sind schnell und wendig. Dadurch, dass sie bis zur Brunftzeit nicht soviel Reserven aufbauen können, haben sie eigentlich keine Möglichkeit, ein Brunftrudel zu halten. Ein Gamsbock, der noch nicht reif ist, kann also gar nicht wie ein polygyner Haremshalter agieren, es fehlen ihm ganz einfach die körperlichen Reserven dazu. Ein reifer Bock sollte wenigstens 7 bis 8 Jahre alt sein. Diese mittelalten Böcke sind in der Brunft am meisten aktiv. Nach meiner Erfahrung würde ich die deutlich schwersten Böcke aber bei den 10- bis 13jährigen einordnen. Womit wir kurz einen Blick auf die Ernährungsstrategie der Böcke werfen.

Gamsböcke – Hungerkünstler oder Ernährungsstrategen?

Warum bleibt ein alter Gamsbock gern allein? Warum ruht er während der Brunft, wenn er doch äsen könnte? Einige Antworten darauf liefern uns Verdauungssystem und Körpergröße.

Wir wissen heute, dass Gamswild im Winterhalbjahr sein Verdauungssystem dem kargen Äsungsangebot anpasst. Aus einem sommerlichen Konzentratselektierer wird vereinfacht ein Raufutterfresser. Die Wildart wird deshalb als „Zwischentyp“ bezeichnet. Wir wissen heute auch, dass der Stoffwechsel im Winter gedrosselt wird, um Energie zu sparen. In der Brunft kann der Pansen eines erwachsenen Gamsbockes auf etwa 45 Prozent des vorherigen Maximalvolumens schrumpfen, das sind immerhin 3,5 bis 4 Liter weniger. Bleiben wir vorerst noch einmal bei der Brunft.

Ruhen anstatt äsen

Sowohl Brunfthirsch wie auch Gamsbock äsen während der Fortpflanzungszeit kaum – obwohl sie eigentlich genug Zeit dafür hätten. Weder Gamsbock noch Hirsch laufen den ganzen Tag hinter weiblichem Wild her, und sie müssen auch nicht andauernd wachsam mögliche Rivalen vertreiben. Das Bild vom ständig aktiven Brunftbock stimmt nicht, ebenso wenig trifft es für den Brunfthirsch zu. Wobei hier natürlich die Altersstruktur von Bedeutung ist. Zu den Unterschieden zwischen den Altersgruppen kommen wir noch. In der Schweiz haben Christian Willisch und Paul Ingold das Verhalten von

Ruhen.
In einem gut strukturierten Gamsbestand liegen reife Böcke zur Brunftzeit sogar mehr als davor. Ausreichend Feistreserven ermöglichen es ihnen, die Äsezeit stark einzuschränken. Dadurch können sie ihren Rhythmus ganz dem Brunftgeschehen anpassen.

telemetrierten Gamsböcken während der Brunft unter die Lupe genommen. Ergebnis: Die Gamsböcke verbrachten während der Brunft deutlich weniger Zeit beim Äsen. Während sie vor der Brunft etwa 8,5 Stunden je 24 Stunden-Tag mit Äsen zubrachten, war es während der Brunft nur noch knapp eine Stunde. Vergleicht man die Liegezeiten, dann ergeben sich aber kaum Unterschiede, während der Brunft liegen die Böcke sogar mehr als davor.

Auch beim Rothirsch kann man ein ähnliches Muster beobachten. Bei reifen, erwachsenen Hirschen schrumpft während der Brunftzeit der Pansen, die Äsezeiten nehmen ab. Dagegen bleiben die Ruhezeiten vor, während und nach der Brunft gleich. Anstatt zu äsen verbrauchen sie zur Brunft ihre Fettreserven. Vom Rotwild wissen wir aber, dass dieser Schwenk vom Äsen auf die Reserven erst bei erwachsenen Hirschen von sechs Jahren aufwärts der Fall ist, jüngere Hirsche äsen auch während der Fortpflanzungszeit regelmäßig. Warum bleibt aber der alte Hirsch inaktiv, auch wenn er äsen könnte? Genau kennen wir den Grund noch nicht. Eine Ursache dafür könnte sein, dass man mit vollem Pansen nicht rasch auf hohe Aktivität umstellen kann. Der Verdauungsrhythmus könnte also nur schwer eingehalten werden, große Wiederkäuer brauchen Zeit, um die Nahrung aufzuschließen. Damit würde auch die Äsung nicht gut aufgeschlossen werden. Der Wechsel zum Ausrasten scheint die günstigere Lösung, schließlich spart man ja auch dabei Energie. Dabei geht es aber um eine wichtige Frage: Wie lang kann ein Hirsch oder ein Gamsbock diese Strategie durchhalten? Ohne Zweifel steht dies in Zusammenhang mit den Energiereserven, die er über das Sommerhalbjahr aufgebaut hat.

Hier möchte ich noch einen Punkt einfügen, der die Bedeutung von Altersstruktur und erwachsenen reifen Männchen unterstreicht. Ein Gamsbock ist mit 5 bis 6 Jahren gerade einmal ausgewachsen; mit 7 oder 8 Jahren ist er im besten Alter. Es sind diese reifen Böcke, die ausreichend viel Feistreserven anlegen und dann in der Brunft kaum noch äsen. Bei Untersuchungen an nordamerikanischen Schneeziegen wurden folgende Zusammenhänge deutlich: Innerhalb einer Altersklasse gibt es einen Zusammenhang zwischen dem Gewicht eines Schneeziegenbockes und der Zeit, die er für das Werben um brunftige Gaisen aufwendet – eigentlich müsste man sagen „aufwenden kann“. Böcke mit mehr Reserven, können sich deutlich länger und intensiver um die Weibchen kümmern. Womit das Paarungszeremoniell überhaupt erst richtig ablaufen kann.

Körpergröße und Äsezeit

Ein voll ausgewachsener, reifer Gamsbock oder ein alter Hirsch ist deutlich größer und schwerer als einer, der noch nicht voll erwachsen ist. Die reifen Männchen polygyner Arten sind aber nicht nur in der Regel größer, sie haben auch einen größeren Pansen und damit wiederum ein größeres Pansenvolumen. Dort hat mehr Platz. Das ist ein Grund, warum zum Beispiel die großen und damit dominanten Widder bei Dickhornschafen im Frühjahr und Sommer weniger Zeit zum Äsen brauchen als junge, kleinere. Dafür benötigen die großen Widder länger zum Wiederkauen. Dasselbe gilt auch für männliche Schneeziegen. Auch alte, reife Kudubullen brauchen um ein Zehntel weniger Zeit zur Nahrungsaufnahme als junge. Wir konnten dies auch in unserem Untersuchungsgebiet am Hochschwab bei einem der älteren markierten Gamsböcke beobachten. Während eine Gruppe von fünf jungen Böcken in seiner Nähe tagsüber viel auf den Läufen war, um zu äsen, bewegte sich der schwere, 12jährige „Lackl“ viel weniger und hat deutlich mehr Zeit zum Ruhen und Verdauen gebraucht. Auch beim Vergleich von weiblichem und männlichen Rotwild tritt klar zu Tage, dass die kleineren Tiere viel mehr Zeit zum Äsen brauchen als die Hirsche. Vielleicht ist der Feisthirsch weniger heimlich als „faul“? Er bewegt sich einfach weniger. Damit sind wir nun beim nächsten Punkt: bei der Zeiteinteilung.

Verschiedene Lebensrhythmen

Jäger meinen immer wieder, dass alte Feisthirsche oder Gamsböcke gern allein sind, weil sie eben Ruhe wollen und Reserven anlegen. Das ist aber nur die halbe Wahrheit. Aufgrund ihres größeren Pansenvolumens haben diese alten Herren einfach einen anderen Zeitrhythmus. Der passt weder mit dem der jungen Böcke, noch mit jenem von Gaisen und Kitzen zusammen. Selbst der Gamskindergarten, der von ein oder zwei älteren Gaisen beaufsichtigt wird, hängt wahrscheinlich weniger mit dem Ausruhen der Mütter, sondern mit dem Äsungsrhythmus der Gaisen zusammen. In einem großen Rudel sollte wenigstens in etwa Gleichschritt herrschen, wenn dessen Mitglieder äsen, ruhen oder wiederkauen.

Kommen wir noch einmal auf die alten Gamsböcke und die Hirsche. Ein großer Pansen hat noch einige Vorteile: Große Wiederkäuer in gemäßigten Breiten kommen mit Äsung von weniger guter Qualität aus. Weil die Nahrung bei großen Wiederkäuern länger im Verdauungstrakt bleibt, gibt es mehr Zeit, um Nährstoffe herauszufiltern. Bei einem Hirsch dauert es etwa zwei bis drei Tage, bis die Nahrung den Verdauungstrakt passiert hat. Geringerwertige Äsung braucht an und für sich länger, bis sie aufgeschlossen

Äsen.

Ein großer, schwerer Gamsbock hat einen Pansen mit deutlich größerem Volumen als Gaisen, Kitze oder Jahrlinge. Ist sein Pansen gefüllt, braucht er länger zum Wiederkäuen. Daraus ergibt sich ein völlig anderer Lebensrhythmus.

Rhythmus.

In einem gemischten Rudel aus Gaisen, Kitzen und Jahrlingen sind morgens und abends am meisten Gams gleichzeitig auf den Läufen, dazwischen hat aber jeder Gams seinen Rhythmus von Äsen, Wiederkäuen und Ruhen.

ist, damit bleibt sie auch länger im Verdauungstrakt, womit wiederum ein Grund für geringere Aktivität gegeben ist. Weniger Aktivität ist verbunden mit Energiesparen. Der Vorteil für einen großen Hirsch oder Gams: Er muss sowohl im Sommer als auch im Winter weniger oft äsen, ein großer gefüllter Pansen hält länger vor, deshalb kann er mehr ruhen und muss sich weniger bewegen. Ganz nebenbei ist ein großer Pansen auch ein kleines „Heizwerk". Beim Aufschließen der Nahrung entsteht dort Wärme. Das kann im Sommer zum Problem werden und ist für den treibenden Hirsch oder Gamsbock auch während der Brunft nicht günstig – im Winter hat dieser Ofen aber durchaus Vorteile.

Jeder auf seine Weise

Studien zur Winterökologie von Gamswild zeigen, dass Böcke beim Äsen den Äseplatz selten wechseln. Sie bewegen sich während des Äsens wenig. Das weist auf geringe Selektivität und geringen Suchaufwand hin. Gaisen bewegen sich mehr. Böcke mögen vor und nach der Brunft geringfügig größer als Gaisen sein, aber sie haben nach der Brunft meist weniger Fettreserven als Gaisen und können sich einen hohen Suchaufwand daher kaum leisten, sie müssen den Pansen vollbringen. Hier ist das größere Pansenvolumen reifer Gamsböcke von Vorteil, weil damit, wie gesagt, minderwertige Nahrung besser aufgeschlossen werden kann. Damit brauchen Böcke auch im Winter mehr Zeit zum Wiederkäuen. Ein großer Bock bewegt sich im Winter kaum und nutzt den bekannten Wintereinstand nur sehr kleinräumig. Jüngere Gamsböcke sollten eigentlich mit mehr Fettreserven in den Winter gehen, sie können es sich daher auch erlauben, etwas wählerischer zu sein. Gaisen und jüngere Böcke wechseln ihren Standort häufiger, nutzen dann aber auch meist nur kleine Flächen. Man sieht: Ein großer Gams wie ein kleiner, ein junger wie ein alter, ein Bock wie eine Gais, jeder ist auf seine Weise an das Leben am Berg angepasst. Jeder hat seinen Platz und seine Nische. Wer meint da noch „Gams ist Gams"?

Zweites Kapitel:

Verhalten

Gams-Verhalten

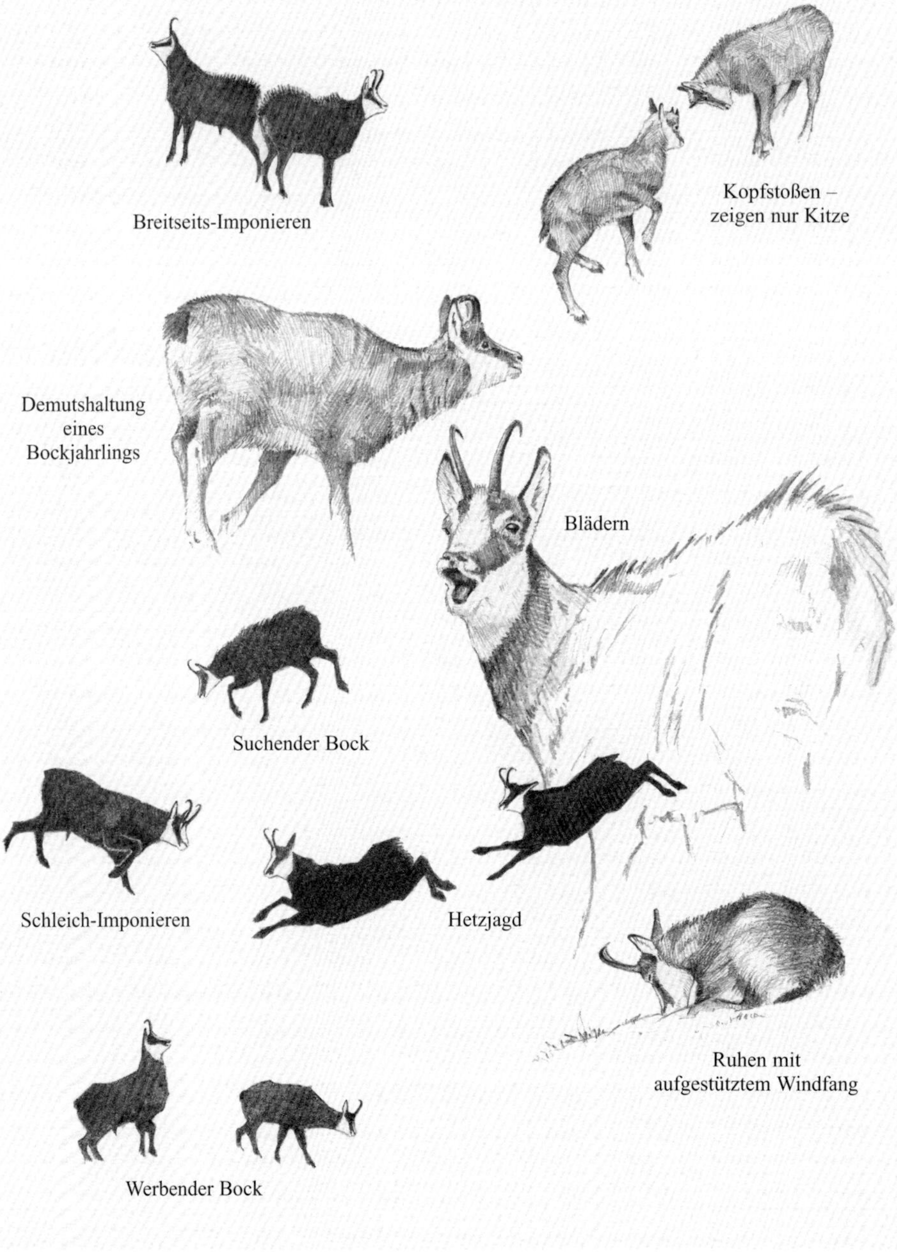

Zu den interessantesten Arbeiten über Gams zählt für mich eine Studie aus den 1960er-Jahren. Viele, die sich mit der Wildart beschäftigen, kennen zumindest Teile davon, ohne aber zu wissen, wer eigentlich der Autor ist. Es geht um die Verhaltensaufnahmen von Augustin Krämer, einem Schweizer, der Mitte der 1960er-Jahre am Augstmatthorn in den Berner Alpen unterwegs war, um Gamswild zu beobachten. Feldstecher, Spektiv und Notizblock waren alles, was er damals an Ausrüstung gebraucht hat, um neue Erkenntnisse zu liefern. Krämer hat die grundlegenden Verhaltensformen dieser Wildart beobachtet und aufgezeichnet. Im Vergleich mit dem Verhalten anderer Huftiere wurden seine Ergebnisse ausgewertet und auch durch eine Reihe von schematischen Skizzen dargestellt.

Das Augstmatthorn ist ein Eidgenössischer Bannbezirk, also ein Bereich, in dem Wildtiere geschützt sind. Dieser Schutz wurde notwendig, weil in weiten Teilen der Schweiz die Wildstände im 19. Jahrhundert völlig übernutzt wurden. 1875 zogen die Eidgenossen die Notbremse, und es wurden große Banngebiete ausgewiesen. Heute geht es dort nicht mehr darum, das Schalenwild vor überzogener Jagd oder Wilderei zu schützen. Banngebiete sind heute „Wildvorranggebiete" geworden. Es sind wertvolle Lebensrauminseln in einer stark genutzten Landschaft. Hier haben Wildtiere Priorität und genießen Schutz vor Störung oder anderer Beeinträchtigung. In einem Teil dieser Banngebiete werden Gams, Reh oder Rothirsch sogar wieder reguliert oder auch reduziert. In einem Revierjagdsystem, das stark auf Eigentumsinteressen ausgerichtet ist, sind solche Schutzinseln leider nur schwer vorstellbar – notwendig wären sie da und dort aber bestimmt. Bleiben wir aber beim Verhalten des Gamswildes. Ich habe die Ergebnisse von Augustin Krämer oft und gern studiert, weil ich damit meine eigenen Beobachtungen besser einordnen kann und weil man Gams damit erst wirklich verstehen lernt.

Bevor wir auf die Beziehung zwischen Gais und Kitz, auf den Ablauf der Brunft, Territorialverhalten und die Bedeutung der Leitgais eingehen, möchte ich zunächst einmal nur Verhaltensweisen beschreiben. Lautäußerungen spielen bei Gams eher eine untergeordnete Rolle, auch auf Pfeifen, Blädern und Keuchen kommen wir später. Körperhaltung, Stellung der Lauscher und des Hauptes, bestimmte Bewegungsabfolgen, Benehmen und Verhaltensformen senden Signale der Verständigung – die eigentlich jeder, der an dieser Wildart interessiert ist, verstehen sollte. Dabei kann eine Reihe von Verhaltenselementen in völlig unterschiedlichem Zusammenhang auftreten. Zum Beispiel flehmt ein Gamsbock, wenn er den Harn einer brunftigen Gais kontrolliert, er tut dies aber ebenso während eines Imponierzeremoniells mit einem benachbarten Konkurrenten.

Konrad Lorenz hat dazu in seiner Naturgeschichte der Aggression – besser bekannt unter dem Titel „Das sogenannte Böse" – anschaulich dargelegt, wie sich aus Aggression völlig andere Verhaltensformen entwickeln können. Oft stecken die Wurzeln für ein bestimmtes Paarungsverhalten in Droh- oder Imponiergesten. Die Begrüßung bei Stockentenpaaren geht zum Beispiel aus einem ursprünglichen Drohverhalten gegenüber fremden Enten hervor. Stehen zwei Entenpaare nahe beieinander, dann kann es sein, dass eine Ente gegenüber dem fremden Paar droht oder „hetzt“, wie Lorenz schreibt. Dabei watschelt sie in Richtung Nachbarn und streckt Hals und Kopf gegen die Fremdlinge. Die Anwesenheit ihres Erpels gibt dabei Sicherheit. Läuft sie daraufhin wieder zurück zu ihrem Partner und kann es immer noch nicht lassen, gegen die anderen zu schimpfen, dann geht dies nur, indem sie über die Schulter zurückschaut und dabei auf diese Art weiter hetzt. Schließlich hat dies dazu geführt, dass die Ente, wenn sie zu ihrem Erpel geht, auch dann den Kopf über die Schulter zurücklegt, wenn gar kein Nachbar mehr da ist. Aus dem Hetzen wurde eine Begrüßungsgeste – also eigentlich genau das Gegenteil der ursprünglichen Verhaltensweise.

Aus diesem Grund ist es oft schwer, ein Verhaltenselement eindeutig dem Droh- und Imponierverhalten oder dem Paarungsverhalten zuzuordnen: Ein und dasselbe Verhalten kann sowohl hier als auch dort auftreten, hat aber völlig verschiedene Bedeutung. Lorenz hat die „arterhaltende“ Leistung des Aggressionstriebes interessant und spannend dargelegt, er schreibt dazu: „Die Um- und Neuorientierung des Angriffs ist wohl das genialste Auskunftsmittel, das der Artenwandel erfunden hat, um die Aggression in unschädliche Bahnen zu leiten.“ Besonders gilt dies für Verhaltensformen, die das Beschädigen und Töten von Artgenossen verhindern. Bestimmte Bewegungsweisen haben also im Laufe der Entwicklung ihre eigentliche, ursprüngliche Funktion verloren und sind zu rein „symbolischen“ Zeremonien geworden. Dieser Vorgang wird als „Ritualisation“ bezeichnet. Kämpfe zwischen Gams weisen im Gegensatz zu vielen anderen Hornträgern noch immer viele sehr ursprüngliche Elemente auf – man spricht in dem Zusammenhang vom einfachen „Beschädigungskampf“, der noch wenig ritualisiert ist. Tatsächlich sind aber Verletzungen im Zuge von Auseinandersetzungen dennoch selten. Daneben zeigt aber auch Gamswild jede Menge ritualisierter Verhaltensweisen – wir werden gleich sehen, dass dazu nicht nur Enten oder Gänse spannende Einblicke geben können. Schlussendlich gewinnt man dabei sogar die ein oder andere Einsicht über sich selbst. Konrad Lorenz endet in diesem Zusammenhang mit der Behauptung: Gerade in den innigsten persönlichen Bindungen, die es zwischen Lebewesen überhaupt gibt, steckt ein gerütteltes Maß von Aggression.

Schon lange vor ihm hat dies Goethe im „Faust“ zur Sprache gebracht. Auf die Frage, wer er denn sei, antwortet Mephistopheles: „Ich bin ein Teil von jener Kraft, die stets das Böse will und stets das Gute schafft…“

Agonistisches Verhalten

Augustin Krämer fasst unter diesem Sammelbegriff alle Verhaltensweisen zusammen, die etwas mit Aggression zu tun haben. Es geht um Rivalität, Wettbewerb, Konkurrenz, Dominanz, aber auch um Demutsverhalten und Flucht. Der Begriff kommt aus dem Griechischen – „agonistes" ist derjenige, der mit anderen kämpft oder um etwas ringt, ein Teilnehmer an Wettkämpfen.

Markieren – Botschaften auf die ein und andere Art

Die meisten Säugetiere denken mit der Nase. Hornträger haben eine Reihe von verschiedenen Duftdrüsen entwickelt, und es gibt unter Gazellen, Antilopen und nahen Gamsverwandten jede Menge an außergewöhnlichen Markier-Ritualen. Dabei kommen Harn und Kot ebenso zum Einsatz wie Drüsensekret. Beim Gamswild zählen die Brunftfeigen zu den wichtigsten Drüsen, mit denen markiert wird.

Beim Markieren wird Sekret aus den Brunftfeigen an Gräsern oder Zweigen abgesetzt. Die Bezeichnung „Brunftfeigen" führt dabei aber eigent-

Markieren.
Hier wird Sekret aus den Brunftfeigen an dürren Stängeln abgestreift.

lich in die Irre, denn die Drüsen am Hinterkopf gibt es sowohl bei Bock wie auch bei Gais, nur bei den Böcken sind sie während der Brunft jedoch stark angeschwollen. Markiert wird nicht nur während der Brunftzeit, sondern während des ganzen Jahres, und zwar sowohl von Böcken wie auch von Gaisen und Jungtieren. Am häufigsten geschieht das Absetzen von Duftmarken dennoch von den Böcken während der Brunft. Der wissenschaftliche Ausdruck für die Brunftfeigen lautet „Postcornualdrüsen“. Sie bestehen aus Schlauch- und Talgdrüsen. Letztere schwellen bei den Böcken zur Brunftzeit stark an. Beim Markieren setzt der Gams mit schräg gehaltenem Haupt ganz gezielt Duftmarken ab – auch Grashalme oder dürre Stängel reichen aus, um die Duftinformation zu tragen. Oft wird danach die markierte Stelle bewindet. Besonders dann, wenn zwei Böcke breitseits gegeneinander imponieren, wird am Ende des Imponierzeremoniells markiert. Krämer meint, dass Breitseits-Imponieren und Markieren eine ähnliche Bedeutung haben. Beides sind Formen des Imponierens.

In diesem Zusammenhang erinnere ich mich noch gut an ein Erlebnis mit dem „Lindner“. Der Lindner war damals ein reifer 10jähriger Gamsbock, der wenig Scheu vor Menschen zeigte. Es war Mitte September, ich legte am Fuß des Großen Kars meinen Hund ab und wollte mir einen einzelnen Gams im Kar etwas genauer anschauen. Erst viel später habe ich auf den Fotos erkannt, dass es der „Blinde“, ein Bock mit einem ausgehakeltem Licht, war. Nachdem ich mich hinter einem großen Felsblock eingerichtet habe, am Wetterfleck oben drauf die Kamera, da taucht plötzlich der Lindner aus den Latschen vor mir auf. Im Jahr darauf haben sich die beiden Böcke einen extrem ernsten Beschädigungskampf geliefert. Gut möglich, dass auch das fehlende Licht des Blinden auf so einen Kampf zurückzuführen ist. An diesem Tag war aber ich der Eindringling in ein fremdes Revier. Der Lindner dürfte keinen Wind bekommen haben, und was es mit dem „Haupt“ hinter dem Felsblock auf sich hatte, wusste er zunächst noch nicht so genau. Jedenfalls zieht der Bock direkt auf mich zu. Dabei senkt er immer wieder das Haupt, wobei man den Eindruck hat, dass er wie zum Schein äst. In diesem „Scheinäsen“ der Gams steckt Unsicherheit und Aggressivität – es ist ein Imponieren oder Drohen mit tief gehaltenem Kopf. Kaum zehn Meter entfernt hat er dann ausgiebig vor mir zu markieren begonnen. Wenn einem wilde Tiere so nahe sind, dann hat dies allein schon eine ganz besondere Wirkung. Der Bock zeigte dieses Verhalten nacheinander an drei verschiedenen Latschen. Es waren spannende Minuten, und ich habe nicht daran gezweifelt, dass dieses Verhalten mir gegolten hat. Der Bock wollte mir imponieren – und das hat er auch getan.

Gams markieren zwar auch, wenn sie alleine sind, sie zeigen dieses Verhalten aber viel häufiger in Gesellschaft mit anderen Tieren. Dabei wird besonders häufig gegenüber Partnern der gleichen Sozialklasse markiert, also Gais in Kontakt mit Gais, oder Bock in Kontakt mit Bock. Markieren ist nicht unbedingt mit Territorialität verbunden, weil ja auch Gaisen und Scharwild dieses Verhalten zeigen. Dennoch markieren aktive Brunftböcke am meisten, und bei ihnen sind die Drüsen am Hinterhaupt ja auch am stärksten ausgebildet oder entwickelt. Markieren kann als eine Art von Imponierverhalten eingestuft werden, die Duftmarken können nach meinen Beobachtungen aber gleichzeitig auch Reviergrenzen anzeigen. Dazu sind auch die Aufzeichnungen von Josef Hamr von Interesse. Hamr hat am Beginn der 1980er-Jahre seine Doktorarbeit über Gams in Nordtirol erarbeitet, er war der erste, der in Österreich Gams mit Hilfe der Telemetrie erforscht hat. Wir werden auf seine Forschungsergebnisse noch öfter zurückgreifen. Hamr beschreibt, dass er besonders im Frühjahr oft Gaisen beim Hornen beobachtet hat. Ich kann das bestätigen. Er meint, dass dies bei den Gaisen vor allem dann geschieht, wenn sie sich aus den Winterlebensräumen in höher gelegene Sommereinstände überstellen. Es ist nicht nachgewiesen, aber dieses Verhalten könnte bei den Gaisen durchaus auch dazu dienen, Streifgebiete zu kennzeichnen. Wir kommen später noch darauf zu sprechen, aber Josef Hamr ist einer der wenigen, die Gamsverbände nicht als „anonyme Gruppen“ bezeichnen – wobei ich ihm beipflichte. Er geht viel mehr davon aus, dass es entgegen der landläufigen Meinung sehr wohl kleine Verbände gibt, die zusammenbleiben, deren einzelne Tiere sich kennen, und die gemeinsam bestimmte Streifgebiete oder Lebensraumausschnitte nutzen. Besonders im Herbst schließen sich solche Gruppen oft zu großen Rudeln zusammen.

Hornen – wie nahe Komfort und Aggression beieinander liegen können

Hornen und Markieren sind zwei Verhaltensweisen, die gerne verwechselt oder in einen Topf geworfen werden. Beim Hornen reiben Gams ihre Schläuche an Zweigen, Sträuchern, Bäumchen oder freiliegenden Wurzeln. Latschen, Fichten, Zirben, Grünerlen, ausnahmsweise auch die verholzten Stängel des Almrausch müssen dafür herhalten. Äste und Stämmchen werden oft heftig bearbeitet. Solche Reibestellen werden manchmal über lange Zeiträume immer wieder genutzt, man erkennt sie dann leicht. Wo die Rinde abgescheuert wird, tritt Harz aus, reiben die Gams ihre Krucken daran, entsteht mit der Zeit ein Pechbelag auf den Hörnern. Gams aller Sozialklassen hornen, bei Böcken konnte ich dieses Verhalten aber am häufigsten beobachten. Dabei sind mir einzelne Gamsböcke in Erinnerung, die im Frühsommer fast tagtäglich das ein oder andere Bäumchen bearbeitet haben – oft ausgiebig und beinahe genussvoll. Nach meinem Dafürhalten ein Komfortverhalten.

Während der Brunft konnte ich aber auch Böcke beobachten, die sich an einem Bäumchen einfach abreagiert haben. Dabei wurden die Krucken nicht mehr gescheuert oder gerieben, sondern das Stämmchen wurde richtiggehend bearbeitet. Dabei werden die Krucken ruckartig nach oben gerissen. An einem Gegner würde dies im Ernstfall zu schweren Verletzungen führen – es wäre ein echter Beschädigungskampf. Beim Hornen können damit aufgestaute Aggressionen an einem Ersatzobjekt frei werden. Ein Gams kann auf diese Art einfach Dampf ablassen. So wie Augustin Krämer würde ich aus meinen Beobachtungen ebenfalls schließen, dass Hornen eine Komforthandlung sein kann, ebenso kann es aber auch ein Kämpfen am Ersatzobjekt sein. Ich nehme an, man fühlt sich in beiden Fällen danach besser…

Aus meiner Sicht sind Sträucher oder Bäumchen jedenfalls ein wichtiger Bestandteil des Sommerlebensraumes von Gamsböcken. Hier kann der Bock hornen und markieren. Bewusst geworden ist mir dies zum ersten Mal, wie ich gesehen habe, dass der „Lackl" – nomen est omen –, ein markierter 11jähriger Gamsbock, seinen Nachbarn hinauf über die Baum- und Strauchgrenze gedrückt hat. Das Revier des reifen, schweren Gamsbocks endete bei den letzten Latschen, der nächste Bock stand dann oberhalb auf einem langgezogenen Graslahner, der in die Felsregion überging – kein Baum, kein Strauch, kaum irgendeine Struktur, nichts mehr, woran sich ein Gamsbock hätte „reiben" können. Augustin Krämer berichtet in diesem Zusammenhang davon, dass in Gefangenschaft gehaltene Böcke auch an Zaunlatten oder Felsblöcken markieren, wenn nichts anderes zur Verfügung steht. In völlig freien Lebensräumen ohne Baum und Strauch geben Böcke in der Regel das Revierverhalten auf und leben oft in kleineren Bockrudeln zusammen – vorausgesetzt, der Anteil an Böcken ist ausreichend hoch. An die Stelle des Reviers tritt dann eine Rangordnung in der Gruppe.

Breitseits-Imponieren – wie man möglichst viel aus sich macht

Es war Anfang der Brunft. Ein kühler Novembermorgen; kein Schnee, aber Raureif bedeckt die dürren Gräser. Der Almkessel liegt noch im Schatten. Da beobachte ich von der Hütte aus, wie am Gegenhang plötzlich mehrere Böcke zugleich mitten in ein kleines Scharwildrudel hineinfahren. Es geht rundum, doch für die Gaisen haben die aufgeregten Herren noch keinen Blick, sie sind nur mit ihresgleichen beschäftigt. Hier wird gedroht, gejagt, geflehmt, alles durcheinander, fünf Böcke gleichzeitig. Mir ist so etwas zuvor noch nie untergekommen, und als die wilde Jagd herunterkommt, packe ich schleunigst meine Siebensachen, denn da will ich natürlich auch etwas näher dabei sein. Ich hatte Glück, die Böcke haben mich gar nicht beachtet, und so war ich mitten im Geschehen…

Langsam schickt nun die Sonne ihre ersten Strahlen über weiß bereifte Gräser und glänzend schwarze Gamsdecken. Genau an der Reviergrenze, wo ich im Frühjahr schon ausgiebige Imponierduelle beobachten konnte, stehen einander nun drei Gamsböcke gegenüber. Einer von ihnen – der Hausbock – zieht rasch wieder ab, sein Revier reicht nicht bis hierher. Die beiden anderen sind Nachbarn. Sie kennen sich bestimmt. Es sind der Lackenbock und der Hüttenbock. Ersterer trägt einen Halsbandsender, ich habe ihn im Frühjahr markiert, der Hüttenbock ist ein richtiger Kasten von einem Gams, die Krucken mit gutem Hakel aber wenig Auslage. Jeder der beiden konzentriert sich nur noch auf seinen Reviernachbarn. Und was jetzt beginnt, ist ein Paradebeispiel an Verhaltensabfolgen. Die zwei gleichrangigen Böcke zeigen etwa dreißig Metervor mir ihr gesamtes Repertoire. Zunächst marschieren sie parallel nebeneinander entlang der Reviergrenze, dann beginnen sie breitseits gegen ihren Kontrahenten zu imponieren. Dabei werden die langen Barthaare am Rücken aufgerichtet, sodass die Körperkontur von der Seite her noch um einiges größer wirkt. Der Lackenbock ist dermaßen angespannt, dass er zusätzlich auch noch seinen Rücken nach oben krümmt. Das ist bei Böcken eher selten zu beobachten, bei breitseits imponierenden Gaisen kommt es dagegen fast regelmäßig vor. Vielleicht deshalb, weil sie keine so langen Leithaare entlang der Rückenlinie haben, welche ihnen helfen, die Körperkontur zu vergrößern.

Wie man mehr aus sich macht.

Beim Breitseits-Imponieren stehen diese beiden etwa 8jährigen Gamsböcke verkehrt parallel zueinander und richten die langen Rückenhaare steil auf, um damit ihre Körperkontur zu vergrößern.

Die beiden Böcke vor mir beginnen sich nun im Kreis zu drehen. Das ist typisch beim Breitseits-Imponieren, weil dabei die Tiere meist verkehrt parallel zueinander stehen. Kommt das Haupt des einen zu nahe an die Keulen des anderen, weicht der seitlich aus – die zwei Gams drehen sich umeinander. Manche sprechen dann vom „Imponier-Karussell". Vom Lackenbock weiß ich genau, dass er acht Jahre alt ist, ich habe ihn schon in Händen gehalten. Vom Hüttenbock nehme ich an, dass er etwa gleich alt ist. Nur zwei gleichrangige Böcke halten einem so unmittelbaren, direkten Imponierzeremoniell stand. Die beiden sind ein bis zwei Meter voneinander entfernt. Man sieht ihnen die Anspannung förmlich an. Ein deutlich jüngerer oder schwächerer Gamsbock wäre diesem Imponierverhalten nicht gewachsen. Zwischendurch flehmen die Böcke vor mir mit hochgestrecktem Haupt, wenn sie sich etwas weiter voneinander entfernen, beginnt der ein oder andere an einem Latschenzweig zu markieren, auch Nässen mit Brunftschütteln kommt vor. Kurze Imponiermärsche unterbrechen das Zeremoniell immer wieder. Die ganze Vorführung dauert eine gute Viertelstunde. Es gibt keinen Kampf, die zwei Böcke kommen nie in Berührung miteinander.

Breitseits-Imponieren kommt bei vielen Huftieren vor. Beim Gamswild imponieren auf diese Art Gaisen und Böcke sowie alle Altersklassen. Auch Kitze zeigen Ansätze dazu. Sie imponieren gerne etwas übertrieben, indem sie steifbeinig Kapriolen oder Schaukelsprünge ausführen und dabei mit gekrümmtem Rücken ihre Breitseite gegen Spielkameraden schleudern. Leicht wird daraus eine Rangelei, wobei sich die beiden Spielgefährten anrempeln oder seitwärts wegdrücken. Manchmal legen die Kitze dann auch ihre Hälse übereinander. Augustin Krämer deutet dieses Verhalten als gehemmte Aggression, bei den erwachsenen Tieren ist es eine Drohung, die einschüchtern und abwehren soll. Breitseits imponierende Gaisen stehen gespannt steifbeinig, wobei Haupt und Windfang hoch erhoben werden. Oft wird dabei das Weiße in den Lichtern sichtbar, die Hinterläufe sind meist gegrätscht, die Vorderläufe steif durchgestreckt.

Breitseits-Imponieren kommt das ganze Jahr über vor. Am häufigsten habe ich es im Frühjahr gesehen, wenn reife Böcke ihre Reviere abstecken, und dann wieder im Herbst zu Beginn der Brunftzeit. Bei Gaisen tritt es im Verband auf, wenn im Frühsommer die Rudel neu organisiert werden. Auch zweijährige Gams zeigen es im Frühjahr, wenn sie mit ihresgleichen unterwegs sind und eine Zeit lang nicht zu den Gaisen mit ihren frisch gesetzten Kitzen dürfen. Bei den jungen Gams geschieht das aber meist nur in spielerischer Form. Zwischen hochrangigen, alten Tieren und deutlich jüngeren ist die Rangordnung meist klar, und es reicht eine kurze „Breitseite". Zwischen gleichrangigen, erwachsenen Gaisen können Imponierzeremonielle oft lange dauern, manchmal spürt man schon beim Zuschauen

Jetzt ist der Gamsbart am längsten.

Um Territorien abzustecken, wird auch im Frühjahr heftig imponiert. Der vordere Bock ist der hintere von Seite 53. Ein harter Winter hat ihm die letzten Reserven gekostet. Weil die Brunftfeigen nicht angeschwollen sind, wirken die Krucken deutlich höher.

den Stress und die Anspannung, mit der sie verbunden sind. Breitseits imponierende Gaisen konnte ich ebenfalls in kleinen Brunftrudeln beobachten. Gut möglich, dass ein erhöhter Hormonspiegel dafür verantwortlich ist, es kann aber auch sein, dass sich die ein oder andere Gais einem bestimmten Bock anschließt und dann für kurze Zeit in einer fremden Gruppe ihren Platz behaupten muss.

Immer wieder tritt dieses Verhalten auch in stark abgeschwächter Form auf, wenn Gams flüchten. Das kommt so: In dem Durcheinander kann es passieren, dass etwa ein Jahrling einer fremden Gais im Wege steht oder ihr einfach ungewollt nur zu nahe kommt. Dabei wird die Individualdistanz unterschritten, worauf das überlegene Tier kurz die Breitseite zeigt, um damit zu sagen: „Raus aus meinem Intimbereich!“ Das geht manchmal sehr schnell, und man muss schon genau hinschauen, um zu erkennen, was gerade abläuft.

Bei Kitzen und Jahrlingen tritt dieses Verhalten in spielerischer Form auf – die Jugend nimmt das nicht so ernst wie die Erwachsenen. Jüngere Böcke, die zwar ausgewachsen, aber noch nicht wirklich reif sind, können oft paarweise umherziehen und dabei enorm viel Zeit mit Breitseits-Imponieren verbringen. Nach meinen Beobachtungen waren das vor allem 4- bis 5jährige Böcke. Dieses Imponieren wird nicht mit großer Intensität, oder Ernsthaftigkeit ausgetragen – ich deute es mehr als „Training“. Die zwei Kameraden benehmen sich dabei wie Sparringpartner und üben oft über Stunden. Ich konnte dieses Verhalten selbst im Hochwinter beobachten. Bemerken möchte ich dazu noch, dass es beim Breitseits-Imponieren zwar um Körpergröße geht – die beiden Tiere versuchen sich ja möglichst groß zu machen, weil über die Größe der Kampferfolg mehr oder weniger vorhergesagt werden kann. „Mehr oder weniger", denn die Körpergröße allein macht es ganz sicher nicht aus. Da kommt auch sehr viel an Selbstbewusstsein, Ruhe und Sicherheit ins Spiel – man könnte auch sagen Ausstrahlung. Das Auftreten ist mindestens ebenso wichtig wie die Körpermasse. Mir ist dies besonders im Frühjahr aufgefallen. Da kann es sein, dass ein alter Gamsbock zwar über den Winter körperlich mehr abgebaut hat als ein mittelalter in den besten Jahren. Dennoch tritt der alte selbstsicher und ruhiger auf und gleicht damit die eventuelle körperliche Unterlegenheit aus. Gut möglich auch, dass der jüngere Nachbar schon in frühen Jahren mit dem reifen Herrn Bekanntschaft gemacht hat.

Schleich-Imponieren – wenn Böcke in die Knie gehen

„Das Schleich-Imponieren ist oft nicht so leicht aus dem gesamten Imponierzeremoniell herauszulösen", schreibt Augustin Krämer. Er hat recht. Dieses Verhalten imponierender Böcke wechselt mit Markieren und Imponieren, oft

Schleich-Imponieren.

Bei dieser Art zu imponieren bewegt sich der Bock mit eingeknickten Vorderläufen und vorgestrecktem Haupt. Dieser Bock versucht damit Gaisen in seinem Brunftrudel zu halten, deshalb sind die Rückenhaare und der Wedel nicht gesträubt.

verbindet es auch nur verschiedene Verhaltensabfolgen. Beim Schleich-Imponieren bewegen sich die Böcke rasch voran, die Vorderläufe sind oft etwas eingeknickt, Träger und Haupt sind vorgestreckt, manchmal tief am Boden, wie bei einem suchenden Bock, der Bart ist gesträubt, der Wedel aufgestellt. Dabei „schleichen" die Böcke mit überbetonten Bewegungen umeinander herum. Der Abstand zueinander beträgt wenige Meter. Beide Kontrahenten vermeiden einander direkt anzusehen. Ist einer der beiden im fremden Revier, dann sieht er zu Beginn ganz bewusst weg. Damit wird Spannung abgebaut. Beim Herden der Gaisen werden Haupt und Träger ebenfalls vorgestreckt, aber Haar und Wedel sind dabei nicht gesträubt.

Imponiermarsch – was Hirsche tun, können Gams auch

Für Gamswild wird der Imponiermarsch gewöhnlich nicht beschrieben. Ganz typisch ist dieses Parallel-Marschieren für Rothirsche während der Brunftzeit. Sie sehen dabei ihr Gegenüber nur von der Seite, über die Körpersilhouette kann die Größe des Kontrahenten abgeschätzt werden. Jedenfalls gibt es diesen Imponiermarsch auch bei Gamsböcken. Ich habe ihn im Frühjahr ebenso wie zu Beginn der Brunftzeit im Zusammenhang mit Territorialverhalten beobachtet. Zwei Böcke marschieren dabei im Abstand von zwei

Imponiermarsch.

Bei Rotwild ist der Imponiermarsch bekannt, dabei marschieren Hirsche parallel zueinander, um Körpergröße und Kampfkraft ihres Kontrahenten einzuschätzen. Auch Gamsböcke zeigen dieses Verhalten.

bis drei Metern eine Strecke von bis zu fünfzig Metern nebeneinander her. Während aber Rothirsche aus dem Parallelmarsch heraus blitzschnell wenden können und ihre Geweihe dabei binden, um zu kämpfen, wird bei Gamsböcken nie ein Schiebekampf daraus. Gams kämpfen nicht frontal miteinander, ihre Krucken sind nicht geeignet, um einen Angriff abzufangen. Wenn Gams einen Gegner zum Imponiermarsch bewegen oder herausfordern, dann zeigen sie währenddessen Dominanzverhalten.

Drohen – ernst gemeinte Warnung

Verhaltensforscher trennen Drohen und Imponieren voneinander. Beim Drohen gibt es die Absicht zum Kampf. Imponieren ist dagegen mehr ein statisches Präsentieren. Eine Drohgeste kann bereits das Zurückklappen der Lauscher sein. Ich erinnere mich dabei an einen Platzbock, der beim Zusammenhalten seiner Gaisen allein durch das extreme Zurücklegen der Lauscher unmissverständlich gezeigt hat, dass er nicht einverstanden war, wenn sich eine der Damen zu weit entfernt hat. Auch das direkte Starren auf den Rivalen kann als Drohung eingestuft werden. Wenn zwei Böcke gegeneinander imponieren, dann vermeiden sie es, einander direkt anzusehen. Droht ein Gams,

Drohen.

Dieser Platzbock beobachtet sein Brunftrudel und zeigt hier mit zurückgelegten Lauschern, dass er nicht damit einverstanden ist, dass sich eine Gais davonmachen will. Gleich wird er sich in Bewegung setzen, um sie zum Bleiben zu überreden …

Drohende Gais.
Beim Drohen wird dem Gegenüber die Rückseite der steif aufgerichteten Lauscher gezeigt. Diese Gais droht einem fremden Kitze, das sich auf sie zubewegt hat.

dann werden dem Gegenüber die Krucken mit tief gesenktem Haupt präsentiert. Gamskrucken sind eine äußerst gefährliche Waffe. Wer sie nicht kennt, unterschätzt die Wirksamkeit dieser gekrümmten Hornschläuche. Ein Angreifer muss ungemein wendig und schnell sein, denn irgendetwas erwischen die umgebogenen Hornspitzen fast in jedem Fall, und dort, wo sie einhaken, gibt es dann schlimme Verletzungen. Mancher Schweißhund hat bei der Nachsuche auf Gams seine Schneid mit dem Leben bezahlt. Mir ist sogar ein Fall bekannt, wo an einem Tag zwei Hunde durch einen Gamsbock umgekommen sind. Auch beim Markieren von Gams hat sich gezeigt, dass dieses Wild in Kastenfallen ein völlig anderes Verhalten als Rehe an den Tag legt. Ein Gams stellt sich, stampft mit dem Vorderlauf und wartet ab – einfach hingreifen ist nicht sehr ratsam. Noch sind wir aber nicht beim Kämpfen.

Gams drohen in der Regel gegenüber jüngeren oder unterlegenen Tieren. Häufig sind das Gaisen, die fremden Kitzen oder Jahrlingen zeigen, dass sie nicht näherkommen sollen. Auch wenn ein Kitz versucht, bei einer fremden Mutter zu säugen, droht ihm die fremde Gais. Berührungen kommen zwischen fremden Tieren fast nie vor. Gams sind Distanztiere! Nur zwischen Gais und Kitz gibt es regelmäßig Körperkontakt, ansonsten vermeiden sie direkte Annäherung. Immer wieder kann man auch sehen, wie ein Gams gegenüber einem anderen droht, der gerade niedergetan ist. Dabei senkt das höherrangige Tier das Haupt und droht mit den Krucken gegen den liegenden Gams. Das ist meist eine Forderung zum Aufstehen – gute Liegeplätze sind im Steilgelände manchmal rar. In der Regel überlässt das bedrohte Tier dem anderen den Platz. Auch Brunftböcke können gegenüber einer Gais drohen, die niedergetan ist. Sie zeigen damit ebenfalls, dass sie aufstehen soll.

Eine Drohgeste ist auch das Aufstampfen mit den Vorderläufen. Es wird gegenüber Feinden gezeigt – meist aus sicherer Position, noch dazu, wenn der Gams nicht so genau weiß, wie ernst die Gefahr ist. Sogar steifbeinige Prellsprünge gegen den Feind können dabei vorkommen. Mit diesem Drohsprung wird eine Attacke vorgetäuscht. Das Vorderlaufstampfen zeigt der Bock aber auch in der Brunft, und da zum Teil sehr energisch gegenüber Gaisen, die sich aus seinem Rudel entfernen wollen. Dabei stampft er aber mit vorgestrecktem Lauf auf.

Attacke – aus der Drohung wird ein Angriff

Als „Attacke“ wird ein kurzer Angriffsspurt aus nächster Entfernung bezeichnet. Dabei zielt der Angreifer mitten auf den Rumpf des Gegenübers. Stehen die beiden Gams nahe beieinander, dann fällt der Spurt weg. Mit gesenktem Haupt fährt der Angreifer meist spontan und ohne viel Vorwarnung dem anderen Gams in die Seite, oder wo er ihn eben erwischen kann. Dabei reißt er die Krucken nach oben. Die Lauscher werden drohend nach hinten gelegt.

In dem Untersuchungsgebiet am Hochschwab in der Steiermark, wo ich über Gams gearbeitet habe, kannte ich fünf verschiedene Gams mit geschlitztem oder eingerissenem Lauscher, davon vier Gaisen. Diese auffälligen Merkmale können meines Erachtens eigentlich nur von Attacken zwischen Gams herrühren. Am ehesten gibt es so einen Einriss wohl dann, wenn das angegriffene Tier die Aggression mit den Krucken pariert. Doch warum soll es gerade dort so eine Häufung von solch auffälligen Merkmalen geben? Ich kann nur spekulieren: Zum einen war der Anteil an wirklich alten Gamsdamen im Bestand hoch. Je länger ein Leben, desto eher ist die Wahrscheinlichkeit gegeben, dass es einmal zu einem Zusammenstoß mit Folgen kommt. Mit höherem Alter könnten aber auch Dominanz- oder Drohgesten gegenüber anderen Tieren zunehmen – ältere Stücke werden oft mit der Zeit etwas unleidlich. Vielleicht kommt es dort zu häufigeren Auseinandersetzungen, weil es nur begrenzt gut geeigneten Wintereinstand gibt. Gut möglich, dass auch alles zusammenwirkt. Für eine eindeutige Antwort fehlen mir ausreichende Grundlagen, spontane Attacken und Hetzjagden sind jedoch selbst im Februar, also im Hochwinter, aufgetreten.

Attacke.

Diese Aufnahme entstand im Februar. Zwei Zweijährige sind sich in die Quere gekommen. Hier fasst der Verfolger den vorderen Gams mit seinen Krucken am Hinterlauf, worauf dieser laut klagt.

In der Regel flüchtet das attackierte Tier augenblicklich. Sehr selten wird der Angriff mit den Krucken pariert, worauf auch eine Gegenattacke erfolgen kann. Dabei kommt es in Ausnahmefällen zwischen Böcken auch zu sehr ernsten Kämpfen. Das ein oder andere ausgehakelte Licht ist die Folge. Geht dagegen ein Tier mit vorgestrecktem, tief gehaltenem Haupt in Demutshaltung, dann schützt dies fast in jedem Fall vor einer Attacke. Bei Kitzen kann es zu Rammstößen in die Seite kommen – das Kopfhoch-Reißen unterbleibt. Kitze zeigen daneben bei Kämpfen aber auch noch sehr einfache ursprüngliche Verhaltensweisen, die bei älteren Gams nicht mehr vorkommen. Erwachsene Gams rammen für gewöhnlich nicht mit Haupt und Krucken zusammen, wie dies Steinböcke, Ziegen oder Rinder tun, und es wird bei ihnen nie einen Halskampf geben. Gamskitze dagegen stoßen ihre Köpfe im Spiel durchaus gegeneinander, und auch Halskämpfereien sind nichts Außergewöhnliches. Während der Stirnkampf schon eine höher entwickelte Form der Auseinandersetzung ist, ist der Halskampf dagegen eine primitive, ursprüngliche Verhaltensform. Man sieht also: In der Jugend stecken noch viele Anlagen, erst mit dem Älterwerden wird das Verhalten mehr und mehr auf den Einsatz der Krucken abgestimmt.

Hetzjagd und Kampf – typisches Gamsverhalten

Plötzlich kollern von irgendwo Steine, und kurz darauf höre ich das typische Keuchen sich hetzender Gamsböcke. Jetzt, endlich, finde ich die beiden unterhalb der Schafleiten. Ohne Kompromisse geht dort die wilde Jagd durch brüchige Felspartien, setzt über gefährliche Rinnen und quert steilste Graslahner, hier gibt es kein Klettern oder Steigen, allein die Geschwindigkeit ist ausschlaggebend dafür, dass beinahe unpassierbare Geländepartien überwunden werden. Die Gams scheinen dabei kaum den Boden zu berühren, bei diesem Tempo setzen die Schalen jeweils nur für Sekundenbruchteile auf. Hinter den Hütten gewinnt dann der Attackierte an Höhe, und nun wechselt das Spiel: Er dreht den Spieß um und jagt jetzt seinerseits hinter jenem Bock her, der ihn gerade noch verfolgt hat. Immer wenn er ihm bedrohlich nahe kommt, reißt er Haupt und Krucken nach oben – bei tatsächlichem Körperkontakt wären schlimme Verletzungen die Folge.

In der Regel beginnt eine Hetzjagd damit, dass derjenige Gams, der höher oben am Hang steht, ein zweites Tier, das tiefer steht, attackiert. Der unten stehende Gams hat kaum Möglichkeit zu parieren, auch wenn er körperlich stärker ist, er muss flüchten, will er nicht verletzt werden. Berichtet wird,

Hetzjagd.

Gams können im rasenden Tempo solche Steinhalden queren. Dabei werden auch die Afterklauen aufgesetzt, womit die Trittfestigkeit deutlich erhöht wird.

Eine Gais aus dem Rudel des Platzbocks ist zu einem jüngeren Bock gewechselt und wurde von diesem beschlagen. Der Platzbock vertreibt den Widersacher, die Gais beobachtet die Hetzjagd.

Plötzlich wendet der Platzbock und treibt nun die Gais in vollem Tempo zurück. Diese drückt sich in eine Felsnische und wird dort mehrere Stunden belagert. Schließlich gibt sie auf und lässt sich auch von diesem Bock beschlagen.

dass es nicht nur die bekannten Hetzjagden zwischen Böcken gibt, sondern dass es auch zwischen Bock und Gais, zwischen zwei Gaisen oder auch zwischen Jährlingen oder Kitzen zu Verfolgungsjagden kommt. Ich habe Hetzjagden in allen erdenklichen Formen und zu allen Jahreszeiten gesehen, aber nie zwischen zwei Gaisen. Dabei sollte man jedoch genau hinsehen. Wenn ein Bock eine Gais von einem Rivalen wegtreibt oder wenn er eine Gais verfolgt, um sie in seinem Revier zu halten, dann ist dabei sicher auch Aggressivität im Spiel, aber dies führt weder zu Kämpfen noch zu Verletzungen. Ich würde dies nicht als Hetzjagd werten. Wenn Gamsböcke im Frühling Reviere besetzen, dann treiben sie 2-, 3- und 4jährige Böcke aus ihrem Territorium, tun dies aber mit weit geringerer Vehemenz als gegenüber 5- oder 6jährigen. Gegenüber Jahrlingen sind sie tolerant, hier reicht die Demutshaltung des Einjährigen aus, um eine Attacke zu vermeiden. Dazu ein paar Tagebuchaufzeichnungen:

13. November. Zwei- bis dreijähriger Bock am Rosenkogel flüchtet bereits Hals über Kopf, als der Platzbock weit oben von der Hühnerleiter heruntersteigt. Der junge Bock reagiert dabei ganz sicher auf den älteren, ohne von ihm überhaupt direkt verfolgt zu werden.

18. Mai. Um 06:45 Uhr ziehen vier junge Böcke am Wanderweg hinauf zur Alm. Es sind zwei Dreijährige und zwei Vierjährige. Eine richtige kleine „Rowdy-Bande", darunter ein mir bekannter Bock mit einem abgebrochenen Schlauch. Die jungen Flegel benehmen sich ihrem Alter entsprechend recht ausgelassen. Die ganze Truppe ist andauernd in Bewegung. Da wird markiert, gedroht, dazwischen ein paar „Maulvoll" geäst, es gibt Kapriolen und Schaukelsprünge. Meist folgen sie dabei einem der beiden Älteren. Ich habe das Gefühl, als ob dabei so etwas wie Gruppenzwang zum Zusammenhalt führt: Auch wenn man gerade Lust hat, die Welt zu erobern, in Gemeinschaft fühlt man sich etwas wohler dabei. Als sie zu den Hütten kommen, nehmen sie mich wahr, und da werden die Welteneroberer unsicher, verlassen nun doch lieber den Steig und schlagen einen kleinen Umweg hinter die Nachbarhütte ein. Dabei geraten sie nichtsahnend in das Revier des Hausbocks. Und so kommt es, wie es eben kommen muss – plötzlich taucht der Hausherr wie aus dem Nichts aus dem Latschenfeld hinter der Nachbarhütte auf und jagt ohne Vorwarnung auf die Gruppe zu. Nun hetzt ein Gamsbock vier Jünglinge gleichzeitig! Alle vier „Almwanderer" vergessen ihr Ziel und bringen sich dorthin in Sicherheit, von wo sie gerade hergekommen sind. Man muss aber einwerfen, dass sowohl der Hausbock als auch die vier Flegel die ganze Sache nicht hundertprozentig ernst genommen haben. Der Revierverteidiger gibt die Hetzjagd schnell wieder auf, und die Jugend springt am Ende der Flucht schon wieder in Kapriolen. Ganz so, als ob sie damit zeigen wollen, dass ihnen das bisschen Davonlaufen höchstens Spaß, aber doch ganz sicher keine Angst gemacht hat…

24. Mai. An diesem Morgen habe ich den „Hubschrauberbock" markiert. Zuvor hat er einen jüngeren Bock durch die Steinbockleiten weit aus seinem Revier gehetzt, und das war meine Chance. Ich brauchte nur zu warten, bis der 8jährige Bock in sein Territorium zurückkommt. Es war leicht, weil ich schon vorher einige markante Steine eingemessen habe und damit sicher die günstige Schussdistanz für das Narkosegewehr wusste. Als dann der Hubschrauberbock wieder auf den Läufen steht, stürmen plötzlich ober mir zwei Gamsböcke in einer wilden Hetzjagd hinab in die bewaldeten Gräben. Ich kann den Verfolger erkennen – es ist der „Lindner". Über die freien Hänge ist es mir möglich, diese Hetzjagd bis hinunter in den Wald zu verfolgen. Als ich daheim auf der Karte nachmesse, stellt sich heraus, dass der Bock seinen Kontrahenten mindestens 1,5 Kilometer weit aus seinem Revier vertrieben hat. Nachdem die beiden Böcke im Wald verschwunden sind, steige ich über die Serpentinen zu den Hütten, erreiche diese nach einer schwachen Viertelstunde – und erlebe gleich drauf eine Überraschung. Als ich dort meinen Rucksack auspacke, zieht der Lindner etwa fünfzehn Meter neben der Hütte zurück in sein Revier. Sowohl mich wie den Hund lässt er einfach links liegen, wobei ich den Eindruck nicht loswerde, dass er immer noch ziemlich geladen ist. Ganz nach dem Motto: Und wer will als nächster dran sein?

In der Literatur werden zwar außerordentlich lange Hetzjagden beschrieben, Augustin Krämer berichtet aber davon, dass er keine Hetzjagd über eine Strecke von 2 Kilometern gesehen hat. Die Verfolgungsjagden dauern höchstens einige Minuten. Im Gebirge eine Hetzjagd zu beobachten, die weiter als 1 bis 2 Kilometer geht, ist schon aufgrund des Geländes schwierig. Dies ist nur vom Gegenhang mit guter Optik und bei ebenfalls gut einsehbarem Terrain möglich – alte Berichte, die von weit größeren Strecken berichten, sind daher meines Erachtens mehr als zweifelhaft. Meist wird die zurückgelegte Strecke deutlich überschätzt. Nichtsdestotrotz sind die zurückgelegten Strecken beachtenswert. Ein Gams legt dabei in Minuten Entfernungen zurück, für die wir Stunden brauchen, meist wären wir überhaupt nicht in der Lage, das Gelände zu bewältigen. Mir ist keine andere Wildart bekannt, wo ein Rivale seinen Widersacher in so kurzer Zeit ohne Kompromisse so weit verfolgt. Nicht immer muss dabei jedoch der Stärkere den Schwächeren vor sich hertreiben.

22. November. Ich wollte meine Kollegin Veronika noch bis zum Hubschrauberlandeplatz begleiten, da entdecken wir unter dem Fölzstein einen einzelnen Steinbock. Das ist hier eine Seltenheit, und so schenken wir unsere ganze Aufmerksamkeit dem etwa 5- bis 6jährigen Gehörnten. Zur selben Zeit steht oberhalb von uns im Graslahner ein kleineres Scharwildrudel, und auch der dazugehörige Platzbock ist dabei. Der Bock ist ausnehmend tiefschwarz und auch jetzt gegen Ende November noch immer in sehr guter Kondition. Der Höhepunkt der Brunft ist gerade vorüber. Nachdem unser Steinbock talauswärts zu einer Salzlecke gezogen ist, konzentrieren wir uns nun wieder auf die Gams, und dabei kann ich meinen Augen kaum trauen: Einer der jungen Böcke, welche die ganze Brunft über Reißaus vor dem Hausherrn genommen haben, attackiert nun in vollem Lauf von oben den körperlich viel stärkeren Platzbock. Diesem bleibt gar keine andere Möglichkeit – er muss vor dem heranstürmenden Vierjährigen davonlaufen, will er nicht verletzt werden. Der junge Bock hetzt den alten, und direkt neben uns geht die Verfolgungsjagd hinunter in den Graben. Dieser starke, reife Bock hatte keine Chance zur Gegenwehr und musste sich das Treiben gefallen lassen. Den jungen stürmischen Verfolger habe ich an diesem Tag noch markiert – und dabei eine bleibende Erinnerung von ihm erhalten…

Mehr als zwei Drittel aller Attacken erfolgen von oben. Nach verschiedenen Berichten gibt es bei Gams einen nicht ritualisierten Beschädigungskampf, der auch zu schweren Verletzungen führen kann. Krämer geht soweit, dass er meint, der Gamsbock müsste durch die Hetzjagd stimuliert werden, bevor er heftig kämpft. Ich konnte zwar beobachten, wie ein Verfolger den vor ihm flüchtenden Gams mit den Krucken am Hinterlauf zu fassen bekam, worauf von diesem lautes Klagen zu hören war, einen wirklich ernsten Kampf habe ich aber nie gesehen. Auch Augustin Krämer meint, dass Kämpfe sehr selten sind. Dazu zitiert er ebenso den slowakischen Gamsforscher Blahout, der in sieben Jahren nur drei richtige Kämpfe sah. Krämer meint, dass vor allem jüngere Böcke gegen Ende der Brunftzeit kämpfen, das ist Mitte Dezember. Jedenfalls sind die Hetzjagden im Steilgelände ein ganz spezifisches Verhalten des Gamswildes.

Gamskrucken sind kaum geeignet, den Angriff eines Gegners abzufangen, ein Verfolger versucht aber das Tier, hinter dem er nachhetzt, mit den Krucken zu fassen, wo er es kriegen kann. Die Hakenform ist dabei besonders effektiv und gefährlich zugleich. Da sich Böcke deutlich am häufigsten und auch am heftigsten hetzen, ist der stärkere Hakel für den Bock auch von größerer Bedeutung. Hetzjagden zwischen Gaisen sind ausgesprochen selten, sie brauchen daher nicht so stark gekrümmte Haken. Es spricht also vieles dafür, dass Gamskrucken speziell zum Fassen des flüchtenden Gegners entwickelt wurden. Ich würde aber die Gefährlichkeit dieser Hörner bei der Verteidigung gegenüber Feinden dennoch nicht aus dem Auge verlieren.

Demutsverhalten – wenn Klein-Beigeben der bessere Weg ist

Beschrieben werden im Zusammenhang mit Gamswild gern die wilden Hetzjagden. Dagegen wird ein Verhalten, das ganz wichtig für das konfliktarme Zusammenleben einer sozialen Tierart ist, kaum erwähnt: das Demutsverhalten. Vor allem Jahrlinge zeigen diese Verhaltensweise gegenüber erwachsenen Tieren, etwa wenn in der Brunft ein Bock an dem vorbeizieht – wobei der Bock den Jahrling oft gar nicht beachtet. Dabei wird das Haupt bei geduckter Körperhaltung tief gehalten und waagrecht nach vor gestreckt, der Wedel ist angehoben. Jeder, der ein wenig mit Gams zu tun hatte, konnte dieses Verhalten schon sehen, oft wird es aber übersehen. Dieses Verhalten gibt es bei einer Reihe von Hornträgern, es ist ein Zeichen der Unterwerfung und Beschwichtigung. Die Haltung ist im Grunde genommen immer geduckt, das Haupt unten, das Kinn vorgestreckt. Auch Wegsehen, Abdrehen, Hinten-Vorbeigehen oder im Extremfall Ausliegen wie ein Jungtier, das sich versteckt oder drückt, gehören dazu. All dies sind Beschwichtigungsgebärden, die Unterwerfung gegenüber einem stärkeren Kontrahenten signalisieren. Sie wirken aggressionshemmend und können damit ein unterlegenes Tier vor Verletzungen bewahren. Demutsverhalten zeigt „Friedfertigkeit“ an.

Distanztier.

Zwei gleichrangige Gaisen sind sich unbeabsichtigt zu nahe gekommen. Dabei wurde die Individualdistanz unterschritten. Ein Jahrling würde gegenüber einem erwachsenen Tier hier sofort den Träger vorstrecken und das Haupt senken, um zu beschwichtigen.

Übersprungverhalten

Es gibt ein Verhalten, bei dem in der Regel der Beobachter aus dem Konzept gerät, wenn er unvorbereitet damit konfrontiert wird: das Übersprungverhalten. Verhaltensforscher haben viel darüber diskutiert. Es waren Nikolaas Tinbergen und Konrad Lorenz, die den Begriff in die Verhaltensforschung aufnahmen. Bis heute ist man sich aber uneinig, was sich wirklich in einem Tier abspielt, das plötzlich eine Verhaltensweise zeigt, die nach unserem Dafürhalten so gar nicht in den von uns beobachteten Verhaltenskontext passt. Eines der bekanntesten Beispiele dafür sind die zwei kämpfenden Hähne, von denen einer plötzlich am Boden zu picken anfängt, so als ob er Futter sucht. Auch die Männchen von Lachmöwen können einen Kampf unterbrechen und anfangen Gras abzuzupfen. Von verschiedenen Tierarten werden Übersprungbewegungen beschrieben, wenn sie angeblich nicht wissen, ob sie flüchten oder angreifen sollen. Selbst bei Honigbienen soll es Übersprungbewegungen geben: Putzbewegungen am Futterplatz können dahingehend gedeutet werden, dass die Biene nicht weiß, ob sie nun noch etwas bleiben soll oder ob sie einen neuen Futterplatz aufsuchen soll. Eine „Putzbewegung", die uns allen bekannt ist, erklärt am besten, was gemeint ist: Auch wenn wir Menschen unschlüssig sind und nicht so recht wissen wohin oder was tun, dann kratzen wir uns am Kopf…

Nun geht es mir gar nicht darum zu klären, ob Futterpicken oder Putzen nur vermeintlich ohne Zusammenhang mit dem Verhalten davor und danach stehen oder ob ihnen auch Signalfunktion zukommt, ich möchte hier nur anführen, dass es diese für den Beobachter unerwarteten Verhaltensweisen auch beim Gamswild gibt. Ich hatte dabei jedes Mal den Eindruck, dass damit Spannung abgebaut wird. Zwei Mal konnte ich beobachten, wie am Ende eines ernsten Imponierzeremoniells zweier reifer Böcke einer der beiden schaukelnde Kapriolensprünge ausführte – ein Verhalten, wie es vor allem die Jugend beim Spielen an den Tag legt. Möglich, dass dem Gegenüber damit gezeigt wird, man ist selbst in so einer ernsten Situation auch noch locker und gelassen; möglich aber auch, dass man sich damit entspannt und die Muskeln lockert. Als Übersprungbewegung deute ich auch das Verhalten einer Gais, der ich aus sehr geringer Entfernung beim Äsen zugeschaut habe. Sie äste neben dem Wanderweg, und ich blieb in ihrer Nähe. Das Tier wollte seinen Äsungsplatz nicht verlassen, war aber offensichtlich nicht völlig entspannt. Plötzlich streckte sich der Gams während des Äsens völlig durch, wie ein Stück, das lange niedergetan war. Ihr Kitz ahmte die Bewegung sofort nach. Weiter in die Tiefe möchte ich hier nicht gehen, Übersprungbewegungen gibt es wahrscheinlich bei vielen Tierarten, irrelevant sind sie sicher nicht – welchem Zweck sie genau dienen, ist nicht immer einsichtig.

Übersprungverhalten.

Diese Gais äste etwa zehn Meter neben dem Wanderweg. Dennoch wollte sie wegen mir den Platz nicht verlassen. Unschlüssig zwischen Gehen und Bleiben streckte sie plötzlich ihren Körper, wie es Gams tun, nachdem sie länger niedergetan waren, …

… gleich darauf ahmte das Kitz die Bewegung seiner Mutter genau nach.

Alarmverhalten, Sichern, Rolle der Leitgais

Jeder Jäger weiß ohne zu überlegen, wann ein Beutetier Gefahr erkennt oder wenigstens zu erkennen glaubt. Schon das intensive Starren in eine Richtung zeigt seine erhöhte Aufmerksamkeit, ebenso kann es plötzlich in seiner Bewegung „einfrieren" oder mit hoch erhobenem Haupt sichern. Wie bereits erwähnt, ist bei Gams auch das Stampfen mit dem Vorderlauf als Alarmverhalten zu deuten, vor allem dann, wenn sich das Stück nicht ganz sicher ist. In diesem Fall kann ein Tier auch steifbeinig einige Schritte gehen. Oft unbeachtet bleibt, dass vor allem jüngere Stücke in angespannten Situationen mit hoch erhobenem Wedel „angstkoten" oder nässen. Am Ende einer Flucht oder einer Stresssituation suchen Kitze auch die Mutter, um kurz zu säugen – das beruhigt. Als Alarmlaut ist beim Gamswild das Pfeifen bekannt. Dabei wird die Luft durch die Nase ausgepresst. Verliert ein Kitz die Mutter und sucht diese, dann meckert es. Auch von der Gais ist dieser Laut zu hören, wenn sie nach ihrem Kitz sucht. Kitze pfeifen noch nicht, ich habe dies frühestens dann gehört, wenn sie etwa ein Jahr alt sind und im Frühjahr zum ersten Mal ohne Gais nur mit ihresgleichen unterwegs waren. Sie pfeifen dann aber deutlich höher.

Das Alarmverhalten von Jungtieren wird im Rudel oft wenig beachtet. Ein Jahrling kann sogar Alarmpfiffe ausstoßen, ohne dass ihm deshalb die anderen Mitglieder der Gruppe allzu viel Beachtung schenken. Ältere Stücke können dagegen ein ganzes Rudel mitnehmen, wenn sie eine vermeintliche Gefahr ausmachen. Je höher eine Tierart entwickelt ist, desto mehr gewinnen individuelle Erfahrung und Lernen an Bedeutung. Konrad Lorenz meinte dazu: Das Alter eines Tieres steht in geradem Verhältnis zur Stellung, die es in der Rangordnung seiner Gruppe einnimmt. Da die Mitglieder der Gemeinschaft das Alter der erfahrenen Leittiere aber nicht am Taufschein nachlesen können, ist es am besten, wenn man den Grad ihrer Vertrauenswürdigkeit nach der Rangstellung bemisst. Einem hochrangigen, älteren und damit erfahrenen Tier wird also mehr Beachtung geschenkt. Womit wir bei der Leitgais sind. Die Frage, ob es die Leitgais überhaupt gibt oder welche Rolle ihr zukommt, wurde immer wieder ausgiebig diskutiert. Dazu muss man zunächst auf die Zusammensetzung von Gamsrudeln eingehen. Gamsrudel sind offene Gemeinschaften, die Tiere innerhalb eines Rudels können immer wieder wechseln. Es ist also bestimmt nicht so, dass eine erfahrene Gais andauernd ein und dasselbe Rudel führt. Sie führt es auch nicht aktiv. Es gibt auch nicht das eine Rudel – neben der Zusammensetzung variieren ebenso die Größe und die Anzahl der Rudel oder Gruppen. Dennoch gibt es aber ganz bestimmt Leitgaisen, welche diese Gruppen im Ernstfall „führen"!

Alarm 1.

Ein Tier aus dem Rudel hat eine Gefahrenquelle entdeckt. Während die einen noch sichern, bewegen sich die anderen schon von der möglichen Gefahr weg. Noch sind die Gams nicht koordiniert.

Alarm 2.

Nun sind alle Gams in Fluchtrichtung ausgerichtet. Sie warten aber noch kurz ab …

Alarm 3.
Nun setzt sich ein Tier in Bewegung, und das Rudel folgt. Meist ist es die Leitgais – früher nannte man sie auch „Vorgeherin“.

Das sind meist ältere Stücke, die in der Regel auch ein Kitz führen. Sie erkennen Gefahren oft früher, sind mit dem Gelände bestens vertraut und haben in ihrem Leben schon einiges an Erfahrung gesammelt. Aufgrund dieser Erfahrungen halten sie auch oft ganz bestimmte Fluchtrouten ein. Ich weiß von alten Leitgaisen, welche Reviergrenzen zu kennen schienen. Eine Leitgais ist also nicht der „Kopf“ eines Gamsrudels, sondern jenes Tier, das meist zuerst Gefahr erkennt, darauf reagiert und damit den Rest der Truppe einfach mitnimmt. Selbst wenn die anderen Gams noch gar nicht richtig wissen, was los ist, folgen sie der „angesehenen“ Tante – sicher ist sicher. Sehr alte Gaisen, die kein Kitz mehr führen, stehen eher allein, oder am Rande des Rudels, sie können durchaus als Wachposten agieren, sind aber nicht mehr so eng mit der Gruppe verbunden, weshalb ihnen die übrigen Tiere kaum folgen. Vielleicht verlieren sie im hohen Alter auch wieder an Rang – und damit nach Konrad Lorenz auch an Beachtung oder Vertrauen.

Brunft- und Paarungsverhalten

Eine Reihe von Verhaltensweisen, die auch während der Brunft vorkommen, wurden bereits besprochen. Dazu zählen Hetzjagden, Attacken, Imponieren oder Markieren. In diesem Kapitel geht es neben dem Paarungsverhalten um einige weitere für Gamsböcke ganz typische Verhaltensformen, die sie besonders im Herbst zur Paarungszeit zeigen. Wer sich also während der Gamsbrunft Zeit nimmt, der kann gerade bei dieser tagaktiven Wildart Verhalten studieren. Ansonsten ist dies bei heimischem Schalenwild ohnehin nur selten möglich, weil leider Nachtaktivität überwiegt.

Sich-Zeigen und Brunftschütteln – zwischen Markieren und Imponieren

Vor Beginn der eigentlichen Brunft verbringen Gamsböcke oft lange Zeit an gut übersichtlichen Aussichtspunkten. Dabei geht es aber nicht nur um die Kontrolle der Umgebung, sondern auch um ein aktives „Sich-Präsentieren" – unter Kontrolle hat ein Bock sein Revier auch im Frühjahr, aber da steckt er irgendwo in den Latschen und präsentiert sich nicht. Im Herbst wählen die

Sich-Zeigen.

Kurz vor der Brunft stehen Gamsböcke oft stundenlang auf exponierten Stellen, um Ausschau zu halten und sich zu zeigen. Noch gilt ihr Interesse vor allem möglichen Konkurrenten.

Brunftschütteln.

Gamswild besitzt wenig Duftdrüsen. Während der Brunft nässen Böcke und schütteln sich gleichzeitig. So werden die Flanken benetzt. Auch für eine wenig empfindliche Nase ist dann ein Gamsbock leicht auszumachen.

Böcke dagegen oft weithin sichtbare Felsköpfe, Hangschultern oder Rücken und zeigen sich. Gerade an solchen Plätzen wird auch immer wieder markiert, wobei in der Brunftzeit das sogenannte Brunftschütteln dazukommt. Krämer meint, es käme nur gelegentlich bei einzeln stehenden Böcken vor, und er schränkt auch ein, dass man es als Imponierverhalten gegen andere Gams werten könnte, wenn es Böcke nicht auch alleine ausführen würden. Ich habe das Brunftschütteln nicht gelegentlich, sondern häufig bei einzeln stehenden Böcken gesehen. Aus meiner Sicht wird damit markiert und imponiert. Jetzt kann man fragen: Gegen wen soll der Bock damit imponieren, wenn er doch allein ist? Wie eingangs erwähnt, zeigen sich Böcke zu dieser Zeit aber, und das auffällige Schütteln lässt auch über große Entfernung eindeutig den Bock erkennen. Das Sich-Präsentieren kann also durch das bewusste längere Schütteln des Körpers zusätzlich auffällig untermauert werden. Vor dem Brunftschütteln wird gern markiert. Das Brunftschütteln selbst gleicht einem Zeremoniell: Mit leicht angewinkelten Vorderläufen, vorgestrecktem Haupt und aufgestellten Barthaaren schüttelt sich der Bock betont langsam. Meist nässt er dabei, sodass die Flanken des Tieres mit Harn benetzt werden. Sowohl der Platz wie der Gamsbock selbst erhalten damit eine Duftnote, die auch einer menschlichen Nase nicht verborgen bleibt.

Kontrolle, Reaktives Harnen, Flehmen

Kommt ein Bock während der Brunftzeit zu einem Rudel oder zu einer Gruppe von Gams, dann steuert er gezielt auf einzelne Gaisen zu. Meist nässt dann die jeweilige Gais und weicht ihm aus. Dies wird als „Reaktives Harnen" bezeichnet – es ist ein aktiver Vorgang. Hält der Platzbock ein Rudel, dann kontrolliert er nur jene Gaisen, bei denen der Eisprung kurz bevorsteht, häufiger, auch wenn eine Gais neu zur Gruppe kommt, wird sie kontrolliert. Wenn die Gais nässt, gibt sie damit dem Bock Gelegenheit zur Kontrolle. Er erfährt über den abgegebenen Harn, ob sie brunftig ist, also ob der Eisprung knapp bevorsteht und sie paarungsbereit ist. Der Gais gibt dies wiederum auch etwas Zeit, um allzu stürmische junge Böcke gleichsam ab- oder auszubremsen. Gerade am Ende der Hochbrunft kontrollieren 3-, 4- und 5jährige Böcke sehr eifrig die Gaisen – vielleicht ist ja noch eine paarungsbereite Dame dabei. Dabei können sie einiges an Bewegung in die Gruppe bringen. Wenn die Gais nässt und daraufhin der Bock kontrolliert, kann sie sich derweil davonmachen. Ich habe aber auch schon beobachtet, wie eine alte Gais eine aggressive jüngere ausgebremst hat, indem sie ebenfalls genässt hat. Ihre Widersacherin hat darauf wie ein Bock die Harnstelle kontrolliert und ebenso geflehmt – Verwechslung ausgeschlossen. Der älteren Gais, die noch dazu in schlechter Kondition, war gab dies die Möglichkeit, um ihre lästige Gegenspielerin abzuhängen. Sie war das Ekel los. Bleiben wir aber bei den Böcken.

Ein Gamsbock wird bei der Harnkontrolle immer nur Witterung aufnehmen. Manchmal sucht er einige Zeit, bis er die Stelle gefunden hat, wo die Gais genässt hat, dann flehmt er. Dabei wird Luft über den Gaumen eingesogen. So gelangen Geruchsmoleküle zum Jacobson'schen Organ zwischen Nase und Gaumen. Das ist ein altes Geruchsorgan, welches neben der Nase ebenfalls Geruchsstoffe wahrnimmt. Vom Jacobson'schen Organ gibt es eine Verbindung zur Mundhöhle. Über diese Verbindung gelangen Geruchsmoleküle in das sekundäre Riechorgan. Beim Menschen ist dieses Organ nur gering entwickelt, die Verbindung zur Mundhöhle fehlt, bei Reptilien ist es sehr gut ausgebildet; wenn Schlangen züngeln, dann fangen sie mit ihren Zungenspitzen Duftmoleküle ein und transportieren sie mit der Zunge zum Jacobson'schen Organ.

Wenn Gams flehmen, dann wird das Haupt nach oben gestreckt, der Äser ist offen, und die Lippen werden hochgezogen. Meist wird dabei auch noch das Haupt hin und her bewegt, die Lichter sind weit geöffnet, sodass manchmal das Weiße zu sehen ist. Man nimmt an, dass dabei Luft über den Gaumen eingesogen wird. Interessant ist aus meiner Sicht dabei, dass die Duftstoffe ja zuvor am Boden aufgenommen wurden, beim Flehmen streckt der Gamsbock aber Haupt und Nase weit entfernt von der Geruchsquelle für

Ein reifer Bock steuert in der Brunft gezielt auf eine ältere Gais zu.

Die Gais hat genässt, der Bock kontrolliert darauf die Stelle.

Flehmen.

Beim Flehmen mit hochgezogenen Oberlippen wird die Luft über den Gaumen eingesogen. So kann der Bock erkennen, ob die Gais brunftig ist.

einige Sekunden in die Luft und prüft erst dann die Botschaft. Wenn man so will, kann man auch von intensivem, zeitverzögertem Riechen sprechen.

Wie gesagt, Gaisen und auch Jungtiere können ebenfalls flehmen. Bei Kitzen kommt es fast nie vor, Jährlinge zeigen es nach Krämer regelmäßig. Flehmen wird zwar in rund der Hälfte aller Fällen durch Harngeruch ausgelöst, ist aber nicht daran gebunden. Ursprünglich diente dieses Verhalten der Kontrolle des Sexualpartners. So wie vorhin berichtet, nässt der unterlegene Partner auch nach einer Auseinandersetzung häufig – worauf das überlegene Tier flehmt. Schlussendlich ist die Harnabgabe jedoch nicht mehr nötig: Gibt es eine Auseinandersetzung, dann wird am Boden geschnüffelt, das Haupt wird hochgeworfen, das eigentliche Flehmen zum Imponierflehmen. Aus einem Sexualverhalten wird ein ritualisiertes Imponierverhalten.

„Herden“ – der Versuch eine Gais zu halten

Gleich vorweg, wenn eine Gamsgais nicht im Rudel eines Platzbocks bleiben will, dann hat er kaum Möglichkeiten, dies zu verhindern – dennoch wird er alles daransetzen, die Dame zu „überzeugen“. Herden heißt hier nicht, dass der Gamsbock wie ein Hengst seine Stuten zusammentreibt und zusammen-

Der Platzbock kreist um sein Rudel. Die etwa 3jährige Gais nässt und versucht dann, sich davonzumachen…

… Der Bock lässt die junge Gais jedoch nicht aus den Augen und schneidet ihr in vollem Lauf den Weg ab, sodass sie umkehrt und zur Gruppe zurückkehrt.

hält. Der Gams versucht lediglich, die Gaisen an einem Ort zu halten. Voraussetzung dafür ist, dass der Bock selbst an einen bestimmten Platz gebunden ist – es muss also ein Platzbock da sein. Wenn es wenig Böcke gibt, streifen diese auf der Suche nach brunftigen Gaisen in der Regel von einem Rudel zum nächsten, davon später. Zieht eine Gais aus dem Rudel eines Platzbocks, so versucht er, sie nicht fortzulassen, schneidet ihr den Weg ab, droht ihr mit zurückgelegten Lauschern, legt einen kurzen Sprint in ihre Richtung ein oder verfolgt sie auch. Dabei konzentriert sich der Bock immer nur auf eine einzelne Gais. Typisch für dieses Herden ist auch, dass sich der Bock der Gais von der Seite her nähert um dann frontal gegen sie einzuschwenken: Träger und Haupt werden nach vor gestreckt, die Lauscher sind gegen die Gais gerichtet, der Bock nähert sich in geduckter Haltung. Immer wieder stampft er auch mit dem vorgestreckten Vorderlauf auf und macht dabei Anstalten, auf die Gais zuzusprinten – was zwischendurch auch geschieht. In der Regel kontrolliert der Bock seine Gaisen, indem er oberhalb der Gruppe steht.

Blädern – wie man junge Böcke vertreibt

Das Blädern ist ein schnarrender Laut, der von Böcken zur Brunftzeit zu hören ist. Entfernt erinnert es an das Schnarren des Schneehahnes. Meist blädern Gamsböcke mit geöffnetem Äser, oft hängt der Lecker leicht heraus.

Blädern.

Das Blädern ist ein schnarrender Laut. Manche Böcke blädern, wenn sie auf der Suche nach Gaisen sind, andere, wenn sie Konkurrenten entgegenziehen.

Das Blädern wird nicht nur gegenüber Rivalen ausgestoßen, der Bock blädert auch, wenn er sucht, und dieser Laut ist ebenso zu hören, wenn er bei seinen Gaisen steht. 2- bis 3jährige Böcke habe ich nie blädern gehört. Immer wieder habe ich jedoch die Erfahrung gemacht, dass jüngere Böcke in meiner Nähe Reißaus nahmen, wenn ich den Laut nachgeahmt habe. Mehr als einmal haben mich jüngere Böcke zunächst durchaus nahe herangelassen und geduldet. Wenn ich jedoch geblädert habe, ergriffen sie augenblicklich die Flucht. Diese Erfahrung habe ich mehr als einmal gemacht, wenn ich versucht habe, an einen Bock möglichst nahe heranzukommen, um ihn zu narkotisieren. Heute weiß ich bestimmt, dass mit Hilfe des nachgeahmten Bläderns ganz sicher weder Neugier noch Vertrauen bei jungen Gamsböcken zu erwecken ist. Das Blädern dient vor allem der akustischen Verständigung zwischen Gamsböcken. Erwachsene Böcke signalisieren damit bewusst ihren Standort und teilen wahrscheinlich mit, dass sie auch bereit sind, sich gegenüber Konkurrenz durchzusetzen. Ob dieser Laut auch gegenüber Gaisen Bedeutung hat, weiß ich nicht, hier gibt es noch offene Fragen.

Paarungszeremoniell – wenn's endlich ernst wird

Etwa Mitte November ist Hochbrunft. Eine Gamsgais ist ein bis zwei Tage empfängnisbereit. Nur in dieser Zeit duldet sie Körperkontakt mit dem Bock. Wurde die Gais nicht beschlagen, dann erfolgt nach etwa 19-20 Tagen der nächste Eisprung, sodass es dann im Dezember nochmals zu einer Nachbrunft kommen kann. Leider wird in vielen Revieren bereits Anfang November zu Beginn der Brunft, wenn sich die Böcke präsentieren und mehr auf den Läufen sind, auf den „Brunftbock" gejagt, und dies, obwohl der Anteil der wirklich reifen Böcke meist ohnehin gering ist. Auf den Brunftablauf, die Ortstreue von Platzböcken und ein mögliches Territorialsystem kommen wir noch, hier geht es zunächst einmal nur um die Verhaltensweisen zwischen Bock und Gais. Wobei ich einwerfen möchte, dass auch Gamsböcke verschiedene Charaktere haben und dass sich dies natürlich auch in ihrem Werbeverhalten widerspiegelt – eine entscheidende Rolle spielt dabei sicher auch das Alter. Nicht in jedem Fall läuft also das Paarungszeremoniell immer gleich ab.

Findet ein Bock eine Gais, bei welcher der Eisprung kurz bevorsteht, dann folgt er ihr. Gibt es kein Territorialsystem mit Platzböcken, dann zieht der Bock einfach mit der Gais, er ist ja räumlich nicht gebunden. Dabei bleibt er etwa fünf bis zehn Meter hinter ihr. Die Gamsgais zeigt kein besonderes Interesse am Bock. Zunächst gibt sie sich unbeteiligt, äst, ruht, weicht ihm aus, wenn er zu nahe kommt und nässt hie und da, worauf der Bock den Harn kontrolliert und flehmt. Zu Beginn versucht mancher Bock auch die brunftige

Gais zu verfolgen. Ein ausgeprägtes Treiben wie bei Rot- oder Rehwild gibt es bei Gams aber nicht. Für den Gamsbock geht es vielmehr darum, die kritische Distanz zu überbrücken. Gamsgaisen dulden mit Ausnahme beim Beschlag keinen direkten Körperkontakt. Für den Bock kommt es auf den rechten Zeitpunkt an, das heißt, er muss testen, wann ihn die Gais nun wirklich heranlässt. Manche Böcke nähern sich dabei mit eingeknickten Vorderläufen, vorgestrecktem Haupt und geduckter Haltung. In der eigentlichen Werbehaltung reckt der Gamsbock das Haupt hoch, sodass die helle Kehle gut sichtbar wird. Die Lichter sind weit geöffnet, sodass man das Weiße sieht, die Lauscher stehen nach vor, der Äser wird immer wieder geöffnet, Zungenflippern kommt vor. Die Barthaare werden nicht aufgerichtet. Ältere Platzböcke zeigen diese Haltung erst unmittelbar neben der Gais, jüngere Böcke verbringen viel Zeit in dieser Haltung in der Nähe der Gais, dabei knicken sie oft mit dem Hinterteil ein, sodass man den Eindruck hat, der Bock sitzt fast auf seinen Keulen.

Ist die Gais bereit, bleibt sie stehen und weicht nicht mehr aus. In diesem Stadium kann es auch zu einem kurzen Paarungslauf kommen, dieser ist aus meiner Sicht aber viel ruhiger als etwa bei Rot- oder gar Rehwild. In den meisten Fällen kann man nicht von einem „Lauf“ sprechen. Die Gais geht oder springt voraus, weicht ein paar Mal aus und wartet, damit der Bock wieder aufholen kann. In dieser Phase kommt es auch vor, dass der Bock die Gais mit einem gestreckten Vorderlauf berührt. Dabei schlägt er ihr aber nicht mit dem Lauf zwischen die Hinterläufe, wie das bei Steinwild oder verschiedenen Antilopenarten geschieht. Diesen „Laufschlag“ konnte ich nur einmal beobachten. Gesehen habe ich auch, wie der werbende Gamsbock mit dem Lauf über die Flanken der Gais streicht. Dabei gab es noch keine Absicht zum Aufreiten. Dieses Verhalten zeigt, dass die Gais am Höhepunkt des Östrus steht – sie duldet nun direkten Körperkontakt mit dem Bock. Das ganze Paarungszeremoniell dient ja in erster Linie dazu, die ausgeprägte Kontaktscheu zu überwinden. Eine abgewandelte Form des Laufschlages kommt beim Gamswild insofern vor, als der Bock, wie bereits beschrieben, beim Herden mit gestrecktem Vorderlauf auf den Boden schlägt, dabei berührt er aber nicht die Gais. Böcke in großer Erregung zeigen dieses Verhalten auch in unmittelbarer Nähe der brunftigen Gais, die ihm noch ausweicht. Bleiben wir noch kurz bei dieser sonst so auffälligen Verhaltensweise, die beim Gamswild aber nur der zu sehen bekommt, der sich ein wenig Zeit nimmt.

Bei den Rindern gibt es den Laufschlag nicht, aber wie gesagt, eine Reihe von Antilopenarten sowie auch Wildschafe oder Steinböcke zeigen dieses Verhalten sehr ausgeprägt. Bei der Giraffenantilope gehört er zur wichtigsten Werbehandlung, der Bock „traktiert“ die Gais damit von der ersten Annäherung an. Ausgeführt werden dabei aber keine Schläge im eigentlichen

Gamsbock in typischer Werbehaltung.

Beim Werben präsentiert der Bock die weiße Kehle, dabei drückt er häufig den hinteren Körperteil nach unten.

Beschlag.

Gamsböcke beschlagen die Gaisen mehrmals. Es ist nicht sicher, ob jedes Aufreiten auch mit einem Beschlag verbunden ist.

Sinne, der Bock erhebt lediglich den steif gestreckten Vorderlauf. Der deutsche Zoologe Fritz R. Walther hat das Verhalten von Hornträgern grundlegend untersucht. Er meint, dass mit dem Laufschlag die Weibchen zum Laufen oder Paarungskreisen angeregt werden sollen – womit sie automatisch in die richtige Paarungsstellung kommen. Walther hat viel über Gazellen und Antilopen gearbeitet, er berichtet, dass bei Oryx, Mendes- oder Pferdeantilopen die Männchen ebenso wie manche Gamsböcke mit ihrem Vorderlauf außen an den Keulen des Weibchens entlangstreichen. Er nimmt an, dass damit die Männchen die Standfestigkeit der Gais testen. Hält sie das aus, so wird sie auch dem Ansprung nicht mehr ausweichen. Ob also der Gamsbock, wenn er über die Flanken der Gais streicht, diese in die richtige Stellung bringen will, ob er damit einfach nur ihre „Standfestigkeit" erprobt, oder ob dies eine Vorstufe zum Aufreiten ist, sei dahingestellt. Nun wird es Zeit, dass wir allmählich zum Wesentlichen kommen …

Bleibt die Gais nun endlich stehen, dann nähert sich der Bock mit hoch erhobenem Haupt, reitet auf und führt Friktionsbewegungen aus. Gamsböcke setzen die Brust auf der Kruppe ihrer Partnerin auf und umklammern mit leicht angewinkelten Vorderläufen die Flanken der Gais. Sie heben beim Beschlag aber nicht wie Rothirsche mit den Hinterläufen vom Boden ab. Dieses Aufsetzen mit der Brust erklärt, warum bei Böcken, die von Räudemilben befallen sind, häufig im Brustbereich oder in den „Achselhöhlen" besonders starker Befall auftritt. Dort kommt es zum intensivsten Körperkontakt. Bleiben wir aber vorerst bei angenehmeren Themen. Mit einmal Aufreiten ist die Sache beim Gamswild noch immer nicht gelaufen. Gamsböcke reiten mehrmals auf. Nach unseren Beobachtungen am Hochschwab kann das bis zu sechs Mal hintereinander sein. Auch Krämer kommt auf die gleiche Anzahl. Jedenfalls geschieht es mehrmals hintereinander. Wann dabei genau die Gais beschlagen wird, bleibt offen. Fritz R. Walther unterscheidet zwischen Ansprung, Aufreiten und Kopulation. Bei Thomsongazellen soll die Kopulation erst zwischen dem fünften und zwanzigsten Ansprung erfolgen. Der Zoologe berichtet, dass er einmal 88 Ansprünge beobachtet hat!

Steht der Platzbock bei einem Rudel, dann ist er ein bis zwei Wochen in der Nähe der Gaisen, kümmert sich aber zunächst nur darum, dass diese bleiben. Erst wenn eine Gais brunftig ist, fängt er an, um sie zu werben. Das dauert aber höchstens wenige Tage. Mir fehlen noch genaue Grundlagen, aber ich bin sicher, dass sich die Gais jeweils ihren Bock sucht. Dabei kann es vorkommen, dass sie ihr Kitz zurücklässt und zwei Tage allein bei einem Bock steht. Jedenfalls ist die Brunft keine gute Zeit, um auf Gaisen zu jagen, und auch sonst sollte man sich eher mehr zurückhalten und vielleicht öfter einmal ruhig beobachten, was überhaupt abläuft. Dazu eine Aufzeichnung aus meinem Tagebuch.

16. November: Die Gamsbrunft ist am Höhepunkt. So wie gestern, steht auch heute wieder der Bock von den Bärmäuern und die alte Gais mit dem Riss im Lauscher unter der Hühnerleiter. Den Bock schätze ich auf etwa fünf bis sechs Jahre, er hat die Gais am Vortag zwei Mal beschlagen. Nach wie vor wirbt er anhaltend um sie, alles verläuft sehr ruhig und zurückhaltend. Die beiden sind wieder allein, auch heute hat die Gais ihr Kitz nicht dabei. Ich habe sie jedoch in der Vorwoche am selben Fleck im Brunftrudel des Edelspitzenbocks mit einem Kitz beobachtet. Wahrscheinlich ist es beim Rest des Rudels irgendwo rund um die Edelspitzen. Der Platzbock hatte damals Mühe, sein kleines Brunftrudel zu halten. Schlussendlich hat er es auch verloren, und die drei Gaisen sind mit zwei Kitzen zum Nachbarn gewandert. Der Edelspitzenbock ist ihnen nicht dorthin gefolgt, sondern hat sie ziehen lassen – genau zu jenem Bock, der jetzt mit der alten Gais schon den zweiten Tag im Revier seines Nachbarn brunftet.

So wie am Vortag wirbt der Bock von den Bärmäuern ausdauernd um die Gais. Da kommt um 13:30 Uhr plötzlich der Platzbock von den Wänden unter den Edelspitzen und zieht direkt auf die beiden zu. Zunächst hetzt ihn zwar der Jüngere hangabwärts. Doch schon nach kurzer Zeit wendet sich das Blatt, und der Edelspitzenbock treibt ihn mit äußerster Heftigkeit zurück. Als die Hetzjagd rund um einen großen Felsblock geht, steht die Gais im Zentrum. Die beiden Böcke rennen um die Gais. Als die wilde Jagd wieder hangabwärts geht, schlägt der Verfolger plötzlich einen Haken wie ein Hase, wendet mitten im vollen Lauf und stürmt auf die bisher unbeteiligte Gais zu. Nun muss diese dazuschauen, dass sie dem heranjagenden Bock entkommt. Der Edelspitzenbock treibt sie ohne Rücksicht in vollem Tempo hinaus in die Wände. Die ältere Gais hat äußerste Mühe, dem Freier zu entkommen, und steigt mit heraushängendem Lecker immer höher in die Felsen. Letztendlich hat sie aber keine Chance und stellt sich dem Bock. Dieser ist ganz offensichtlich in höchster Erregung. Immer wieder stampft er mit dem Vorderlauf und macht in dem extremen Gelände Anstalten, auf die Gais zuzusprinten – so wie es Böcke tun, die eine Gais halten wollen.

Der Gais bleibt letztendlich nichts mehr anderes übrig, sie steigt immer höher und sucht Schutz in einer Felsnische. Hier kann sie der Bock zwar etwas weniger bedrängen, er zeigt neben ihr aber immer wieder eine Verhaltensweise, die Augustin Krämer mit „Erektionskauern" umschreibt. Krämer bezeichnet damit masturbierende Böcke. Sie zeigen dieses Verhalten nach seinen Ausführungen gelegentlich während des Imponierens oder aus dem Werbeverhalten heraus. Dabei geht der Bock in die Hocke und schachtet die Brunftrute aus. Beim jeweiligen Partner löst dies manchmal auffallend starkes Demutsverhalten aus. Die alte Gais mit dem eingerissenen Lauscher bleibt mit vorgestrecktem Haupt am Boden liegen. Der Bock steht vor und über ihr, sie muss ihn gewähren lassen und kann nicht weg. Die gesamte Belagerung muss für diese Gais äußerst unangenehm gewesen sein, da sie keine Möglichkeit hatte, Körperkontakt und aufdringlicher Annäherung zu entgehen. Mehr als zwei Stunden bedrängt der sichtlich erregte Bock die Gais! Sie versucht in dieser Zeit drei Mal zu entkommen, doch jedes Mal flüchtet sie wieder zurück in die Felsnische. Als schließlich die Sonne hinter den Gipfeln verschwindet, wird es kühl, ich steige ab. 15:40 Uhr, ein letzter Blick zurück, ich traue meinen Augen nicht: Die Gais steht vor dem Bock! Der beschlägt sie zwei Mal hintereinander. Man kann es nicht anders sagen, aber der Beschlag war erzwungen. Für die Gais bedeutet dies aber dennoch nicht das Aus, nach wie vor lässt sie der Bock nicht ziehen. Ich muss dabei unwillkürlich an den Raub der Sabinerinnen denken. Das stürmische, kompromisslose Verhalten des Bockes erinnert an jenes der jungen Römer…

Über die Macht des Verhaltens

Je nach Einteilung gibt es zwischen 100 und 140 verschiedene Arten von Hornträgern. Es ist eine bunt gemischte Gemeinschaft, zu der die zierlichen Buschböckchen ebenso gehören wie die schweren Kaffernbüffel; Riesenargali, Schraubenziege, Rappenantilope, Thomsongazelle, Saiga, Moschusochse, Takin, Wisent, Steinbock, Thar, Mähnenschaf, Nilgau, Tur, Elen, Gnu, Topi, Dallschaf, Goral oder Gams sind nur einige Arten aus dieser vielfältigen Tierfamilie. Gemessen an dieser bunten Vielfalt sind die Elemente des Werbeverhaltens in der gesamten Familie jedoch gering, schreibt schon Fritz R. Walther. Dabei tauchen einzelne grundlegende Verhaltensfolgen immer wieder bei ganz unterschiedlichen Arten auf. Und damit kommen wir auf ein interessantes Phänomen: Auch wenn sich aus einem Stamm verschiedene Arten entwickeln, dann können sie zwar ihr Aussehen ganz grundlegend ändern, neben bestimmten anatomischen Merkmalen bleiben aber Verhaltensweisen über die Grenzen der Verwandtschaft in grundsätzlichen Abläufen erhalten. Mit anderen Worten: Das Gesicht kann sich ändern – das Verhalten hat seinen Sitz jedoch hinter dieser Maske, und dort verändert es sich in seinen ursprünglichen Grundzügen über unzählige Generationen oft nur wenig…

Verhalten lebendig und dennoch fachlich richtig, ohne Fehlinterpretation zu beschreiben, ist eine Herausforderung. Deshalb kann man am Ende des Kapitels eigentlich nur nochmals auf Goethes Faust verweisen: „… wenn die Natur dich unterweist, dann geht die Seelenkraft dir auf…“ Das ist ein guter Grundsatz – also, hinaus ins Revier und Augen auf!

Sozial- und Altersklassen

Bevor wir nun weiter auf Revierverhalten und Brunftstrategien eingehen, ist es sinnvoll, dass wir zunächst einmal den Gamsbestand nach Sozial- und Altersklassen einteilen. Dabei möchte ich mich mit ein paar Abweichungen an die Kategorien von Anthony B. Bubenik, Peter Meile und Josef Hamr halten. Die drei Wildbiologen haben Ende der 1970er-, Anfang der 1980er-Jahre im Achental in Nordtirol über Gamswild geforscht und waren wesentlich daran beteiligt, die sozialen Klassen der Wildart zu erfassen sowie deren Bedeutung zu beschreiben. Die Grenzen für jene Altersklassen, welche in verschiedenen Jagdgesetzen festgelegt sind, wurden oft willkürlich gezogen und reichen jedenfalls sicher nicht aus, um das Sozialgefüge zu verstehen.

Kitze – vom Setzen bis zur Vollendung des ersten Lebensjahres. Kitze werden jedenfalls bis in den Herbst gesäugt, wir konnten säugende Kitze aber auch im Winter und sogar noch im beginnenden Frühjahr beobachten.

Gais und Kitz Mitte Oktober.
Obwohl noch nicht weit verfärbt, sind sie gut beisammen.

Jahrlinge – einjährige Gams. Bubenik weist die Einjährigen nicht extra aus. Er fasst sie gemeinsam mit den Zweijährigen unter dem Begriff „Flegel“ zusammen und bezeichnet sie als vorpubertäre Gams. Wenn man beide Gruppen zusammenfasst, dann würde ich sie schlicht als „Kinder“ bezeichnen, das beschreibt aus meiner Sicht am besten, was gemeint ist. Diese Kinder sind zwar schon teilweise unabhängig von ihren Müttern, aber sexuell nicht aktiv. Auch wenn man Ein- und Zweijährige in eine Gruppe

Bockjahrling.

Dieser schlecht verfärbte Jahrling war im November noch mit der Mutter unterwegs.

geben kann, macht es dennoch Sinn, wenn die Jahrlinge als eigene Gruppe herausgehoben werden, sie sind noch leicht von den anderen Gams zu unterscheiden und anzusprechen. Bei Kitzen und Jahrlingen gibt es zudem die größten Ausfälle.

Zur Setzzeit bilden Jahrlinge eigene Gruppen, bei denen auch der ein oder andere zweijährige Gams dabei sein kann, in der Regel sind diese Jahrlingstrupps aber nicht mit Zweijährigen gemischt. Gaisjahrlinge ziehen jedenfalls noch ein Jahr mit ihrer Mutter, bei Bockjahrlingen muss dies nicht der Fall sein. Nach der Brunft ziehen die meisten Jahrlinge mit den Gaisen in die Wintereinstände. Über den Winter wird die Bindung zwischen Bockjahrlingen und Gaisen schwächer und spätestens im März, April wird sie aufgelöst. Danach ziehen die nun Zweijährigen mit ihresgleichen.

Flegel/Kinder – wie gesagt, Bubenik und Meile fassen unter „Flegel“ ein- und zweijährige Gams zusammen. Auch zweijährige Gaisen bilden zur Setzzeit vorübergehend eigene Gruppen – bis sie wieder zum Rudel dürfen. Bei diesen Gruppen kann ebenfalls das ein oder andere Tier dabei sein, das um ein Jahr älter ist, also dreijährige Stücke. Zweijährige Böcke sind besonders im Frühjahr ebenfalls in eigenen kleinen Verbänden unterwegs, es kommt jedoch häufig vor, dass sie auch schon in Gesellschaft von Halbstarken sind.

Während die zweijährigen Gaisen in der Nähe ihrer Mutter oder bei den älteren, meist Nachwuchs führenden Gaisen bleiben, schließen sich die Böcke wenigsten für ein, zwei Jahre zu Junggesellentrupps zusammen oder streifen weit umher. Anders die Gaisen im selben Alter. Junge Gaisen reifen

Zweijähriger Bock. Zweijährige Böcke sind meist mit ihresgleichen unterwegs.

schneller und beteiligen sich meist auch früher an der Fortpflanzung als Böcke. Ein Teil der zweijährigen Gaisen kann bereits in die Brunft gehen und setzt dann mit drei Jahren das erste Kitz. Zweijährige Gaisen können im Herbst also durchaus schon in der Pubertät sein, womit sie eigentlich bereits zu den Jugendlichen zählen. Auch bei einigen zweijährigen Böcken kann es schon zur Samenproduktion kommen, die Grenzen sind also fließend.

Halbstarke / Jugendliche – sind sexuell zwar bereits reif, aber körperlich noch nicht fertig entwickelt. Auch ihr Verhalten unterscheidet sich noch deutlich von jenem erwachsener Gams. Unter diese Heranwachsenden fallen bei den Böcken die 3- bis 5jährigen, bei den Gaisen je nach Lebensraum und Entwicklung beziehungsweise Bestandesdynamik die 3- bis 4jährigen.

Vierjähriger Bock – ein „Halbstarker“.

Etwa fünfjährige Gais.

Reife – erwachsene Gams im besten Reproduktionsalter. 5- und 6jährige Böcke sind zwar bereits voll entwickelt und beteiligen sich auch an der Fortpflanzung, vergleicht man ihre Körperstatur aber mit jener eines 8- bis 12jährigen Bockes, so erkennt man dennoch einen deutlichen Unterschied. Die älteren Böcke sind stärker, und zwar zu jeder Jahreszeit. Bei den Gaisen fallen in der Regel alle Tiere ab einem Alter von vier Jahren in die Gruppe der Reifen. Hamr legt die obere Altersgrenze bei den Böcken mit elf Jahren fest, bei den Gaisen mit zwölf Jahren. Bubenik setzt die obere Altersgrenze in dieser Gruppe für Böcke und Gaisen bei etwa zwölf Jahren an. Auch hier gibt es wiederum keine fixen Grenzen, ich würde in gut aufgebauten Beständen bei Böcken zwölf, bei Gaisen dreizehn Jahre festsetzen.

Reife, erwachsene Gais – etwa 9 bis 10 Jahre alt.

Reifer Bock im Hochzeitskleid – etwa 7 bis 8 Jahre alt.

Ältere Gamsgais – etwa 14 bis 15 Jahre alt. Die Zügel werden grau, die Lichter stehen hervor, das Haar verliert an Glanz.

Älterer Bock – 13 Jahre alt. Ausgehakeltes linkes Licht, auch die Decke hat ihren Glanz verloren, aber er ist hier, Ende September, gut beisammen.

Senioren – mit dreizehn bis vierzehn Jahren lässt sowohl die Brunftaktivität bei den Böcken deutlich nach, und auch die Gaisen setzen nicht mehr alljährlich ein Kitz. Dennoch können Gaisen bis ins hohe Alter Junge führen. Wenn sie sich ein oder sogar zwei Jahre nicht an der Fortpflanzung beteiligen, begleitet das vorjährige Kitz oder auch ein zweijähriges Stück die Mutter. Gamsgaisen können bis 20 Jahre alt werden, in Ausnahmefällen sind sogar 24 Jahre verbürgt. Auch Böcke können 18 Jahre und älter werden. Dort, wo sie bejagt werden, erreichen sie aber nur sehr selten ein solches Alter.

Revierverhalten, Lebensraum und Brunftstrategien

In den meisten österreichischen Bundesländern sowie in Bayern fallen Gamsböcke mit dem vollendeten achten Lebensjahr bereits in die oberste Altersklasse. Das ist jene Gruppe, in welcher die reifen und alten Tiere eines Bestandes zusammengefasst werden. In der Steiermark liegt die Grenze dafür schon bei sieben Jahren. In Südtirol fällt ein Gamsbock bereits mit sechs Jahren in diese Kategorie. Man ist sich heute einig, dass die Mittelklasse zu schonen ist, das sind je nach Einteilung die 4- bis 7- oder 6- bzw. 5jährigen Böcke. Die stärksten Eingriffe sollen in der Jugendklasse erfolgen, diese schließt alle Jahrgänge von den Kitzen bis zu den 3jährigen ein. Nun sind Abschussrichtlinien immer Kompromisse zwischen den Wünschen oder Fähigkeiten der Jäger und den Ansprüchen der Wildart. Im Falle des Gamswildes hindern sie uns aber seit langem, dass wir diese Wildart überhaupt verstehen lernen. Warum?

Ich habe hier mit den Altersklassen beim Gamswild begonnen, weil wir in der Regel die mittelalten Böcke bereits zur „Ernteklasse“ zählen – ein Gamsbock mit sieben oder acht Jahren ist aber gerade erst einmal in seinem „besten“ Alter. Die eingangs erwähnte Klasseneinteilung führt dazu, dass wir Böcke entnehmen, die für die Fortpflanzung eine wichtige Rolle spielen. Es besteht zwar kein Zwang, dass wir einen Gamsbock, der gerade das achte Lebensjahr vollendet hat, auch gleich erlegen, jeder Jäger kann selbst entscheiden, ob er auf 7- bis 8jährige Böcke oder auf wirklich alte Gams jagen will. Wirklich alte Stücke sind aber in jedem Bestand selten – da die Nachfrage dennoch groß ist, schraubt man eben die Altersgrenzen nach unten, um Bedürfnisse zu befriedigen. Hilfreich ist dabei, dass die jährlichen Zuwächse bei Gamskrucken im Alter nur mehr im Bereich von Millimetern liegen. Vielen bereitet es Schwierigkeiten, das Alter überhaupt zu bestimmen. Dies führt dazu, dass man froh ist, wenn man überhaupt einen 8jährigen Bock findet, anstatt dessen werden aber immer wieder Böcke aus der Mittelklasse erlegt. Jeder Gamsbock über 10 Jahre ist schon eine Besonderheit – um genauer zu sein, ist damit eher gemeint: eine Seltenheit. In den meisten Beständen überwiegt zudem das weibliche Wild bei weitem.

Dabei ist es wichtig, dass wir uns vor Augen halten, in welchen Dimensionen sich die jagdlichen Eingriffe bewegen. Wir sind zwar noch nicht bei der Bestandesdynamik, aber ein paar Zahlen zeigen, worum es geht. 1950 wurden in ganz Österreich knapp 4.500 Gamsböcke erlegt, dazu kamen etwa 2.600 Gaisen, im Jahr 2000 wurden rund 10.300 Gamsböcke und knapp 10.900 Gaisen erlegt, dazu kommen noch 3.400 Kitze. Auch wenn in früheren Zeiten vermehrt auf Böcke denn auf Gaisen gejagt worden ist, insgesamt wurden den Beständen nicht einmal halb so viel männliche Stücke entnommen, wie um die Jahrtausendwende.

Die frühzeitigen Eingriffe bei den Gamsböcken führen dazu, dass wir unser Charaktertier der Alpen oft gar nicht richtig kennen, weil sie verhindern, dass Verhaltensweisen zur Ausprägung kommen, die mit ausgeglichenem Geschlechterverhältnis und ausreichendem Anteil an reifen männlichen Tieren verbunden sind. Wie gesagt, Gamsböcke können knapp zwei Jahrzehnte alt werden, mit zehn Jahren ist der Bock also nicht wirklich alt, sondern reif. Der Anteil der reifen Böcke steht in engem Zusammenhang mit dem Ablauf der Brunft, mit dem Territorialverhalten und damit auch mit der Raumnutzung im Jahreslauf.

Lebensraum und Konkurrenz bestimmen die Strategie

Es ist spannend zu beobachten, wie sich Grundmuster des Verhaltens in einem Wildtierbestand ändern, je nachdem, wo Tiere leben und welche sozialen Klassen dominieren. Besonders bei den Männchen treten diese Unterschiede deutlich zu Tage. Für sie geht es dabei in der Regel um eine zentrale „Ressource“, nämlich Weibchen, mit denen sie sich fortpflanzen können. Jeder männliche Nachbar ist demnach ein potentieller Konkurrent um Weibchen, je größer die Konkurrenz, desto deutlicher die Reaktion darauf.

Bevor wir auf die verschiedenen Strategien eingehen, welche Gamsböcke zeigen, wenn es um Lebensraumnutzung und Fortpflanzung geht, noch einmal ein paar Worte zur Aggression. Wenn zwei Rivalen kämpfen und sich einer der beiden gegen den anderen durchsetzt, dann erfolgt über aggressives Verhalten Selektion; versucht ein Raubtier ein Jungtier zu erbeuten und dessen Mutter verteidigt es, dann schützt ihr aggressives Verhalten gegen den Feind die eigene Nachkommenschaft. Das sind zwei Beispiele im Zusammenhang mit aggressivem Verhalten, die jedem einleuchten, sie sind wichtig für die Erhaltung einer Art. Kaum jemand denkt aber daran, dass Aggression daneben noch ganz andere Auswirkungen hat: Sie bewirkt auch, dass sich Tiere gleichmäßig im Raum verteilen! Konrad Lorenz bezeichnete dies als eine der wichtigsten Leistungen der Aggression. Er meint, dass das Territorium, das ein Tier zu besitzen scheint, eigentlich nur aus der verschiedenen, ortsabhängigen Angriffslust entsteht. Die Reviergrenze ist immer dort, wo die Aggressivität zweier Nachbarn im Gleichgewicht ist, das heißt, hier dominiert keiner über den anderen, man droht gegeneinander, ohne aber anzugreifen.

Nicht überall tritt jedoch Territorialverhalten bei Gamsböcken auf. Es gibt also kein einfaches durchgehendes System, das man bequem erklären und von einem Berg auf den nächsten übertragen kann. Dennoch kann man die verschiedenen Strategien von Platzböcken anschaulich darlegen. Einen interessanten Einstieg dazu liefern uns ein paar Vergleiche mit anderen Hornträgern. Fritz R. Walther gehörte zu den ersten, die das Verhalten von afrikanischen Huftieren eingehend untersucht und beschrieben haben. Schon er führt aus, dass das „Bild der Territorialität“ auch innerhalb einer Art je nach den Umständen beträchtlich variieren kann. Nehmen wir zunächst das Weißbartgnu – die Bullen dieser Art sind territorial, aber je nach Lebensraum zeigen sie dieses Verhalten ganz unterschiedlich ausgeprägt. Während die Gnubullen in den Kurzgrassavannen des Ngorongoro-Kraters monate- und sogar jahrelang in ihren Territorien bleiben, sind sie in den benachbarten Serengeti-Steppen, wo die Herden viel wandern, nur während der Brunftzeit territorial und halten ihre Reviere höchstens für ein paar Tage. Die Weibchen dieser Art besuchen die territorialen Bullen meist nur stundenweise. Dort, wo also stabile Verhältnisse herrschen, wo das Nahrungsangebot über das ganze Jahr ausreichend ist und deshalb keine großräumigen saisonalen Wanderungen notwendig sind, kann man Reviere lange aufrechterhalten, wo die Weibchen je nach Jahreszeit ziehen und wandern, bleibt ein Revierinhaber allein zurück, wenn er an seinem Territorium unbeirrt festhält.

Ein ähnliches Verhaltensmuster finden wir auch bei Gabelböcken – sie tragen zwar verzweigte Hörner, gehören aber nicht zur Familie der Hornträger. Die gegabelten Hörner werden alljährlich abgeworfen. Im Spätfrühling bilden die Böcke Reviere, die mehrere hundert Hektar groß sein können. Nicht in allen Vorkommen gibt es aber territoriale Männchen. In trockenen, kargen Gebieten, wo die Tiere oft weite Wanderungen unternehmen müssen, verteidigen die Böcke herumziehende Brunftrudel.

Grantgazellen-Böcke zeigen uns ebenfalls, dass es einen grundlegenden Unterschied macht, in welchem Lebensraum ein Männchen sein Revier verteidigt. Walther schreibt über das Revierverhalten von Grantgazellen: Ein territorialer Grantgazellen-Bock kann in Busch- und Waldgebieten mit einem kleinen, aber konstanten Harem in seinem Revier stehen. In den offenen, weiten Steppen, wo es ebenfalls territoriale Grantgazellen-Böcke gibt, liegen die Territorien innerhalb der großen Streifgebiete gemischter Herden. Die Herden wechseln durch diese Reviere. Im Gegensatz zu den Revierbesitzern in den Buschgebieten dulden die Grantgazellen-Böcke in den Steppenterritorien oft die Anwesenheit der vielen anderen, nicht-territorialen Böcke. Sie sind sichtlich dominant über die Junggesellen, imponieren sie gelegentlich an und treten dazwischen, sobald einer von ihnen eine Gais zu treiben beginnt. Wenn die gemischte Herde sein Revier verlässt, kann der territoriale Bock versuchen, die Weibchen zurückzuhalten, was ihm aber meist nicht gelingt. Danach bleibt er entweder allein zurück oder zieht mit der Herde. Im letzteren Fall, das heißt, nunmehr außerhalb seines Reviers, verhält er sich aber nicht mehr anders als irgendeines von den erwachsenen, nicht-territorialen Männchen, so lange, bis er wieder in seinem Revier anlangt. Dort erlangt er aufs neue Dominanz über die anderen Böcke und das alleinige „Recht“ auf Werbung und Paarung. Im unübersichtlichen Wald kann man also ein Revier und auch einige Weibchen dauerhaft halten. Dort, wo große Herden in offenen Grasländern ziehen, kann man zwar auch Reviere halten, hier bleibt einem aber nichts anderes übrig, als einfach auf die durchziehenden Weibchen zu warten. Zudem wird man sich hier nicht mit jedem anderen Männchen anlegen – es genügt, wenn man aufpasst, dass sich kein anderer an die Frauen heranmacht.

Am Beispiel der Thomsongazelle sehen wir, was geschieht, wenn sich übers Jahr das Nahrungsangebot und somit die Lebensraumqualität ändert: Wenn ein Thomsongazellen-Bock ein Revier verteidigt, dann kann es sein, dass er zur Regenzeit in einer grünen Kurzgrassavanne daheim ist. Über das Jahr trocknet das Land allmählich aus, das Gras wird höher, und die meisten Weibchen und Junggesellen verlassen das Gebiet. Falls noch Nachbarn da sind, gibt es vereinzelt Grenzbegehungen, allmählich wird jedoch deutlich weniger markiert, und Junggesellen werden immer öfter geduldet. Zieht ein Weibchen durch, kann der Revierinhaber sein Territorium auch mit ihm verlassen, kehrt aber meist wieder dorthin zurück. Auch sonst macht der Bock manchmal Ausflüge in die Umgebung, das typisch aggressive Territorialverhalten wird allmählich aufgegeben, berichtet Walther. Er sieht bei den territorialen Thomsongazellen-Böcken eine aggressive Anfangsphase, einen Höhepunkt und eine Ausgangsphase. Alles zusammen kann bis zu fünf Monate dauern. Viele Böcke verlassen ihre Reviere aber auch schon auf dem Höhepunkt der Territorialität.

Vielleicht merken Sie schon, worauf ich hinauswill. Begeben wir uns in Gedanken in unterschiedliche Gamsreviere. Beobachten wir vom Gegenhang weite, steile Graslahner mit wenig Deckung und Struktur, oder streifen wir über ausgedehnte übersichtliche Hochplateaus, Almböden mit Latschenflecken, die allmählich in Schotterriesen und Felswände übergehen, steigen wir durch felsdurchsetzte, verwachsene Gräben, wo man einen Gams nur hie und da in einer Lücke oder auf einem Felsköpfl erspäht. Suchen wir in Lawinengängen, weiten Karen, unübersichtlichen Felshängen, Blockhalden, steilen Schutzwäldern oder einfach nur auf ein paar Kahlschlägen im Wald. Von vornherein wird klar, dass es wirklich große Rudel nur über der Waldgrenze in übersichtlichen Lebensräumen mit ausreichend Nahrungsangebot geben kann. Ausgeglichene, über das Jahr mehr oder wenige stabile Lebensraumverhältnisse bietet vor allem der Wald, hier stehen zwar einzelne Böcke und auch kleinere Gruppen von Gamswild, aber keine großen Rudel. Leben Gams im Wald, dann sind zumeist eingesprengte Felspartien oder wenigstens Steilhänge notwendig, dazu sollte es Lücken oder Blößen geben, wo mehr Licht auf den Boden kommt und damit auch mehr Äsung vorhanden ist. Auch Forstwege im Schutzwald bieten Äsung und Übersicht an den Böschungen oder Wegbanketten.

Gamsböcke im Wald ...

... stehen in der Regel allein – es kann auch vorkommen, dass da und dort zwei Kumpane zusammen ziehen, oder ihre Einstände aneinander grenzen. Hie und da hat ein älterer Bock auch einen Jüngling dabei. Die beiden kennen sich meist vom Wintereinstand. Der Junge kann sich dem Alten anschließen, wird aber nie älter als etwa drei Jahre sein. Gut geht das nur, solange sich der Junge unterordnet und der alte Bock ohne viel Reibereien über ihn dominiert. Wie weit die Böcke im Wald Territorialverhalten zeigen, ist mir nicht bekannt. Natürlich wird markiert, aber es fehlt zumeist der Nachbar, an den bestimmte Verhaltensweisen adressiert sind. „Reviere" von Waldgamsböcken grenzen in der Regel nicht direkt aneinander, sondern sind durch ungeeignete Lebensraumpartien voneinander getrennt. Gibt es zur Brunftzeit keine Gaisen in ihrem Umfeld, dann verlassen diese Böcke ihre Sommereinstände und wandern zumeist über die Waldgrenze, dorthin wo die größeren Rudel stehen. Erfahrene Gamsjäger berichten dazu immer wieder, dass sich so ein alter Laub-, Latschen- oder Waldbock nach und nach eine brunftige Gais holt und

Einzelne Gamsböcke halten sich von Natur aus gern im Wald auf. Alte Böcke stehen dann auch zur Brunftzeit oft gemeinsam mit einer Gais unterhalb der Waldgrenze.

danach mit ihr in aller Ruhe allein in einem Graben oder im Wald bleibt. Diese Beobachtungen sind sicher nicht falsch, fraglich ist nur, ob sich der Bock tatsächlich eine Gais „holt“, oder ob ein Teil der Gaisen den Bock aufsucht – so wie wir es bei unserem Rehprojekt feststellen konnten. Dazu noch einmal kurz ein Hinweis auf die Gabelböcke: Mit der Brunft bricht nämlich deren Territorialsystem zusammen, die territorialen Böcke verschwinden, und nun ziehen auch junge Böcke zu den Weibchenherden. Die reifen Territorialböcke halten sich jetzt mit paarungsbereiten Weibchen versteckt – oft in tiefen Schluchten, wo sich diese Antilopen sonst gar nicht aufhalten. Dort kann sich der Bock mit der Gais paaren, ohne von Rivalen gestört zu werden! Bei ihren Revieren scheint es also mehr um ruhige Verstecke zu gehen, die nur der Revierbesitzer kennt. Je überlegener ein Bock, desto mehr Paarungsverstecke hat er. Wer weiß, ob es vielleicht Parallelen beim Gams gibt, jedenfalls dienen Territorien bei vielen Arten tatsächlich dazu, damit die Paarung ungestört verlaufen kann. Am besten man schafft also früh genug klare Verhältnisse, damit man sich dann, wenn es wirklich darauf ankommt, mit der Gais und nicht mit Rivalen auseinandersetzen kann.

Gamsböcke im Almrevier…

… können ein Territorialsystem aufbauen, sodass bei ausreichend Platz und hohem Anteil an reifen Böcken ein Mosaik aus aneinandergereihten Territorien entsteht. Günstig für dieses Reviersystem ist ein Wechsel aus Freiflächen mit hochwertiger Äsung und Deckung in Form von Latschen, Grünerlen oder kleinen Waldinseln. Der Lebensraum ist halboffen, es gibt einzelne gute Aussichtswarten, die von den Böcken gerne bezogen werden. Auch bestimmte Markierstellen werden immer wieder aufgesucht. Hier zeigen Gamsböcke bereits im Frühjahr ausgeprägtes Territorialverhalten. Wenn Reviere direkt aneinandergrenzen, kann es in Einzelfällen auch zu sehr ernsten Auseinandersetzungen kommen. Jedenfalls sind hier die Grenzen eindeutig festgelegt. Die Böcke kennen ihre Reviere sehr genau. Sie beziehen diese je nach Witterung schon etwa Mitte April und halten sie über den Sommer bis zur Brunftzeit im Herbst. In manchen Gebieten verlassen die Böcke sommersüber auch diese Reviere und kehren im Herbst wieder dorthin zurück. Große Gais-Kitzrudel kommen in dem Lebensraum kaum vor, allenfalls können einzelne Setzeinstände am Rande liegen, besonders dort, wo es Fels als Fluchtterrain gibt. Kleinere Scharwildrudel halten sich dort ebenfalls im Randbereich oder bei schlechter Witterung auf. Gibt es Salzlecken, werden diese immer wieder besucht. Sind im Spätherbst Gaisen im Revier oder in dessen Randbereich, bleibt der Bock oder verlagert allenfalls das Revierzentrum. Dieses Revierzentrum baut darauf auf, dass sich benachbarte Böcke kennen und gegenseitig respektieren. Häufige Begegnungen erleichtern das Kennenlernen.

Mosaik aus Latschen und Weideflächen auf der Alm. Kein Platz für größere Rudel, aber ein idealer Einstand für Böcke mit Äsungsflächen, Einstand und Kuppen.

Dazu muss man sich aber an einen bestimmten Platz binden. Dort hat man es nur mit einigen wenigen Nachbarn zu tun, mit denen kommt man dafür aber umso häufiger in Kontakt. Gibt es ausreichend reife Böcke, dann sollte also ein Reviersystem helfen, um Auseinandersetzungen zu vermeiden und den Status von Böcken festzulegen. Gibt es sie nicht, dann kommt man sich entweder nicht in die Quere, oder man muss eben von Fall zu Fall entscheiden, wer der Stärkere ist. Der Ausgang einer Begegnung ist also über einen bestimmten Platz schon vorhersagbar, und Auseinandersetzungen können damit vermieden werden. Gibt es einen hohen Anteil von reifen Böcken, dann haben 5- bis 6jährige noch keine Chance auf ein eigenes Revier. Sie werden von den Platzböcken ganz besonders energisch vertrieben. Auch Junggesellentrupps, die sich aus 2-, 3- und 4jährigen zusammensetzen, tun sich im Frühjahr manchmal wirklich schwer, wenn sie zwischen den Revieren der Platzböcke durchkommen wollen. Im Herbst zeigt sich dann der Vorteil des Reviersystems: Die Verhältnisse sind klar geregelt, es gibt kaum mehr Kämpfe und Hetzjagden, jeder Bock kommt nur auf ein paar wenige Gaisen, die Brunft ist kurz, die Böcke verausgaben sich wenig.

In unserem Untersuchungsgebiet am Hochschwab hatte ein Platzbock jeweils ein kleines Brunftrudel von zehn bis fünfzehn Stück bei sich. Meist waren dies drei bis fünf Gaisen mit ihren Kitzen und ein paar Jahrlingen. In diesem System gibt es auch Böcke, die einfach in ihrem Revier warten, bis

Gaisen zu ihnen kommen. Das kann sein, weil sich die Wetterlage ändert und Gais-Kitzrudel ihre Einstandswahl ändern müssen, ich bin mir sicher, das geschieht aber auch ganz aktiv durch paarungsbereite Gaisen. Mir fehlen dazu zwar ausreichend statistische Daten, aber nach meinen Beobachtungen suchen manche Gaisen gezielt einen bestimmten Bock auf. Hamr schreibt dazu, dass es zwar keine strikte Bevorzugung von Gaisen für bestimmte Böcke gibt, einige alte Gaisen sonderten sich kurz vor oder während der Brunft jedoch von den Rudeln ab. Er vermutet, dass sie ihnen bekannte Reviere von Brunftböcken aufgesucht haben. Für den ein oder anderen zahlt sich das Warten also aus – noch dazu, wo er ohnehin wenig Bewegungsfreiheit hat, wenn es ein Territorialsystem gibt.

Gamsböcke in baum- und strauchfreien Hochlagen …

… geben das Reviersystem meist auf und stehen dann oft in Gruppen oder Rudeln beisammen. Die Südtirolerin Michaela Krause hat ihre Diplomarbeit zur Winterökologie von Gams auf der Rax, einem der letzten Bergstöcke im äußersten Osten der Alpen, verfasst. Sie konnte dort auf den Hochplateaus Winterrudel mit über 30 Böcken beobachten. Einmal waren sogar 64 Gamsböcke in einem Rudel beisammen! Im Frühling und Sommer sind die Rudel in der Regel deutlich kleiner, je nach Äsungsangebot und Bestandesstruktur stehen dann in guten Gamsrevieren 10 bis 20 Böcke beisammen. Wirklich alte Böcke sind selten dabei. Die Böcke aus so einem Bockrudel kennen sich und können einander ebenfalls gut einschätzen, Rangordnungen sind jahrüber ausgemacht worden, beginnt die Brunft, sind damit die Verhältnisse zwischen ihnen längst klar. Auf übersichtlichen Freiflächen, meist sind das steile Graslehnen, können gleichrangige Gamsböcke dann auch kleine Territorien verteidigen, meist im Bereich von Hangverebnungen oder Kuppen mit günstigem Überblick. Diese Böcke tolerieren ihre Nachbarn und halten sich an die Reviergrenzen. Und ebenso wie die Grantgazellenböcke warten sie, bis ein Rudel durch ihr Territorium zieht. Dann werben diese Böcke um brunftige Gaisen und versuchen, sie in ihrem Revier zu halten. Es reihen sich also mehrere Platzböcke nebeneinander, ohne dass aber einer von ihnen ein eigenes Brunftrudel hält. Die Gams verteilen sich über die Reviere der Platzböcke.

Möglich ist auch, dass ein Gamsbock im freien Gelände einen Bereich beherrscht, in dem sich ein Brunftrudel aufhält. Das heißt, es stehen auch noch andere Böcke dabei, aber so wie bei den Grantgazellen dominiert der Platzbock und setzt sein alleiniges „Recht“ auf Werbung und Paarung durch. Unser „Hubschrauberbock“ hat diese Strategie unterhalb des Fölzsteins verfolgt. Der Name stammt daher, weil er in der Nähe eines Hubschrauberlandeplatzes markiert wurde. „Hubsi“ duldete den Hüttenbock sowie noch

Baum- und strauchfreie Hochlagen bieten großen Rudeln Platz und Übersicht. Hier gibt es Äsung für viele, allerdings wenig Deckung bei Schlechtwetter.

ein, zwei Böcke neben sich und war dennoch fast ausschließlich mit den Gaisen beschäftigt. Es gab zwar Hetzjagden zwischen den anderen Böcken, der Platzbock war aber fast nie in eine Hetzjagd verwickelt. Er versuchte vor allem Gaisen in seinem Territorium zu halten. Zwischen ihm und den anderen war die Rangordnung eindeutig, er verschwendete keine Zeit mit seinesgleichen und konnte sich ganz auf die Damen konzentrieren. Er konnte sich in seinem Revier auch ohne jede Einschränkung frei bewegen – dies ermöglichte die klare Rangordnung. Das heißt nun nicht, dass die beiden anderen Böcke sich nicht auch für brunftige Gaisen interessiert hätten. Es heißt, dass Hubsi ohne Gefahr dazwischengehen konnte, um sein „Recht" durchzusetzen – es war für ihn einfach nicht nötig, seine Position durchzusetzen; die stand fest. Womit eines wiederum ganz klar geregelt war: Wenn der Platzbock um eine Gais geworben hat, wurde er dabei nicht durch die anderen gestört. Ist eine Gais brunftig, bleibt der Platzbock bei ihr, wo es wenig Böcke gibt, zieht der Gamsbock mit „seiner" Gais.

Wie gesagt, wichtig ist bei dem gesamten System, dass Werben und Paarung ohne Störung ablaufen kann! Damit sind die Zusammenhänge hoffentlich ein wenig erklärt und die verschiedenen Strategien dargelegt. Jeder, der am Gamswild interessiert ist, sollte sich einfach Zeit nehmen, einmal ein paar Stunden beobachten, vergleichen und dann seine Schlüsse ziehen – er wird belohnt werden…

Brunftverlauf

Nachdem ich gestern noch spät abends die obersten Gamsfallen fängisch gestellt habe, ist die Dunkelheit hereingebrochen. Am Nachmittag beim Aufstieg haben wir in der Steinbockleiten wieder eine Gamsgais narkotisiert und mit einem Halsbandsender versehen. So ist es spät geworden, die Tage im November sind kurz. Als ich dann am Abend vom Rosenkogel abgestiegen bin, ist dichter Nebel eingefallen. Zunächst habe ich mir wenig daraus gemacht, denn mittlerweile kenne ich die Alm recht gut. Ich war überzeugt, ohne Probleme zur Hütte zu finden. Doch diesmal sollte ich mich täuschen. Als ich den Weg über die hinteren Böden einschlage, dort, wo es keinen Steig mehr gibt, habe ich bei Finsternis und dichtem Nebel die Orientierung verloren. Ich konnte es kaum glauben, aber es hat mich einige Zeit und Mühe gekostet, bis ich endlich die richtige Stelle in den Latschen fand, von wo der Steig auf den Rücken hinter die Hütte führt. Eigentlich hat mir nur der leichte Wind geholfen. Ich wusste, dass er von Süden weht – dort, wo die Hütte steht. Doch selbst zehn Meter neben den Almgebäuden war von diesen noch nichts zu sehen.

So sitze ich heute Abend schon um halb fünf in meiner Kammer neben dem knisternden Kanonenofen und kann mich meinem Tagebuch widmen. Draußen zieht so wie gestern nach einem wunderschönen Herbsttag wieder der Nebel vom Tal herauf. Ich kann mich lange nicht an so einen milden und sonnigen November erinnern. Unten in den Tälern verdeckt eine dicke Nebelschicht den Himmel, hier heroben auf der Alm herrscht traumhaftes Herbstwetter. Eigentlich etwas zu warm für die Gams, sie ziehen sich deshalb in die schattigen Hänge oder auf die Hochplateaus zurück. Noch nie hatte ich die Möglichkeit, die gesamte Brunft von Anfang an beinahe durchgehend mitzuverfolgen. Was wir alles als Brunft bezeichnen, sind im Grunde genommen verschiedene Zeitabschnitte, in denen es um das Geschehen rund um die Fortpflanzung geht. Nach meinen Beobachtungen kann die Gamsbrunft vereinfacht in vier Abschnitte unterteilt werden:

1. Phase – Vorbrunft

Zu Beginn der Brunft, etwa gegen Ende Oktober, Anfang November stehen die Böcke oft stundenlang weithin sichtbar auf exponierten Felsköpfen oder Aussichtspunkten. Früher meinte man, dass sie mit der Ausschau nach Gaisen beginnen. Doch dem ist keineswegs so, in dieser Phase haben die Gamsböcke fast ausschließlich ihresgleichen im Auge. Dieses demonstrative „Sich-Zeigen" dient dem Imponieren und Grenzenabstecken, jetzt werden Rangordnungen festgelegt. Jeder Gamsjäger kennt dieses Präsentieren vor der

Präsentieren.
Am Beginn der Brunft präsentieren sich die Böcke an weithin sichtbaren Orten. Jetzt erkennt man manchen Bock allein am Verhalten, auch über ein ganzes Hochtal hinweg.

eigentlichen Brunft. Dabei sind Gamsböcke in der Lage, aus großer Entfernung Geschlecht und Altersklasse anderer Gams zu erkennen. Verhalten, Bewegung, Körperkontur und Färbung lassen auch über große Entfernungen erkennen, mit wem man es in etwa zu tun hat. Augustin Krämer meint, dass die Böcke vor allem auf jenes Verhalten achten, welches für die jeweilige Altersklasse typisch ist. Nicht nur Gamsböcke, auch Gamsjäger sollten diese Informationen ansatzweise zu deuten wissen. Zwischen gleichrangigen, reifen Böcken gibt es nun ebenso wie im Frühling lang andauernde Imponierzeremonielle. Nach meinen Beobachtungen oft genau an denselben Stellen wie im Mai oder Juni. Wie gesagt, das Augenmerk der Böcke gilt in dieser Zeit in erster Linie etwaigen Konkurrenten. 2- bis 4jährige Böcke treten kaum in Erscheinung. Ältere, dominante und territoriale Böcke bewegen sich oft wenig und warten darauf, dass Gaisen brunftig werden.

2. Phase – Brunftbeginn

Etwa in der ersten Novemberwoche stehen die Böcke zu den Gaisen. Je nach Gelände und Bestandesstruktur halten sie Reviere oder schließen sich Scharwildrudeln an. Ist der Anteil an reifen Böcken gering, können die Gamsböcke auf der Suche nach brunftigen Gaisen auch von einem Rudel zum nächsten

Ein Platzbock steht bei einem Scharl und bewacht die Gaisen. Gibt es ausreichend reife Böcke, besteht so ein Brunftrudel aus nicht mehr als zehn bis fünfzehn Gams.

ziehen. Böcke versuchen nun auch Gaisen zu „herden". Damit ist bei Gams weniger das Zusammenhalten eines Verbandes als vielmehr das Nicht-Fortlassen einzelner Gaisen gemeint. Beides führt wohl zu einem Harem, dieser ist bei Gams aber nicht stabil, da der Bock das Abwandern nicht wirksam verhindern kann, besonders wenn er mehrere Gaisen gleichzeitig überwacht. Noch ist jedoch keine Gais im Östrus. Der Begriff „Östrus" kommt aus dem Griechischen und bedeutet etwa soviel wie „Stachel". In der Jägersprache sprechen wir vom brunftigen Tier oder der brunftigen Gais. Ich verwende hier den Fachausdruck, weil man damit etwas mehr ins Detail gehen kann. Der Proöstrus umfasst jene Tage, in denen die Eizelle im Eierstock heranreift. Der Östrus ist die Zeit, in der die Gamsgais paarungsbereit ist. Im Eierstock entstehen zunächst die Follikel, wenn sie platzen, erfolgt der Eisprung. Innerhalb von etwa zwei Tagen sollte nun der Beschlag erfolgen. In der Nachbrunft, dem Metöstrus, klingen die Symptome ab.

3. Phase – Hochbrunft

Mitte November werden die Gaisen beschlagen. Die reifen Böcke kontrollieren nun sehr häufig die Paarungsbereitschaft der Gaisen. Paarungsbereite Gaisen oder solche, denen sich der Bock nähert, nässen. Der Bock kontrolliert diese Stellen und flehmt. Er kann dadurch den Östrusgrad der Gais feststellen. Ein Gamsbock bewindet nicht so wie ein Hirsch das Feuchtblatt. In der Regel wird die Gais mehrmals vom Bock beschlagen. Dabei kann es zu Serien von bis zu sechs Beschlägen und mehr hintereinander kommen. Nach meinen Beobachtungen kann ich sagen, dass eine Gais auch an zwei Tagen hintereinander von einem Bock beschlagen wird. Allein die Gais entscheidet, wann sie dem Bock nicht mehr ausweicht und stehenbleibt. Die Hochbrunft in unserem Untersuchungsgebiet am Hochschwab dauerte nur ungefähr eineinhalb Wochen. Die Platzböcke verändern nun innerhalb von zwei bis drei Wochen ihr Aussehen, weil sie kaum Äsung aufnehmen und der Pansen auf etwa die Hälfte schrumpft. Die Böcke wirken deshalb im hinteren Bereich schlanker, manchmal hat man auch den Eindruck, sie wären deswegen höher auf den Läufen. Besonders die mittelalten, besonders aktiven Böcke, das sind jene von sieben, acht und neun Jahren, tragen nun ein tiefschwarzes Hochzeitskleid und sind allein schon daran auf weite Entfernung

Ein Bock folgt einer brunftigen Gais mit hoch erhobenem Haupt und schlägt dabei mit seinem Vorderlauf zwischen ihre Hinterläufe. Den Laufschlag gibt es bei vielen Antilopenarten, beim Gamswild kommt er selten vor.

Hier streicht der Gamsbock mit seinen Vorderläufen über die Flanken der Gais. Auch das Flankenstreichen ist sehr selten zu beobachten. Die Gais ist paarungsbereit und weicht nicht aus, gleich kommt es zum Beschlag.

zu erkennen. Bubenik ging davon aus, dass diese Färbung mit der Ausschüttung von Testosteron, dem männlichen Geschlechtshormon, zusammenhängt. Platzböcke kontrollieren nicht nur die Paarungsbereitschaft der Gaisen, sie behalten auch die Umgebung andauernd im Auge, um Rivalen zu vertreiben. Manchmal reicht schon ein Steindln, damit der Platzbock Nachschau hält. Bereits in der letzten Novemberwoche kann die Hochbrunft vorüber sein.

4. Phase – Nachbrunft

In der Nachbrunft von Ende November bis Mitte Dezember werden nun jüngere Böcke aktiv. Jetzt ist es sogar möglich, dass ein 4jähriger, körperlich deutlich schwächerer Bock einen abgebrunfteten Platzbock vertreibt. Um diese Zeit sollten aber kaum noch Gaisen brunftig sein. Wenn es noch brunftige Gaisen gibt, dann spricht vieles dafür, dass sie beim ersten Eisprung entweder gar nicht oder nicht erfolgreich beschlagen worden sind. Nach knapp drei Wochen erfolgt bei ihnen der zweite Eisprung. Rechnet man von etwa Mitte November drei Wochen dazu, dann sind wir am Ende der ersten, Anfang der zweiten Dezemberwoche. Gerade 3-, 4- und 5jährige Böcke kontrol-

Mitte Dezember.

Die Hauptbrunft ist vorüber. Diese dreijährige Gais wurde im November nicht beschlagen. Nach knapp drei Wochen folgt der zweite Eisprung, die Gais wird wieder brunftig. Länger sollte sich die Brunft allerdings nicht hinziehen, sonst sind die Böcke völlig erschöpft, und die Kitze werden viel zu spät gesetzt.

lieren am Ende der Hochbrunft sehr eifrig die Gaisen. In dieser Zeit stellt sich heraus, dass die Harnkontrolle für die Gais eine gute Möglichkeit darstellt, um sich den jungen, oft allzu aufdringlichen Freiern zu entziehen. Wie gesagt, wenn die Gais nässt, dann kontrolliert der Bock den Östrusgrad, indem er flehmt. Das gibt aber wiederum der Gais Zeit, um sich davonzumachen. Damit kann sie einen jungen stürmischen Bock gleichsam ab- oder ausbremsen. Jährlinge und Zweijährige sollten in der Brunft so gut wie nicht in Erscheinung treten.

Augustin Krämer berichtet davon, dass er Brunftaktivität von Ende Oktober bis in den April hinein gesehen hat. Paarungen beobachtete er aber nur am 10., 16. und 22. November und am 16., 23. und 24. Dezember, also in der Nachbrunft. Krämer meint auch, dass sich mit zunehmendem Alter der Höhepunkt der Brunftaktivität bei beiden Geschlechtern mehr gegen Anfang der Brunftzeit verschiebt! Dies deckt sich eindeutig mit unseren Beobachtungen.

Wilddichte, Lebensraum und Bestandesstruktur sind drei wesentliche Faktoren im Ablauf der Gamsbrunft. Bei Huftieren gibt es Arten, die sich sowohl monogam als auch polygam verhalten. In der Regel gibt es dabei einen Zusammenhang zwischen Körpergewicht und Fortpflanzungsverhalten. Dieser Zusammenhang ist nicht sehr eng, aber je schwerer und größer eine Tierart, desto eher tritt Polygamie auf – also ein schweres großes Männchen schart mehrere Weibchen um sich. Der Unterschied zwischen Männchen und Weibchen ist in diesem Fall meist sehr ausgeprägt. Ein bekanntes Beispiel dazu ist der Rothirsch. Wie gesagt, zu den kleinsten polygamen Huftierarten gehört das Gamswild, doch sowohl Größenunterschied wie auch Geschlechtsdimorphismus sind beim Gams nicht sehr deutlich ausgeprägt. Kurz vor Beginn der Brunft, wenn die Böcke die größten Feistreserven haben, tritt der Unterschied zwischen den Geschlechtern am deutlichsten zu Tage.

Spaß in der Jugend, oder das Alter genießen?

Wir haben nun viel über Verhalten und Brunftstrategien gesprochen. In diesem Zusammenhang wird immer wieder argumentiert, dass ein hoher Anteil an reifen Böcken für eine kurze Brunft, wenig Stress, geringere Belastung der Gaisen, damit höheren Überlebensraten sowie geringem Ausfall bei den jungen Böcken – und damit auch für ein ausgeglicheneres Geschlechterverhältnis garantiert. In vielen Gamsrevieren gibt es aber auffällig wenig reife Böcke. Paul Schwab, Gamswildkenner, ehemaliger Forstdirektor und maßgeblicher Mitarbeiter bei den FUST-Projekten in Achenkirch, fasste die Situation mit wenigen Worten zusammen: „Gestörte Sozialstruktur durch falsche Bejagung!“ Er meinte, dass bei falscher Bejagung und daraus folgend gestörter Sozialstruktur die Anzahl der Böcke, welche ein Alter von etwa zehn Jahren erreichen, nur etwa 0,5 Prozent des Bestandes ausmachen. Unter günstigen Bedingungen wären 3- bis 8mal mehr Altböcke vorhanden. Die Anzahl der wirklich alten Böcke wäre demnach ein guter Weiser, wie es um die Sozialstruktur in einem Gamsbestand steht. In Beständen mit wenig alten Böcken ist der Fallwildanteil bei den mittelalten Böcken in der Regel höher – dennoch wird bei der Bejagung kaum Rücksicht darauf genommen, und weil eben kaum ältere männliche Stücke vorhanden sind, wird dann noch einmal verstärkt in die Mittelklasse eingegriffen. Damit wird die Altersstruktur zusätzlich beeinflusst. Tatsächlich gibt es immer noch Zweifel an diesen Aussagen und sogar Forderungen, wonach man der Altersstruktur im Zuge der Jagd weniger Beachtung schenken sollte.

Seit 2011 sind die Zusammenhänge wissenschaftlich gut untermauert. Der Auswertung liegt das Datenmaterial von 15.000 erlegten Gams zugrunde! Alter, Geschlecht und Gewicht sowie der Zeitpunkt der Erlegung – also im Grunde genommen eine einfache Jagdstatistik – ergaben eine ausreichende Basis für eine interessante Analyse. Dabei konnte gezeigt werden, dass der Einfluss der Jagd in drei unmittelbar benachbarten Gebieten zu völlig verschiedenen Altersstrukturen und Brunftstrategien führt. Werfen wir einen Blick nach Italien, es geht um eine Gemeinschaftsarbeit zwischen italienischen Ökologen von der Universität Sassari und englischen Biologen von der Universität Durham. Sie konnten über die Auswertung der Jagdstatistik auf den Energieverbrauch der Böcke zur Brunftzeit rückschließen. Das Gewicht von Gamsböcken ändert sich im Laufe der Brunft deutlich. Die Studie zeigte jedoch, dass die Gewichtsabnahme bei jungen und alten Böcken unterschiedlich verläuft. Junge Gamsböcke verlieren schneller an Gewicht! Die Geschwindigkeit, mit der die Böcke während der Brunft Reserven abbauen, lässt Rückschlüsse auf ihre Aktivität und Anstrengung zu. Gamsböcke äsen während dieser Zeit wenig. Die Ergebnisse belegen: Junge Böcke verausgaben sich stärker und verbrauchen mehr Energie. Dort, wo über die Jagd stark beim männlichen Wild eingegriffen wurde, war der Gewichtsverlust während der Brunftzeit hoch, die Böcke gingen bereits in jungen Jahren in die Brunft, ihre Lebenserwartung war gering. Im Gegensatz dazu war bei geringem Jagddruck der Gewichtsverlust bei Gamsböcken zur Brunftzeit geringer, die Böcke waren dort deutlich älter. Der Zusammenhang zwischen den jagdlichen Eingriffen und der Lebens- oder Brunftstrategie der Böcke wurde nicht direkt untersucht. Das Forscherteam weist jedoch auf die Zusammenhänge hin: In jenen Gebieten, wo vornehmlich junge Böcke erlegt wurden, lag der Prozentanteil der Böcke in der Jagdstrecke deutlich über jenem am männlichen Wild im Bestand. Das heißt, weil die reifen, alten Stücke fehlen, wird dann eben vermehrt in die mittleren und jüngeren Altersklassen eingegriffen. Als Folge davon nehmen junge Böcke aktiv an der

3- bis 4jähriger Bock.
In einem gut strukturiertem Bestand kann er sich noch nicht an der Brunft beteiligen.

Brunft teil. Falls diese Böcke einige Brunften überleben, so sind sie dennoch früher im Leben ausgezehrt, haben ihre Reserven eher verbraucht und werden daher nicht alt. „Früh gefreit, spät bereut“: Etwas ist dran an der Behauptung. Einer der englischen Koautoren hat es so ausgedrückt: „Es sieht so aus, als ob Gams Spaß in der Jugend haben können, oder sie genießen ihr Alter, aber sie können nicht beides haben.“

Kommen wir zum Schluss. Die Brunft ist einer der wichtigsten Dreh- und Angelpunkte im gesamten Jahreslauf. Dabei hängt viel vom richtigen Zeitpunkt ab. Der ist wichtig, damit die Kitze nicht zu früh zur Welt kommen, andererseits sollen sie aber bis zum Beginn des nächsten Winters auch ausreichend Zeit haben, um zu wachsen und sich so weit zu entwickeln, dass sie diese Jahreszeit überstehen. Trächtige Gaisen benötigen im Hochwinter ihre Reserven, in dieser Zeit wächst der Fötus wenig. Am Ende des Winters haben sie ihre Feistreserven beinahe völlig aufgebraucht. Innerhalb von etwa eineinhalb Monaten entwickelt sich nun der Embryo rasch, in dieser Zeit muss aber auch die Gais selbst wieder zu Kräften kommen, sowohl der zukünftige Nachwuchs wie das Muttertier benötigen viel Energie. In der anschließenden Säugezeit ist das Äsungsangebot im gesamten Jahreslauf am besten, der Stoffwechsel der führenden Gais läuft auf Hochtouren. Wird das Kitz spät gesetzt, weil es wenig Böcke gibt, die Brunft daher lang dauert und die Gais erst beim zweiten oder vielleicht sogar erst beim dritten Eisprung beschlagen wird, dann hat das Kitz weniger Zeit zum Wachsen, die Gais wird mehr belastet, beide gehen mit weniger Reserven in den Winter. Geschwächte Gaisen bringen wieder schwache Kitze.

Dauert die Brunft sehr lang, dann geht das natürlich auch auf die Reserven der Böcke. Folgt danach ein strenger Winter, überleben weniger. Vor allem junge Böcke haben körperlich noch viel weniger Reserven, beteiligen sie sich an der Fortpflanzung, verbrauchen sie die wichtigen Feistreserven eher. Dazu kommt, dass das Werbeverhalten bei jungen, unerfahrenen Männchen weit unruhiger verläuft, sie sind zumeist aufdringlicher, es gibt mehr Unterbrechungen, kommt häufig zu gegenseitigen Störungen, womit der Abbau der Individualdistanz, also die Annäherung zwischen Bock und Gais, erschwert wird. Besteht keine klare Sozialstruktur mit dominanten Böcken, sind Auseinandersetzungen an der Tagesordnung. In Folge dieser Unruhe kommt es sogar vor, dass der richtige Zeitpunkt für den Beschlag nicht erkannt oder genutzt wird.

Dennoch gibt es auch in der Natur, also ohne Jagd, beide Strategien: Junge Burschen, die schnell leben und früh sterben, wie auch erwachsene Männer, die sich erst später, dann aber bis ins höhere Alter erfolgreich an der Fortpflanzung beteiligen. Einzelne Gamsböcke können diese oder jene Strategie verfolgen, in der Regel ist mit ersterer aber immer Dynamik, Veränderung und vielleicht sogar „Turbulenz" verbunden. Diese Strategie tritt besonders dann auf, wenn ein Bestand neu aufgebaut wird, etwa nach Räudewellen, katastrophalen Wintern oder im Zuge der Neubesiedlung eines Lebensraumes. Da es in der Phase aber insgesamt noch wenig Gams gibt – sowohl männliche wie weibliche –, kommen die Auswirkungen weniger deutlich zum Tragen, als wenn wir über die Jagd ein unausgewogenes Geschlechterverhältnis aufbauen! Von Natur aus gibt es ebenso die Möglichkeit, dass ein lokales Vorkommen in ein sogenanntes „Räuberloch" fällt. Nachweise dafür findet man bei Dickhornschafen, die von Pumas gejagt werden. Vereinzelt schaffen es spezialisierte Pumas, dass sie die Bestandesdynamik eines lokalen Vorkommens stark und unvorhersagbar beeinflussen. Auch für Luchs und einzelne Waldgamskolonien gibt es solche Beispiele. Womit wir wiederum bei Veränderung und Dynamik sind.

Im Grunde genommen können sich also auch junge Männchen langlebiger Arten an der Fortpflanzung beteiligen, die Natur hält diese Möglichkeit für alle Fälle bereit. Sie kommt aber besonders dann zum Einsatz, wenn es instabile Phasen in der Bestandesentwicklung gibt. Wie gesagt, Wildtiere kommen damit zurecht, aber nicht jeder Wildtierbestand ist andauernd in einer labilen Entwicklungsphase. Leider schaffen wir über die Jagd heute in vielen Revieren künstlich solche instabilen Verhältnisse. Grundsätzlich sind sich Gamswildkenner jedoch einig: Man sollte sich beim Jagen an der tatsächlichen Altersstruktur orientieren und den Anteil der Böcke nicht übernutzen. Damit wird ein Eingriff in die Mittelklasse von vornherein vermieden. Ich bin überzeugt: Für das Gamswild ist dies die bessere Strategie …

Drittes Kapitel:

Lebensraum und Lebensraumnutzung

Welche ökologische Nische besetzt der Gams? Ich nehme an, diese Frage bringt manche in Schwierigkeiten. Nicht deshalb, weil sie keine Antwort darauf wissen, sondern weil sie mit „dem Gams" wenig anfangen können. Dabei geht es nicht um deutsche, österreichische oder schweizerische Schreibweisen, sondern darum, dass es „den" Gams nicht gibt. Ob männlich, weiblich, alt oder jung, ob oben am Berg oder unten im Wald, die Wildart ist anpassungsfähig und flexibel, und sie füllt deshalb eine breite Nische. Das macht sie für all jene, die sie am liebsten in eine Schublade stecken wollen, schwer zu fassen. Wer beim Gamswild nach einfachen Schemata sucht, der wird damit dieser Wildart nicht gerecht. Sie ist äußerst anpassungsfähig. Gerade diese Anpassungsfähigkeit macht sie aber faszinierend und spannend zugleich. Bevor man jedoch versucht, Gams in eine Schublade zu stecken, steht noch eine ganz andere Frage im Raum: Wovon sprechen wir überhaupt, wenn wir einer Wildart eine „ökologische Nische" zuweisen?

Ob jemand Gamswild kennt oder nicht, soviel weiß jeder: Gams, Berg und Fels gehören irgendwie zusammen. Geht man auf den Lebensraum des Gamswildes ein, dann stellt sich heraus: Der Felsanteil braucht keineswegs hoch sein – es genügt, wenn Felsen oder auch nur Steilhänge als Fluchtterrain zur Verfügung stehen. Dort, wo es viel Fels gibt, geht dies ohnehin auf Kosten der Äsung. Wobei man dabei eines hinzufügen muss: Flucht- und Rückzugsgebiete sind wichtig, aber es kommt nicht auf die Seehöhe an! Weit seitlich liegende Lichter, gutes Wahrnehmungsvermögen für Bewegungen und auffällige Gesichtszeichnung weisen auf die Bedeutung der optischen Orientierung für die Wildart hin. Dazu passt eigentlich eher der offene Lebensraum – im dichten Unterholz hilft der Sehsinn wenig. Dennoch werden auch Latschen- oder Grünerlenfelder genutzt, und der Wald ist ebenfalls Teil des Gamslebensraumes. Hier macht es Sinn, wenn wir einen Blick auf die nächsten Verwandten unserer Gams werfen. Die unterschiedlichen Arten von Goral und Serau besiedeln steiles, zum Teil felsdurchsetztes Terrain im oft dichten Dschungel. Diese noch sehr ursprünglichen Mitglieder der Gattung Rupicaprinae sind „Waldarten"!

Unser Gams hat in seiner Entwicklung den Schritt hin zur offenen Landschaft gemacht, ist dabei aber nicht so weit gegangen, wie das Steinwild oder manche Arten von Wildschafen. Der Gams hat seine Nische zwischen Wald und Offenland gefunden. Idealen Gamswildlebensraum gibt es also vor allem dort, wo Wald und Freiflächen im Steilgelände eng verzahnt sind. Da und dort schaffen wir heute über die Forstwirtschaft gerade diesen Ideallebensraum. Wie gesagt: Die Tierart ist anpassungsfähig, die Nische breit, dennoch sind dabei auch Einschränkungen gegeben. So zeigt sich, dass etwa andere Wildarten den Gams auch zurückdrängen können. Man geht heute davon aus, dass sich die Hirschartigen und die Ziegenartigen etwa zur selben

Zeit entwickelt haben. In Eurasien sollen aber die Hirsche die Ziegenartigen in Steilgelände zurückgedrängt haben. Wir kommen noch darauf, aber Rotwild, Steinwild, Weidevieh oder der Thar in Neuseeland sind durchaus in der Lage, Gams zu verdrängen. Entscheidend sind dabei im Gebirge meist gut geeignete Wintereinstände. Sie können zum Schlüsselfaktor werden.

Begriffe wie „Biotop“, „Habitat“ oder „Nische“ fesseln nicht jeden. Dennoch sind sie wichtig, wenn wir verstehen wollen, worüber wir überhaupt reden. Wir sehen Gamswild als eine Tierart der Berge und fragen uns immer wieder: Was tut der Gams im Wald? Berg und Wald haben aber nicht ursprünglich etwas mit Gams zu tun, es sind Biotope: Der Begriff leitet sich vom griechischen *bios* „Leben“ und *topos* „Ort“ ab – ein Ort zum Leben. Der Begriff ist wertfrei. Das Habitat ist der Lebensraum einer Art. Der Berg kann Habitate für ganz verschiedene Tierarten bieten. Ich erinnere mich dabei noch gern an eine gemeinsame Begehung mit einem bekannten Zoologen: Während ich begeistert war über den guten Schneehuhnlebensraum, sah er die Welt mit anderen Augen und war hocherfreut, mir mitteilen zu können, dass dies ein ausgesprochen gutes Schneemaushabitat sei. Ich war verblüfft über seine Sichtweise. Auch Wälder bieten viele verschiedene Habitate. Dabei gibt es Tierarten, die je nach Jahreszeit ganz unterschiedliche Biotope aufsuchen oder brauchen – denken wir nur an Zugvögel, an Rotwild, oder eben auch an Gams.

Mosaikartig zusammengesetzte Kulturlandschaften stellen oft ein ganz unterschiedliches Angebot von Biotopen. Wildtiere können je nach Anspruch und Erfordernis rasch dazwischen wechseln. Optimal ist diese Vernetzung in extensiv genutzten Kulturlandschaften, wobei wir meist die Landwirtschaft im Auge haben. Doch auch Forstwirtschaft, Almwirtschaft und Tourismus gestalten Lebensräume, und zwar auf viel größerer Fläche. Biotop und Habitat reichen aber nicht aus, wir brauchen noch einen Begriff, um unser Gamswild besser einordnen zu können: die ökologische Nische! Der Begriff wird oft falsch verstanden, weil „Nische“ mit einem Platz oder Ort verbunden wird. In Wirklichkeit geht es dabei aber um viel mehr. Gemeint ist die Rolle einer Art im Lebensgefüge, im Haushalt der Natur. Am leichtesten erklären kann man dies mit folgendem Beispiel: Das Habitat ist die „Adresse“ – der Ort, wo der Gams lebt, die Nische ist sein „Beruf“ – sie gibt an, was er tut, wie er lebt und in welcher Beziehung er zu seiner Umwelt steht. Eine ökologische Nische wird also nicht einfach besetzt, sondern gebildet und gestaltet! Das macht einen großen Unterschied, und den sollten wir im Kopf behalten, wenn es um Wildtiere geht – sie gestalten mit und reagieren auf Einflüsse rund um sie. Im Grunde genommen tut dies jeder Organismus – vom Regenwurm bis zum Bartgams; der Mensch mit Sicherheit am meisten. Nur wünschen wir uns bei unserer Gestaltung allzu oft, dass Wildtiere ihr Eck besetzen und sich dort möglichst nicht rühren. Beim Gamswild schränken wir zusätzlich ein, denn diese Wildart soll noch dazu nur ein Biotop hoch oben am Berg bewohnen. Damit wird man dem Gams aber nicht gerecht.

Vor allem Anpassungsfähigkeit und Flexibilität sind wichtige Voraussetzungen für das Fortkommen und Bestehen jeder Art. Gams haben Eiszeiten überstanden und die Alpen mehrmals wiederbesiedelt, das war nur möglich, weil die Wildart immer wieder gut auf die jeweiligen Umweltbedingungen reagieren konnte. Je mehr wir heute selbst Lebensräume nutzen und damit verändern, umso mehr sind wir dabei auch selbst gefordert – ganz einfach, weil Wildtiere darauf reagieren „müssen". Es kommt also viel auf die Sichtweise an. Will man nicht jede vermeintliche Konkurrenz absichtlich oder unabsichtlich aus dem Weg räumen, dann ist daher heute von uns mehr denn je Flexibilität und weniger stereotyper Umgang mit heimischen Wildtieren gefragt. Ich denke, das ist einer der Kernpunkte für die Zukunft – und er betrifft alle Landnutzer.

Einfache Grundmuster

Bevor wir auf Waldgams, Streifgebietsgrößen, Wilddichten, saisonale Wechsel oder Abwanderungsverhalten eingehen, scheint es sinnvoll, zunächst einmal Grundmuster der Raumnutzung und der Verteilung von Gams zu durchleuchten. Die Wildart war noch vor rund hundert Jahren aus weiten Teilen ihres ehemaligen Verbreitungsgebietes verschwunden oder wurde in schwer zugängliche Lagen zurückgedrängt. In den 1960er- und 1970er-Jahren haben Gams dann wieder Gebiete zurückerobert, sodass sie etwa Mitte der 1980er-Jahre wieder verstärkt in Randgebieten und auch in Mittelgebirgslagen anzutreffen waren. Wo intensive Forstwirtschaft betrieben wird oder zunehmende Siedlung und Infrastruktur Schutzwälder benötigen, kommt es in den letzten Jahrzehnten aber wieder mehr und mehr zu Konflikten, und die Wildart verliert erneut an Lebensraum.

Raumnutzung hat bei Huftieren generell immer mit Sicherheit, Ernährung, Klima und sozialen Kontakten zu tun. Gams bringen sich in Sicherheit, indem sie in schwer zugängliche, felsdurchsetzte Steillagen flüchten, auch unübersichtliche Latschen- oder Grünerlenfelder werden aufgesucht, wenn sich einzelne Tiere vor Verfolgern zurückziehen. Je mehr Fels oder Latschen, desto eher geht dies aber auf Kosten der Äsung. Gams lassen sich zwar im Winter gerne von der Sonne aufwärmen, dort, wo sie hinscheint, apert auch die Äsung schneller aus, im Sommer sind sie aber hitzeempfindlich. Deshalb werden kühle, schattige Nordhänge dann eher bevorzugt. Dort trocknet es auch nicht so rasch aus, und die Äsung bleibt daher länger frisch. Alpine Rasen, Schuttflurvegetation, Zwergstrauchheiden, Almböden, Legföhren,

Es gibt Gamswild, das sich ganzjährig in baum- und strauchlosen Hochlagen aufhält …

Wald, der sich allmählich auflöst, und in Freiflächen übergeht, Schneetälchen, Lawinenrunsen, lockerer Wald oder Waldlichtungen, wenn möglich immer in der Nähe von Fels oder Steilhängen. Die sichere Rückzugsmöglichkeit bestimmt auch die Fluchtdistanz.

Im Kristallin gibt es über den von Gletschern ausgeschliffenen Steilstufen der Trogtäler oft weite, deckungsarme Hänge. Auch im Kalk findet man ausgedehnte Hochplateaus oder Graslahner ohne Baum- und Strauchvegetation. Besonders im Kalkgebirge sind Wald, Fels und Freiflächen aber oft eng verzahnt. So entsteht ein abwechslungsreiches Mosaik, wo es Äsung, Deckung, Übersicht und Rückzugsbereiche gibt. Experten sind sich heute einig: Fels-

… daneben wechselt ein Teil der Gams je nach Jahreszeit zwischen Hochlagen und tiefer liegenden Wäldern.

In felsdurchsetzten, steilen Wäldern bleibt ein Teil des Gamswildes ganzjährig im Wald.

Gams können nicht einer bestimmten Höhenlage zugeordnet werden. Wo es felsdurchsetzte Gräben und Hänge gibt, kommen sie auch in der Nähe von Talböden vor.

gebirge mit Schnee und Eis sind nicht die typischen Gamslebensräume, viel eher ist die Wildart im Waldgrenzbereich daheim, dabei geht sie je nach Jahreszeit und Äsungsangebot weit darüber hinauf, aber auch weit nach unten. Ein Teil der Tiere bleibt ganzjährig in bestimmten Regionen, ein Teil wechselt je nach Witterung und Äsungsangebot. Dies führt dazu, dass wir vereinfachend in drei Gruppen unterteilen:

Als *Gratgams* bezeichnet man jenen Teil des Bestandes, der ganzjährig oberhalb der Waldgrenze bleibt. Diese Gams verlassen die Hochlagen über der Waldgrenze auch im Winter nicht. In manchen Regionen Österreichs gibt es auch noch die Bezeichnung „Keesgams". Kees ist in den Ostalpen eine Bezeichnung für Gletscher. Das sind also Gams, die tatsächlich hoch oben in der Nähe von Fels und Eis leben. Im Hochgebirge spielt der Winter eine wesentliche Rolle, und es kann je nach Winterstrenge zu starken Bestandesschwankungen kommen.

Zu den *Wechselgams* zählen all jene Tiere, die zwischen Hochlagen und Wald wechseln, meist je nach Jahreszeit oder Witterung. Häufig stehen diese Gams im Winter in tieferen Lagen, besonders im Spätsommer und Herbst leben sie über der Waldgrenze. Diese Gams halten sich viel im Bereich der Waldgrenze auf, wobei sich größere Rudel immer wieder auflösen und neu zusammensetzen. Wechselgams finden wir häufig in den Kalkalpen. Diese Lebensräume zeichnen sich durch eine enge Verzahnung von Einstands-, Äsungs- und Felsflächen aus. Dem Klima kommt je nach Gebirgszug eine sehr unterschiedliche Rolle zu. In den Staulagen der Nördlichen Kalkalpen können die Winter extrem hart sein, weil es sehr hohe Maximalschneemengen gibt. In den Südlichen Kalkalpen ist die Winterstrenge deutlich geringer, dort ist auch das Nahrungsangebot im Winter meist höher als in den Zentral- oder Nordalpen. Eine Reihe von milden Wintern führt hier zu einem raschen Anwachsen der Bestände. In Extremwintern kann es aber auch bei Wechselgamsvorkommen lokal zu überdurchschnittlich hohen Fallwildverlusten kommen. Die Bedeutung von Raubtieren als Bestandesregulator nimmt in diesen Lebensräumen zu.

Waldgams bleiben ganzjährig im Wald und wechseln nicht über die Waldgrenze. Sie nutzen zwar auch Wiesen, Kahlschläge oder Blößen, halten sich aber sonst meist in steilen, oft felsdurchsetzten Wäldern auf. Auch Gamswild, das ganzjährig in Gräben und Schluchten unterhalb der Waldgrenze lebt, wird hierzu gezählt. Hier hat das Klima auf die Bestandesregulation kaum noch Einfluss, wohingegen die Bedeutung von innerartlicher Konkurrenz und jene von Raubtieren, wie etwa dem Luchs, stark zunimmt.

In einem Gebiet kann es nebeneinander auch alle drei Typen geben. Größere Rudel brauchen vor allem Freiflächen mit Übersicht, einzelne Tiere oder kleinere Gruppen kommen auch im Wald gut zurecht. Gaisen mit Kitzen und Jungwild stehen im Sommer vereinfacht lieber über der Waldgrenze, ein Teil der Böcke hat seinen Einstand eher unterhalb derselben. Böcke, die im Sommer im Wald stehen, sind eigentlich keine wirklichen Waldgams, sie ziehen zur Brunftzeit meist in Hochlagen, im Wald liegt ihr Sommerstreifgebiet.

Übers Jahr

Die Gaisen suchen zur Setzzeit sichere, geschützte Bereiche auf. Oft ist das in der Zone der Waldgrenze. Gratgams stehen in der Zeit meist etwas tiefer. Der Setzeinstand ist nicht groß, in der Regel ist er schwer zugänglich, manchmal durch Felswände abgeschirmt oder geschützt, auch Absätze oder Stufen im Steilgelände, Latschenfelder oder Geländepartien mit einzelnen großen Felsblöcken und dazwischen Latschen oder Erlen suchen die Gaisen auf, wenn sie ihr Kitz zur Welt bringen. Alles in allem geht es vorrangig um Sicherheit gegenüber Feinden und Schutz vor extremer Witterung für den Nachwuchs. Anthony Bubenik berichtet darüber, dass die Kitze im Rudel gesetzt werden. Ich konnte bisher keinen Setzakt beobachten, wenn Gaisen Kitze zur Welt bringen, dann vielleicht in kleineren Gruppen oder in Gemeinschaft von Gaisen, die ebenfalls setzen oder schon Junge führen. Sicher sind das keine Rudel, wo auch andere Tiere anwesend sind. Die ersten ein bis zwei Wochen nach dem Setzen halten sich Gaisen mit dem frisch gesetzten Nachwuchs entweder allein oder mit ihresgleichen auf, andere Gams sind nicht dabei. Frühestens Anfang, Mitte Juni dürfen auch wieder Jahrlinge und junge Gaisen zu diesen Gruppen. Wenn die Kitze kräftiger sind, ziehen diese Rudel dann je nach Äsungsangebot und Witterung in höhere Lagen. Dabei nutzen sie bevorzugt halboffene oder offene Flächen mit guter Übersicht.

Anfang Juni.
Sind die frisch gesetzten Kitze da, bevorzugen die Gaisen vor allem sichere Einstände.

Mitte Juli.
Ältere Böcke stehen gern allein und brauchen daher keine großen Weideflächen. Sie bewegen sich wenig und nutzen oft nur Bereiche von wenigen Hektar.

Die Jahrlinge streifen während der Setzzeit mit ihresgleichen umher. Wie gesagt, zu den Gais-Kitzrudeln dürfen sie erst wieder Mitte Juni. Während sich Gaisjahrlinge jedenfalls wieder der Mutter und dem diesjährigen Geschwister anschließen, bleiben Bockjahrlinge oft auch in kleineren Gruppen zusammen, sie haben dann auch noch den ein oder anderen Zweijährigen dabei. Zeitweise sind sie zwar mit den Gais-Kitzrudeln unterwegs, aber die Bindung zur Mutter ist nicht so eng wie bei weiblichen Jahrlingen. Im Frühsommer ist jeder Gams nur darauf aus, möglichst viel von der eiweißreichen frischen Äsung aufzunehmen. Ältere Böcke sind gern allein, oft im Wald, gemischte Rudel eher im Waldgrenzbereich und darüber – fast in jedem Fall ist die Äsungsqualität entscheidend für den Aufenthalt.

Im Sommer sind ungestörte Bereiche gefragt, vor allem dort, wo es über den Tag nicht zu heiß wird, wo man sich wenig bewegen muss und in Ruhe wiederkauen kann. Das kann in Hochlagen sein, wo der Wind Kühlung verschafft, das können aber auch schattige Bereiche in der Nähe von Felswänden, im Wald oder in den Latschen sein. Noch gibt es ein abwechslungsreiches Mosaik mit einem Angebot an verschiedenster hochwertiger Äsung. Das heißt, die Wege sind kurz zwischen Äsung, Deckung und Ruheplätzen. Gegen Ende des Sommers nimmt die Qualität der Nahrung ab. Man kann sich dazu in etwa an den Auf- und Abtriebszeiten der Almbauern

Gams sind hitzeempfindlich.
Im Sommer wechseln sie daher gern von der Sonn- auf die Schattseite. Auch große Felsblöcke spenden Schatten, wenn sich Gaisen und Kitze ausruhen.

orientieren. Natürlich gibt es Unterschiede je nach Höhenlage, aber meist wird etwa Mitte Juni aufgetrieben, und Mitte September geht das Vieh wieder von den Almen. In diesem Zeitraum bieten die Berge gute und ausreichende Weide. Interessant ist dabei aus meiner Sicht, dass sich Gamswild über den Sommer eigentlich mehr oder weniger regeneriert. Das heißt, es wird zuerst wieder Muskelmasse aufgebaut, der Körper erholt sich, der Haarwechsel benötigt ebenso wie das Säugen der Kitze Energie.

Ich kenne keine Studien dazu, aber nach meinen Beobachtungen setzt Gamswild erst im Herbst wirklich Feist an. Besonders gut sieht man dies bei reifen Böcken. Im September, Oktober legen sie so richtig an Gewicht zu. In einer Zeit, wo also eigentlich die Qualität der Äsung allgemein abnimmt, bauen Gams weiter Fettreserven auf. Das können sie nur, indem sie einerseits gezielt nach noch hochwertiger Äsung suchen, andererseits werden die Äsezeiten nun länger, das Wild ist mehr auf den Läufen, zum Teil wird die Qualität mit Quantität aufgewogen. Im Herbst ziehen Gams oft in großen Rudeln weit über der Waldgrenze zusammen. Nun brauchen auch die Gamskitze bereits deutlich mehr Äsung, da es allmählich kühler wird, ist auch der Schutz vor allzu großer Hitze nicht mehr von so großer Bedeutung. Die Böcke halten noch an ihren Sommereinständen fest.

11jähriger Gamsbock Mitte September.

Der Bock hat sich über den Sommer gut erholt. Richtig Feist wird er aber erst im kommenden Monat ansetzen.

Derselbe Gamsbock zwei Wochen später.

Ein Kasten von einem Gams, der mit 11 Jahren auch noch nicht wirklich alt ist. Er wird bis zur Brunft noch an Gewicht zulegen.

Ende Oktober, Anfang November kommt dann Bewegung in die Herren, nun halten sie von übersichtlichen Plätzen aus Ausschau nach Rivalen und gesellen sich dann zu den Scharwildrudeln. Zur Brunftzeit ist Bewegung im Gamsrevier, nun steht viel Wild in den Hochlagen. Im Frühwinter versuchen dann die Böcke noch rasch vor dem eigentlichen Wintereinbruch etwas von den in der Brunft verlorenen Reserven wieder aufzubauen. Häufig stellen sie sich nun in tieferen Lagen im Waldbereich ein. Mit Einbruch des Winters verlassen auch die territorialen Böcke aus den höheren Lagen ihre Einstände. In unserem Untersuchungsgebiet am Hochschwab war dies ungefähr Mitte Dezember. Ein Teil jener Gams, die im Sommer über der Waldgrenze gelebt haben, steht dann hinunter in den Wald, ein Teil der Gratgams verlässt, wie gesagt, auch im Winter die Hochlagen nicht, sie suchen zu dieser Jahreszeit aber bevorzugt sonnseitige Lagen, wo der Schnee schneller abrutscht und es eher ausapert. Auch Grate und Rücken, die vom Wind schneefrei geblasen werden, sind beliebt. Über das gesamte Jahr gibt es immer wieder vertikale Verschiebungen, wobei vor allem die Witterung eine zentrale Rolle spielt. Im Sommer weicht das Gamswild eher der Hitze aus, im Herbst und Winter spielen Schneefall und Beschaffenheit der Schneedecke eine wichtige Rolle, wenn es um die Einstandswahl geht. Bei führenden Gaisen spielt die Sicherheit eine deutlich größere Rolle als bei Böcken.

Hochwinter.

Wenn es Ende Dezember in den Hochlagen zuschneit, ziehen Gams in tiefere Lagen, um dort den Winter zu verbringen.

Streifgebietsgrößen

Eine Frage, die wahrscheinlich auch erfahrene Gamsjäger kaum mit Sicherheit beantworten können, ist die nach der Größe des jährlichen Aktionsraumes dieses Wildes. Wie viel Hektar benötigt ein Stück? Als Gamswildkenner werden Sie jetzt einschränken und die Gegenfrage stellen: „Welcher Gams?" Damit sind wir bereits bei einem wichtigen Unterschied: Waldgams sind standortstreuer, Gratgams nutzen meist größere Gebiete, Wechselgams können je nach Jahreszeit ganz unterschiedliche Bereiche aufsuchen. Im Winter kann oft ein Hang, wo der Schnee abgerutscht ist, reichen, übers Jahr wechseln die Gams zwischen Sonn- und Schattseiten. Was nehmen wir also als Maßstab?

Es macht wenig Sinn, wenn wir hier die ermittelten Streifgebietsgrößen aus verschiedenen Gamsprojekten nebeneinander in einer Tabelle aufzählen. Wie gesagt, die Größen hängen eng mit dem Lebensraum, dem Geschlecht und Alter einzelner Tiere und auch mit der Jahreszeit zusammen. Daneben spielt auch noch die Methode der Datenerhebung ebenso wie jene der Auswertung eine Rolle. Wer die Ergebnisse der vorgestellten Studien richtig verstehen und deuten will, der muss wissen, wie sie berechnet wurden. Man kann einfach Wild beobachten und dessen Standort in eine Karte einzeichnen. Die Methode ist jedoch nicht sehr zuverlässig, weil die Beobachtungen stark vom Zufall, von der Witterung oder der Einsehbarkeit des Geländes abhängen. In der Regel verwendet man heute Telemetrie, um die Streifgebiete von Wildtieren zu ermitteln. Zunächst also ein paar Sätze zur Technik: Über Halsbandsender, welche die Tiere eine Zeit lang tragen, werden Funksignale ausgesendet, mit Hilfe eines Empfängers und einer Richtantenne kann ich das Signal orten und den Standpunkt ermitteln, von wo das Signal kommt.

Früher war man froh, wenn man zwei bis drei exakte Peilungen für ein Tier in der Woche erhoben hat. Heute werden die Signale von Satelliten empfangen, sie schicken dann die Koordinaten der Punkte zu Empfangsstationen auf der Erde. GPS (Global Positioning System) ist heute schon beinahe Teil des alltäglichen Lebens geworden, ebenso wie im Verkehr, beim Sport oder beim Wandern kommt diese Technologie auch in der Wildbiologie zum Einsatz. Dabei ist es üblich, dass alle drei Stunden eine Peilung vorgenommen wird. Dieser Zeitabstand kann flexibel gewählt werden. Bei gutem Empfang kann man im Idealfall also jedes Monat an die 200 Punkte erhalten. Verbinde ich die äußersten miteinander, dann zeichne ich damit ein Vieleck. Man nennt es Minimum-Convex-Polygon oder kurz MCP. Über die Fläche dieses Polygons erhält man aber in der Regel ein sehr großes Streifgebiet, weil jeder Ausflug und jeder Punkt, der etwas abseits liegt, die Ausdehnung massiv erweitert. In Wirklichkeit hat sich der Gams dort aber vielleicht nur vorübergehend kurz aufgehalten. Um eventuelle Ausreißer und die äußeren Randpunkte nicht in die Berechnung miteinzubeziehen, scheidet man sie daher oft aus, nimmt 95 Prozent aller Punkte und legt um jeden einen kleinen Kreis. In diesem Bereich rund um den Peilpunkt hat sich der Gams am ehesten bewegt. Die Punkte inmitten der Kreisfläche werden als „kernels" bezeichnet. Der Ausdruck kommt aus dem Englischen und bedeutet nichts anderes als „Kern". Jeder Peilpunkt stellt so einen Kern dar, um diesen Kern wird im Zusammenhang mit den anderen Punkten jene Fläche berechnet, wo sich das Tier mit großer Wahrscheinlichkeit aufgehalten hat. Fasst man all diese Flächen zusammen, erhält man die Größe des Streifgebietes über die Kernel-Auswertungen. Dabei fallen jene 5 Prozent Randpunkte weg, welche im Einzelfall das gesamte Gebiet enorm erweitern können. Dennoch bleibt die Angabe von Streifgebietsgrößen für Gamswild schwierig. Warum?

Man kann die Streifgebiete von Rehen in einem 400 Hektar großen Untersuchungsgebiet zusammenrechnen und den Durchschnitt für Geißen und Böcke ermitteln. Auch wenn es das „Durchschnittsreh" nicht gibt, macht das dennoch Sinn, weil man damit eine gute Vorstellung von der Raumnutzung dieser Wildart erhält. Was tut man aber mit Gams, die saisonal ihre Streifgebiete wechseln, und wo es über Grat-, Wechsel- oder Waldgams völlig unterschiedliche Grundmuster der Raumnutzung gibt – auch innerhalb eines Untersuchungsgebietes von 400 Hektar? Dazu treten noch deutliche Unterschiede zwischen verschiedenen Altersgruppen auf. Gams erreichen ein deutlich höheres Alter als Rehe, sie leben einzeln oder in sozialen Verbänden, die sich in der Raumnutzung voneinander unterscheiden. Ein 2jähriger Rehbock ist in der Regel territorial und verhält sich dann im Grunde gleich wie ein 6- oder 7jähriger. Ein Gamsbock wird frühestens mit 5 bis 6 Jahren territorial, in manchen Gebieten tritt Territorialität überhaupt nicht auf.

Eine Tabelle mit Daten, die dazu noch oft mit verschiedenen Methoden ermittelt wurden, hilft uns also wenig weiter. Viel mehr von Bedeutung ist, dass man einen Maßstab und eine Vorstellung davon bekommt, wie weit ein Gams herumzieht und welche Fläche er beansprucht. Dazu ist es oft von Vorteil, wenn man sich zunächst einmal einzelne Studien und Lebensräume herausgreift. Das ist weniger verwirrend, und so bekommt man einen ersten Einblick. Gehen wir zunächst also in die Nördlichen Kalkalpen, genauer, nach Berchtesgaden. Vom Steinernen Meer über den Watzmann nach Norden Richtung Hochkalter oder Jenner erstreckt sich der einzige Alpennationalpark Deutschlands. Verkarstete Bergmassive wechseln mit Latschenfeldern, Almwiesen und Bergwäldern, mittendrin liegt der Königssee. In diesem Gebiet haben Ralf Bögel und seine Mitarbeiter die Raumnutzung von Gamswild mit Hilfe der Telemetrie studiert und nach der MCP-Methode ausgewertet.

Nationalpark Berchtesgaden
Bögel fand heraus: Gratgams brauchen mehr Platz, sie nutzten im Nationalpark Berchtesgaden Streifgebiete zwischen 225 und 800 Hektar. Der Lebensraum der Waldgams ist weniger abwechslungsreich als jener der Gratgams, auch klimatische Einflüsse spielen im Wald und im Waldgrenzbereich eine geringere Rolle als hoch oben am Berg. Dies dürften Gründe dafür sein, dass die Streifgebiete von Waldgams im Mittel etwa um 100 Hektar kleiner als jene von Gratgams waren. Am deutlichsten treten diese Unterschiede im Sommer und im Winter auf, geringer sind sie in den Übergangszeiten. Im Sommer nutzten Gratgams im Berchtesgadener Land Gebiete von durchschnittlich 400 Hektar – bei den Waldgams waren es dagegen rund 300 Hektar. Auffällig war dabei, dass bei den Gratgams weit größere Differenzen zwischen den einzelnen Stücken vorkommen. Die Streubreite war oben am Berg also viel höher als unten im Wald, das kommt schon durch die eingangs erwähnten Eckdaten zum Ausdruck. Am geringsten waren die Unterschiede zwischen den Streifgebietsgrößen von Grat- und Waldgams im Frühling. In den Übergangszeiten wechseln die Gams öfter den Standort. Dies hängt wohl in erster Linie mit dem Ausapern und dem Angebot an Frühjahrsäsung zusammen. Im Frühjahr nutzten alle Gratgams konzentriert die besten Äsungsflächen auf kleinem Raum – bei Waldgams ist dies ebenso. Während Waldgams aber ganzjährig relativ standortstreu sind, verteilen sich Gratgams dann im Sommer auf etwa die doppelte Fläche wie im Frühjahr.

Vergleicht man den ganzjährigen Aktionsraum von Böcken und Gaisen, dann zeigen die Ergebnisse von Berchtesgaden, dass es zwischen den Geschlechtern kaum einen Unterschied gibt. Der ganzjährige Aktionsraum von Böcken wie auch von Gaisen beträgt durchschnittlich rund 500 Hektar. Jetzt wird der ein oder andere Gamswildkenner den Kopf schütteln, weil er einen alten Bock, ein Gais-Kitzrudel oder junge Böcke vor Augen hat. Die Aussage ist dennoch richtig, denn bezogen auf den „Durchschnitt" übers Jahr trifft es tatsächlich zu, dass zwischen männlichen und weiblichen Tieren kaum Unterschiede auftreten. Die Streuung ist aber bei den Böcken mehr als doppelt so groß wie bei den Gaisen. Junge, noch nicht erwachsene Böcke streunen weit umher und haben daher auffallend große Aktionsräume, während jeder weiß, dass alte, reife Gamsböcke oft nur sehr kleine Einstände nutzen.

Wo möchte aber ein Gams leben, wenn er es sich, wie in einem Nationalpark, aussuchen kann? Die Antwort auf diese Frage setzt zunächst schon wieder eine Einschränkung voraus: Die Lebensraumwahl ist je nach Jahreszeit unterschiedlich. Zusammenfassend kann man aber doch sagen, dass Almflächen, alpine Matten, Krummholz, also Latschen oder Grünerlen, sowie lichter Wald bevorzugt werden. Hier kann man streiten, ob die Rede von Gratgams oder Typ 2 – „Wechselgams“ – ist. Diese Einteilungen sollen uns lediglich bei der Suche nach Mustern helfen, sie erleichtern das Verstehen. Niemand verlangt, dass man kategorisch daran festhält – in der Natur sind die Grenzen fließend. Fest steht: Wer Gratgams vor allem mit Fels und Geröll verbindet, der irrt, denn die Studie zeigt: Diese Landschaftselemente werden weit weniger genutzt, als es dem Angebot entspricht. Felsregionen sind vor allem Fluchteinstände. Waldgams bevorzugen Laubmischwald und lichten Wald, im Frühjahr auch Nadelmischwald. Durch größere Kahlschläge kann der Wald zusätzlich als Gamslebensraum stark an Attraktivität gewinnen.

Schweizer Nationalpark

Im Schweizer Nationalpark wurde der Aufenthalt von markierten Gams über Jahre durch Parkwächter auf ihren Diensttouren erhoben und kartiert. Einmal im Monat gab es auch koordinierte Beobachtungstage. Flurin Filli und Seraina Campell haben das Datenmaterial ausgewertet. Die Streifgebietsgrößen wurden ebenfalls nach der MCP-Methode berechnet. Damit erhält man also wieder vergleichsweise große Streifgebiete. Die Schweizer haben zwei Gebiete verglichen. In der Il Furon wurden insgesamt 75 Tiere markiert, in der bekannten Val Trupchun waren es 31 Tiere. Wir sprechen von Gratgams. Im Il Furon war die Streifgebietsgröße der Gaisen im Sommer durchschnittlich 309 Hektar groß, jene der Böcke 115 Hektar. Fels und Schutt nahmen etwa die Hälfte bis zwei Drittel der von Gamswild genutzten Fläche ein. Hier gab es auch einen engen Zusammenhang zwischen der Größe einzelner Streifgebiete und dem Felsanteil. Je mehr Fels, desto größer der Raum, den der Gams nutzt. Also wieder der Hinweis: Fels ist Fluchtterrain. Viel Fels geht auf Kosten der Äsung.

In der Val Trupchun durchstreiften die Gaisen im Sommer Gebiete von 145 Hektar, die Böcke 163 Hektar. Hier bedeckten Grasheiden etwa die Hälfte der Streifgebiete. Bei den Gaisen ist der Größenunterschied zwischen den beiden Gebieten signifikant. Unterschiede zwischen führenden und nicht führenden Gaisen gab es nicht. Filli erwähnt bei den Böcken im Il Furon, dass die Streifgebietsgröße zwischen 43 und 353 Hektar auffällig weit streut, er macht jedoch keine Angaben über das Alter der Böcke. Während in der Il Furon Grasheiden und Latschenfelder bevorzugt aufgesucht wurden – die Nutzung war deutlich größer als das Angebot – konnten in der Val Trupchun keine Unterschiede zwischen dem Angebot und der Nutzung verschiedener Vegetationseinheiten festgestellt werden.

Die Schweizer schränken jedoch die Aussagekraft der Daten selbst ein. Im Vergleich mit der Telemetrie hat sich gezeigt, dass über Sichtbeobachtungen

Südexponierter steiler Grashang.

Solche Hänge werden vor allem im Herbst und Winter gerne aufgesucht. Dort, wo es mehr Grasheiden und weniger Fels gab, waren die Streifgebiete der Gaisen im Schweizer Nationalpark kleiner.

vielleicht zentrale, häufig genutzte Bereiche erkannt werden, allein über Beobachtungen sind aber kaum Aussagen zur tatsächlichen Streifgebietsgröße möglich. Jede Sichtung ist stark vom Zufall abhängig. Auch gibt es keinen Zusammenhang zwischen der Anzahl von Beobachtungen und den Streifgebietsgrößen. Schon das Gelände spielt hier eine große Rolle; es gibt einfach Bereiche, die nur schlecht einzusehen sind und andere, wo man häufiger Gams zu Gesicht bekommt. Das Wetter spielt ebenso mit. Dennoch erhalten wir eine Vorstellung. Die ermittelten Werte decken sich auch mit den Aussagen des Schweizer Gamswildexperten Augustin Krämer. Er schätzte für das Augstmatthorn Streifgebietsgrößen von 150 bis 300 Hektar, wobei er einschränkt, dass Böcke im Sommer auch den ganzen Tag auf einer Fläche von ein bis zwei Hektar zubringen können. Bassano errechnet für ein italienisches Vorkommen Sommerstreifgebiete von durchschnittlich 100 Hektar. Baumann und Struch geben für Gaisen eines Waldgamsbestandes im Berner Oberland ganzjährige Streifgebiete von rund 180 Hektar an. Gehen wir nun etwas ins Detail und schauen uns an, was herauskommt, wenn man nicht nur großflächig Gebiete umreißt, sondern die tatsächliche Intensität der Flächennutzung berücksichtigt.

Fels bietet Schutz, aber auf Kosten der Äsung.
In den Italienischen Westalpen wurde nachgewiesen, dass die Gams im Winterhalbjahr viel kleinere Streifgebiete nutzen als im Sommerhalbjahr.

Italienische Westalpen

In den italienischen Westalpen hat Irene Nesti Gamswild markiert, um das Raumnutzungsverhalten und die Habitatwahl zu erforschen. Zwei Jahre lang wurden dafür die Standorte von 23 Böcken und 6 Gaisen mit Radiotelemetrie erhoben. Alle Tiere waren erwachsen. Die Italiener haben die Böcke eingeteilt in solche, die ganzjährig in ihren Territorien blieben (19 Stück) und solche, die zwischen Sommer- und Wintereinstand wechselten (4 Stück). Die Streifgebiete wurden über die Kernel-Methode errechnet, wir lassen die Randbeobachtungen also nun weg.

Ergebnis: Von Juni bis November nutzen die Gams insgesamt größere Gebiete als von Dezember bis Mai. Die Streifgebiete der territorialen Böcke sind im Sommerhalbjahr jedoch deutlich kleiner als bei den umherstreifenden Böcken und den Gaisen. Das ist nicht neu, aber was heißt das in Zahlen? Die meisten Streifgebiete der territorialen Böcke waren im Sommer 49 Hektar groß, die Bandbreite reicht von 31 bis 110 Hektar. Die nicht-territorialen Böcke nutzten dagegen Sommerstreifgebiete von durchschnittlich 749 Hektar! Die Streuung reicht dabei von 539 bis 850 Hektar. Auch die Gamsgaisen waren im Sommerhalbjahr auf großer Fläche unterwegs. Die meisten von ihnen hatten Streifgebiete von 711 Hektar, das kleinste war 388 Hektar groß, das größte 1.842 Hektar! Wir sprechen von Gratgams, die Gamsgaisen hielten sich fast immer in deutlich größeren Höhen auf als Böcke. Die standorttreuen Böcke bevorzugten Almweiden und Wiesen, einige von ihnen hatten ihren Einstand in Grünerlenhängen – im deutschen Sprachraum spricht man vom „Laubbock". Im Winter gab es keinen signifikanten Unterschied zwischen den Streifgebietsgrößen der drei Gruppen.

Neuseeland

Nachdem in Neuseeland Gams ausgesetzt wurden, gibt es auch eine Reihe von Studien zu dieser Wildart von dort. Die Lebensräume unterscheiden sich zwar von jenen der Alpen, besonders die Vegetation ist völlig verschieden von der in Mitteleuropa, dennoch ist ein Vergleich interessant, weil es dabei ja vor allem um den möglichen Flächenanspruch der Wildart geht. Machen wir also einen Abstecher in die südlichen Neuseeländischen Alpen. Dort wurden markierte Gaisen über Jahre beobachtet. Die Streifgebiete der Tiere schwankten zwischen 138 Hektar und 656 Hektar, im Durchschnitt waren es 341 Hektar. Entsprechend der Lebensraumbeschaffenheit erstreckten sich die Streifgebiete entlang der Höhenschichten im offenen alpinen und montanen Gelände. Die Nutzung innerhalb der Gesamtstreifgebiete ist unterschiedlich, sie hängt wahrscheinlich mit der Zusammensetzung und Verteilung der Vegetation zusammen. Saisonal schwankte die Größe der Streifgebiete je nach Schneelage und der Verfügbarkeit von Äsung.

Österreich

Josef Hamr hat bereits in den 1980er-Jahren die Streifgebiete von Gams mit Hilfe von Telemetrie untersucht. Wir kommen erneut in die Nördlichen Kalkalpen, diesmal ins Karwendel-Gebirge in Nordtirol. Hamr konnte 75 Gams mittels Markierung sowie Krucken- oder Farbmerkmalen unterscheiden. Die Streifgebietsgrößen hat er für 19 Böcke und 12 Gaisen bestimmt. Von diesen Tieren trugen 6 Böcke und 6 Gaisen Sender. Detail am Rande: 1981 (!) wurden dafür bereits solarbetriebene Ohrmarkensender verwendet. Mir ist kein zweites Gamsprojekt bekannt, bei dem diese Technik nochmals zur Anwendung kam. Hamr hat die Streifgebietsgrößen seiner Gams wieder nach einer anderen Methode berechnet: Er hat sein Untersuchungsgebiet in 4 Hektar große Quadrate unterteilt. Jede Sichtung oder Peilung in einem der Rasterfelder schlägt mit dessen Gesamtfläche zu Buche. Hamr hat also einfach alle 4 Hektar-Quadrate, in die ein oder mehrere Punkte gefallen sind, zusammengezählt. Quadrate, die von Rastern mit Aufenthaltsdaten eingeschlossen werden, werden in die Gesamtfläche miteinbezogen. Das Verfahren ähnelt also der MCP-Methode.

Gams im Karwendelgebirge.
Dort wurde die erste Telemetriestudie in Österreich zur Raumnutzung von Gams durchgeführt. Sie brachte erste grundlegende Ergebnisse zur Raumnutzung von Gamswild.

Hamr ging die Sache gründlich an, er hat je nach Jahreszeit und genutztem Lebensraum in verschiedene Streifgebiete unterteilt. Dabei ist er bei den Böcken auf bis zu sieben verschiedene Bereiche gekommen, bei den Gaisen waren es vier. Bei den Böcken gab es einen Frühjahrseinstand, der oft nur für zwei bis drei Wochen beibehalten wurde, meist hat der Bock dabei nur seinen Wintereinstand etwas nach oben ausgedehnt. Im Sommerhalbjahr kann ein Gamsbock nach Hamr ein bis drei Sommer-Herbststreifgebiete beziehen. Dort hält er sich insgesamt fünf bis fünfeinhalb Monate auf. Dabei gibt es Böcke, die ein bestimmtes kleines Sommerrevier nutzen, und solche, die weit zwischen verschiedenen Gebieten umherstreifen. Die meisten dieser umherziehenden Böcke, die nur wenige Wochen in einem Bereich bleiben, sind jung. Sie wandern oft über mehrere Kilometer von einem Areal zum nächsten. Im Herbst gibt es dann ein Brunftgebiet, in dem die Böcke ein bis vier Wochen bleiben, und danach beziehen sie ein bis zwei Wintereinstände.

Bei den Gaisen weist Josef Hamr zunächst den Setzeinstand aus, er wird durchgehend bis zu vier Wochen lang beibehalten. Danach durchstreifen die Gaisen für fünf bis fünfeinhalb Monate das Sommer-Herbstgebiet, es schließt das Setzgebiet und in den meisten Fällen das Brunftgebiet mit ein. Im Spätherbst halten sich die Gaisen für einige Wochen im Brunftgebiet auf, und danach sind sie für vier bis viereinhalb Monate im Winterstreifgebiet. Nach den Untersuchungen im Karwendel nutzen die Böcke generell kleinere saisonale Streifgebiete, dafür wandern sie weiter als die Gaisen. Gaisen nutzen ihren Lebensraum stetiger, wobei die Unterschiede zwischen sozialen Klassen nicht so deutlich zu Tage treten wie bei den Böcken. Dazu wieder ein paar Zahlen, welche Größenordnungen verdeutlichen sollen: Die gesamten Jahresstreifgebiete aller Böcke im Karwendel waren im Durchschnitt 145 Hektar groß, die Winterstreifgebiete gibt Hamr mit 33 Hektar an, Sommer-Herbstgebiete 56 Hektar, und Brunftgebiete sind im Schnitt nur 19 Hektar groß. Für die Gaisen hat er Ganzjahresstreifgebiete von durchschnittlich 130 Hektar ermittelt, ihre Winterstreifgebiete waren 56 Hektar groß, die Sommer-Herbstgebiete 72 Hektar.

Mit ein paar eigenen Daten möchte ich den Vergleich zwischen verschiedenen Studien und Gamsvorkommen beschließen. Wir haben über ein Projekt der „Anblick"-Wildforschung sowohl die Raumnutzung von Waldgams in der Weststeiermark als auch von Grat- und Wechselgams im Hochschwabgebiet untersucht – das Projekt ist derzeit noch nicht abgeschlossen. Insgesamt wurden bisher 7 Waldgams und 9 Gams am Hochschwab mit Hilfe von Satellitentelemetrie beobachtet. Ich bin ebenfalls vorsichtig bei der Datenauswertung und möchte nicht einfach alle Tiere in einen Topf werfen. Sowohl Alter als auch Geschlecht und Lebensraumtyp beeinflussen die Lebensraumnutzung. Deshalb halte ich es für aussagekräftiger, wenn man die Gams nach den eben erwähnten Kriterien gesondert betrachtet, auch wenn man damit immer kleinere Stichproben erhält. Nimmt man die Streifgebiete von drei reifen, erwachsenen Gamsböcken am Hochschwab, dann ist zunächst auffällig, dass zwei davon zwei Jahre hintereinander dieselben Sommer- und Winterstreifgebiete genutzt haben. Der Wechsel in das höher

Markierte 10jährige Gais mit Senderhalsband.

Die Fölzalm, mein Untersuchungsgebiet am Hochschwab.
Wer Gamswild erforschen will, sollte gut bei Kondition sein.
Hier wird eine Falle für den Lebendfang auf die Alm getragen.

gelegene Sommer-Herbstgebiet, welches auch den Brunftplatz miteinschloss, erfolgte bei beiden Böcken Mitte April, etwa Mitte Dezember wechselten die Böcke wieder in den tiefer gelegenen Wintereinstand. Die über die MCP-Methode errechneten Winterstreifgebiete der reifen Böcke sind ebenso wie bei Hamr im Schnitt knapp 33 Hektar groß. Sie schließen die Monate Jänner, Februar und März ein. Man sieht also: Es macht Sinn, wenn man mehr ins Detail geht, Ergebnisse lassen sich auf diese Weise besser vergleichen. Wir haben dazu aber auch noch die Fläche des Kerngebiets errechnet. Wie gesagt, das ist jener Bereich, den der Gams die meiste Zeit nutzt. Lässt man also die Peilungen im Randbereich weg und nimmt nur das Kerngebiet, dann sehen wir, dass diese Böcke in derselben Zeit – also über drei Monate! – nur auf einer Fläche von 12 Hektar stehen (Kernel 95). Die Sommer-Herbststreifgebiete der drei Böcke sind mit 52 Hektar ebenfalls beinahe ident mit den Ergebnissen von Hamr. Wieder sind jedoch die Kerngebiete bedeutend kleiner. Sie messen nur knapp 15 Hektar.

Jeder Gamsjäger weiß, dass ein alter Gamsbock im Sommer konstant nur einen sehr kleinen Einstandsbereich nutzt. Im Wald sind solche Flecken oft an Kahlschläge mit gutem Äsungsangebot gebunden, im Alm- und Waldgrenzbereich kann man diese Böcke regelmäßig an bestimmten Liegeplätzen mit guter Aussicht beobachten. In der Regel reichen wenige Hektar, damit einer dieser Böcke sein Auslangen findet. Außer Äsen, Ruhen und Wiederkauen gibt es kaum Aktivität. Was erfahrene Gamskenner wissen, können wir mit Hilfe der Technik nochmals in Zahlen ausdrücken: Nach unseren Berechnungen sind jene Kernzonen, auf welche die Hälfte aller Peilungen entfallen, bei den drei reifen Gamsböcken im Juni nicht größer als 0,7 Hektar (Kernel 50)! Im Juli oder August kann dieses Gebiet auf etwa die doppelte Fläche erweitert werden, danach kann so ein Gamsbock über zwei Monate und mehr etwa die Hälfte der Zeit auf rund einem halben bis eineinhalb Hektar zubringen! Solche Böcke kann man also wirklich beinahe abholen. Besonders im September und Oktober bewegten sich unsere Böcke die meiste Zeit nur in einem sehr eng umrissenen Bereich mit wenigen bevorzugten Liegeplätzen. Noch ein Wort zum „Abholen". So ein Bock kennt natürlich den Einstand wie seine Westentasche. Hier hat er jeden Latschenfleck, jeden Wechsel, jeden Stein im Kopf. Wichtig sind für ihn Liegeplätze, die guten Überblick und etwas Rückendeckung bieten. Von dort aus hat er alles unter Kontrolle und lässt Eindringlinge oft sehr nahe heran. Wird dann die Fluchtdistanz doch unterschritten, entzieht sich so ein Latschen- oder Laubbock äußerst geschickt seinem Verfolger. Dabei führt er ihn im Kreis, lässt sich überlaufen oder taucht vorübergehend in den Latschen unter – kurz, er spielt mit ihm Verstecken. Selten flüchtet der Gams weit, in der Regel weicht er nur kleinräumig aus. Auch damit spart man Energie.

Für die Herbststreifgebiete der Gaisen möchte ich hier nur die Novemberwerte von drei erwachsenen Tieren zusammenfassen. Sie dehnen sich im Schnitt über eine Fläche von 66 Hektar aus. Erneut sehen wir, dass dieser Wert jenem der Studie aus dem Karwendel gut entspricht. Die Kerngebiete sind mit 25,5 Hektar zwar nicht um so viel kleiner wie bei den Böcken, sie unterscheiden sich aber dennoch auffällig von den Flächen der Polygone.

Die von uns untersuchten Waldgams besiedeln einen Lebensraum, der von 400 bis 1.400 Meter Seehöhe reicht. Im Wesentlichen umfasst dies einen felsdurchsetzten Graben und die angrenzenden Waldbereiche. Es sind dort zwar einige Wiesen und Kahlschläge eingestreut, aber Flächen über der Waldgrenze gibt es nicht. 6 Gaisen unterschiedlichen Alters nutzten einen durchschnittlichen Ganzjahreslebensraum von 122 Hektar. Zum Vergleich: Hamr ermittelte für seine Grat- und Wechselgams 130 Hektar. Im Berner Oberland waren die Ganzjahresstreifgebiete von Waldgams 180 Hektar groß.

Sozialsystem bestimmt Raumnutzung

Ich denke, damit sind nun Größenordnungen aufgezeigt, um mehr soll es hier nicht gehen. Auffällig sind immer wieder die deutlichen Größenunterschiede, welche bei verschiedenen Studien ermittelt wurden. Sie lassen sich zum einen über verschiedene Erhebungsmethoden erklären, zum anderen sind sie aber auch auf das Alter der beobachteten Gams zurückzuführen. Ich möchte jedoch noch einen Schritt weiter gehen: Nicht nur das Alter einzelner Stücke, sondern das Sozialsystem eines ganzen Bestandes beeinflusst die Raumnutzung! Ich denke, hier sind wir bei einem wichtigen Punkt, der meist viel zu wenig Beachtung findet und in Bejagungs- oder im weitesten Sinn Planungskonzepte nicht einbezogen wird. Aus den Untersuchungen zur Raumnutzung von Gamswild geht hervor, dass männliche und weibliche Tiere, ebenso wie alte oder junge, ganz abgesehen von Witterung und Landschaft unterschiedliche Muster in der Lebensraumnutzung verfolgen. Auch lokale Traditionen spielen hier mit eine Rolle. Gams bilden nach meiner Ansicht jedenfalls keine „anonymen Verbände", wie in der Literatur oft beschrieben. Man muss einen Bestand, in dem es auch markierte oder markante Tiere gibt, wirklich über Jahre beobachten, dann erkennt man, dass es Familien- und Gruppenzusammengehörigkeit gibt. Diese Gruppen nutzen traditionell bestimmte Lebensraumausschnitte. Darauf hat schon Josef Hamr 1984 hingewiesen, und auch Boschi und Nievergelt, zwei Schweizer Gamswildforscher, haben im Schweizer Nationalpark ähnliche Erkenntnisse gewonnen. Viel früher noch hat Fritz R. Walther darauf aufmerksam gemacht, dass man zwischen sozialen Gruppen und einfachen Ansammlungen von Tieren etwa auf Weidegründen, bei Salzlecken oder an Wasserstellen unterscheiden muss. Soziale Gruppen sind es dann, wenn eine Anziehung der Mitglieder untereinander besteht. Entscheidend ist dabei, dass die Tiere zusammenbleiben, auch wenn sie nicht gerade einen günstigen Äseplatz aufsuchen, sie ruhen oder ziehen auch gemeinsam und nehmen in vielerlei Weise aufeinander Bezug. Wer also nur nach der Anzahl der Tiere geht und dazu vielleicht Alter und Geschlecht angibt, der sagt damit noch wenig über die soziale Organisation einer Art.

Damit sind wir eigentlich wieder beim Verhalten, aber da es um Raumnutzungsmuster geht, sind diese Ausführungen unter dem Kapitel Lebensraum durchaus richtig platziert.

Bernhard Nievergelt, ein Mann der ersten Stunde, der sich viel mit Steinwild und Gams beschäftigt hat, stellt fest, dass das Wetter zu den einflussreichsten Faktoren zählt, wenn es um die räumliche Verteilung der Gams geht. Er schreibt zur Raumnutzung zweier Gamsbestände im Schweizer Nationalpark: „Mit der aktuellen Niederschlagsart ließ sich die Standortwahl der Gemsen zum größeren Teil, mit der Maximaltemperatur beinahe fehlerfrei erklären. Die Standortwahl ihrerseits wirkte gemeinsam mit der Jahreszeit auf die Größe gemischter Gaisverbände ein – bei größerer Offenheit des Geländes und weiter fortgeschrittenem Sommer wuchs deren Kopfzahl."

Also doch nur ein Zusammenspiel von Wetter und Lebensraum? Nein, um wirklich zu erkennen, was hier abläuft, reicht es nicht aus, einfach nur Rudel anonym durchzuzählen. Nievergelt führt weiter aus, dass sich die kleinräumige Verteilung der Tiere weitgehend als „Funktion" der Sozialklassen erwies. Gaisen mit Kitzen halten gegenüber anderen Tieren kürzere

Individualdistanzen ein als Gaisen ohne Kitz. Das heißt, eine führende Gais nähert sich anderen Gams weiter an und lässt auch andere Stücke näher herankommen, ohne auszuweichen. Das Wild kann in der Gruppe enger beieinander stehen. Direkten Körperkontakt mit fremden Tieren dulden Gams nicht, eine bestimmte Distanz zu den anderen ist auch im Rudel für das Wohlbefinden der einzelnen Stücke notwendig. Dabei sind die Rangunterschiede in den mittleren Sozial- und Altersklassen kaum ausgeprägt, eine deutliche Hierarchie zeigt sich jedoch zwischen ranghohen, meist älteren und rangtiefen, jungen Stücken. Nievergelt schreibt, dass die Rudelgröße etwa ab Juli zunimmt, weil Jahrlinge und nicht führende Gaisen Schritt für Schritt wieder zu den Gruppen dazustoßen. Da nun die diesjährigen Kitze dabei sind und die Bindungen zwischen Gaisen, Jahrlingen oder Zweijährigen neu festgelegt werden, kommt es im Sommerstreifgebiet alljährlich zu einer sozialen Neuorganisation. Auseinandersetzungen in gemischten Gaisverbänden sind nun am häufigsten zu beobachten. Zeitlich begrenzt bilden sich stabile Untergruppen. Die kleinste Gruppe besteht immer aus Gais, Kitz und Jahrling. Am Hochschwab waren es oft drei bis fünf Gaisen mit ihren Kitzen, ein, zwei Jahrlingen und der ein oder anderen jungen Gais, die noch nicht führt. Die Tiere in diesen Untergruppen kennen sich, die Hierarchie ist klar, womit Konflikte vermindert werden. In der Jägersprache werden solche kleine Gruppen als „Scharl" bezeichnet.

In diesem Zusammenhang passen auch die Beobachtungen von Hamr, wonach Gaisen einer bestimmten Gruppe das Streifgebiet ihres Rudels öfter markierten. Diese Grenzmarkierungen waren anscheinend den Mitgliedern von Nachbargruppen bekannt. Im Sommer umfassen die Rudel in der Regel nicht viel mehr als 30 bis 40 Stück, erst im Spätsommer oder Herbst bilden sich oft Rudel mit bis zu 70 Stück. Ein Rudel mit 30 bis 40 Stück kann also aus drei bis vier Untergruppen bestehen, vereinigen sich zwei Rudel oder mehrere Untergruppen, entstehen im offenen Gelände über der Waldgrenze wirklich große Rudel. Es gibt kaum Untersuchungen dazu, aber ich nehme an, dass auch beim Gamswild Mutterlinien aufgebaut werden. Hamr schreibt, dass sich die Sommerstreifgebiete benachbarter Rudel in seinem Untersuchungsgebiet nur minimal überlappten. Selbst wenn die Rudel nebeneinander waren, blieb der Kern des einen vom anderen getrennt. Wurden die Gams gestört, flüchteten die Gruppen in verschiedene Richtungen.

Die kompakten Kerngruppen von Gamsrudeln bestehen also aus führenden Gaisen. Sie bewegen sich zumindest in Untergruppen gemeinsam im saisonalen Streifgebiet wie auch zwischen verschiedenen Streifgebieten. Hamr gibt an, dass keine der individuell bekannten führenden Gaisen im Sommer und Herbst je in einem anderen als dem eigenen Rudel gesehen wurde. Die Lebensraumnutzung der Rudel blieb während der dreijährigen

Untersuchungsperiode konstant. Individuell bekannte Gaisen wurden oft zwei, drei Jahre hintereinander auf den Tag genau in bestimmten Revierteilen beobachtet! Keine Gais wanderte aus dem Studiengebiet ab. Manche Untergruppen können sich zwar vorübergehend vom Rudel lösen, sie stoßen aber meist schon nach wenigen Stunden wieder dazu. Wenn die Größe von einem Rudel manchmal schwankt, dann kann dies sein, weil eine Untergruppe sich kurzfristig abgesondert hat, weil einige Jahrlinge auf Erkundungstour sind oder weil es vielleicht eine Störung gegeben hat. Dennoch, Gaisen, die zu einem bestimmten Rudel gehören, nutzen Sommer-Herbststreifgebiete von etwa derselben Größe. Der Flächenanspruch verschiedener Rudel war bei der Untersuchung im Karwendel unterschiedlich groß. Die Grenzen der Streifgebiete einzelner Rudel verliefen entlang von Bergrücken oder tiefen Gräben und Schluchten. Der Anteil von Wald, Almflächen, Fels oder Schuttfluren war je nach Streifgebiet von einem Rudel zum nächsten sehr unterschiedlich.

Kurz vor oder während der Brunft trennten sich einzelne Gaisen von den Rudeln, der Großteil blieb jedoch während der Brunft in den großen Rudeln über der Waldgrenze. Nach der Brunftzeit führten die ersten größeren Schneefälle zur Auflösung der großen Rudel, und kleine Gruppen von Gaisen mit ihrem Nachwuchs wechselten in die Wintergebiete. Gaisen, die zu verschiedenen Sommer-Herbstrudeln gehörten, teilten sich oft dieselben Wintereinstände. Im Spätwinter, wenn der Schnee von steilen Südhängen rutscht, konnte Hamr im Karwendel wieder größere Gruppen von Gaisen beobachten. Er meint, dass sich die Gruppen drei bis vier Wochen vor der Setzzeit in den oberen Bereichen der Wintereinstände wieder neu formieren und sich dann allmählich zu den Setzeinständen bewegen.

Was Josef Hamr in seiner Doktorarbeit beschreibt, kenne ich teilweise aus dem Revier, in dem ich aufgewachsen bin, ebenso wie aus dem Gebiet, in dem ich über Gams forschen durfte. Markierte Tiere sind auf jeden Fall hilfreich, wenn man seine Beobachtungen sicher einordnen möchte. Die französische Wildbiologin Anne Loison hat Gams über viele Jahre beobachtet. Sie und ihre Mitarbeiter haben viele Gams markiert. Ihre Langzeitstudien bestätigen die Ergebnisse von Hamr und fügen damit ein paar weitere Mosaiksteine, welche das Bild über unsere Wildart vervollständigen. Die Franzosen stellten in einer zehnjährigen Studie fest, dass bestimmte Scharwildrudel eng an ihrem Streifgebiet festhalten – über 90 Prozent der Gaisen waren dort standorttreu! Während vor allem junge Böcke eine viel höhere Neigung zur Abwanderung zeigten, gab es bei Gaisen mehr die Tendenz, ihren Lebensraum intensiver zu erkunden. Ich denke, diese Ergebnisse liefern wichtige Grundlagen, wenn wir über Lebensraumnutzung und damit zusammenhängend über unseren Umgang mit der Wildart nachdenken.

Auch erfahrene Gamswildjäger berichten immer wieder von der traditionellen Raumnutzung einzelner Rudel oder markanter Tiere, und sie nehmen bei der Bejagung auch Rücksicht darauf. Jedes Stück, das man eindeutig wiedererkennen kann, liefert einem außerdem über die Jahre Informationen über Gewohnheiten und Lebensweisen der Wildart. Leider fehlt heute vielen Jägern sowohl Zeit als auch langjährige Revierverbundenheit, um tieferen Einblick in die Lebensgewohnheiten von Wildtieren zu erhalten. Viele Gamsreviere in Österreich sind auch einfach zu klein geworden, um überhaupt Zusammenhänge zu erkennen. Meist bewegt sich Gamswild je nach Jahreszeit über die Reviergrenzen hinweg. In Kleinrevieren sehen wir nur Ausschnitte aus dem Lebenszyklus der Wildart. Erfahrung und Wissen bleiben damit bruchstückhaft.

Die größeren Scharwildgruppen kann man leicht beobachten und einordnen. Junge Gaisen bleiben in der Nähe ihrer Mütter und nutzen den Lebensraum in ähnlicher Weise. Im Gegensatz dazu ist es viel schwerer, die Lebensgewohnheiten der Böcke zu erfassen. Ihre Lebensraumnutzung wird viel stärker vom Alter beeinflusst. Folgedessen kann sie je nach Altersstruktur von einem Revier zum nächsten stark abweichen. Vereinfacht stehen 1- und 2jährige Böcke noch in der Nähe der Scharwildrudel. Die 3- bis 4jährige Jugend nutzt im Sommer gern die höchsten Bereiche oder wechselt zwischen Wald und Hochlagen – wodurch die großen Streifgebietsflächen entstehen. Diese Teenager bewegen sich im Laufe des Jahres viel. Sie können saisonale Streifgebiete beziehen, die 2 bis 3 Kilometer voneinander entfernt liegen und meist durch Korridore verbunden sind. Die Wanderungen zwischen diesen Gebieten verlaufen meist in vertikaler Richtung. Wir haben am Hochschwab zwei junge Böcke markiert. Den Winter verbrachten sie im Wald auf etwa 600 Meter Seehöhe, im Sommer und zur Brunftzeit waren sie auf den hochgelegenen Plateaus in etwa 1.700 bis 1.800 Meter Seehöhe. Die dazwischenliegende Strecke betrug 4 Kilometer Luftlinie! Der jüngere der beiden Böcke war übers Jahr in vier verschiedenen Revieren. Ältere, reife Böcke halten sich bis zum Spätsommer meist unterhalb der Waldgrenze auf, ebenso Senioren. Erst zur Brunftzeit wechselt ein Teil von ihnen zu den Rudeln in höhere Lagen. Danach beziehen sie ihre Wintereinstände. Während es also zwischen den einzelnen weiblichen Sozialklassen nur wenig Unterschiede in der Raumnutzung gibt, unterscheiden sich die Böcke je nach Alter deutlich voneinander – ausgenommen im Winter! Allgemein gilt die Regel: Gaisen sind eher im Sommer in größeren Gruppen vereint. Böcke schließen sich eher im Winter zu kleineren Gruppen zusammen. In dieser Jahreszeit sind sie toleranter, sodass oft durchaus verschieden alte Stücke einen gemeinsamen Wintereinstand nutzen. Auch verwaiste Kitze dulden die erwachsenen Böcke in ihrer Nähe.

Geht es um die Jagd, dann sollte man sich jedenfalls vor Augen halten, dass Böcke insgesamt viel mehr und weiter wandern. Auch wenn sie deutlich kleinere Streifgebiete nutzen als die Gaisen, so können diese saisonalen Streifgebiete weit auseinander liegen. Was heißt das für die jagdliche Nutzung? Wir sind zwar noch nicht beim Kapitel „Jagd", aber ich denke, wenigstens ein paar Sätze sind in diesem Zusammenhang hier angebracht. Für die jagdliche Nutzung in einem kleinflächigen Reviersystem heißt das: Die Böcke werden beinahe regelmäßig übernutzt, weil sie mehrfach erfasst und gezählt werden und auch, weil sie leicht zu erlegen sind. Dazu kommt, dass Raumplanungskonzepte, die Freizonen an bestimmte Seehöhen binden, das Sozialsystem der Wildart nicht nur ignorieren, sondern massiv negativ beeinflussen. Sogenannte „Freihaltungen" in Schutzwäldern führen ebenfalls dazu, dass übermäßig viele Böcke erlegt werden. In der Regel geht man dabei nach dem Prinzip vor „Gams ist Gams" – und im Schutzwald richtet jeder gleich viel Schaden an. In den meisten Fällen ist aber überhaupt nicht geklärt, ob Verbissschäden durch einzelne Böcke im Sommer oder durch Scharwildgruppen im Winter entstehen. Der unreflektierte Eingriff ohne Rücksicht auf die Sozialstruktur der Wildart führt vielfach dazu, dass wir damit den Bestand in eine dynamische Entwicklungsphase lenken, ganz ähnlich jenen Kolonien, die neue Lebensräume besiedeln. Wir werden noch sehen, welches Potential in dieser Wildart steckt. Wie gesagt, nur wer die Wildart nicht kennt, wird Gams gleich Gams sein lassen. Wer sich etwas mit Sozial- und Altersstruktur auseinandersetzt, der könnte auch das Revier- oder Territorialsystem der Böcke ausnutzen und für seine Ziele einsetzen. Nicht selten versteckt sich hinter der Forderung nach „Reduktion von Waldgams" aber auch nur schlicht jagdlicher Bedarf nach Abschussquoten …

Wanderungen

An den Wurzeln einer Wetterfichte am Rande des Bockleitls gibt es seit langem eine Salzlecke. In der Gamsbrunft ist auf dem vergrasten Steilhang immer etwas los, und so birsche ich vorsichtig, jede Deckung ausnutzend, bis zu dem markanten Baum im Waldgrenzbereich. Doch heute ist die Bühne leer. Dennoch beschließe ich ein wenig zu bleiben, lege Gewehr und Rucksack ab und spekuliere unter den tief hängenden Ästen hinab ins Grübl, hinüber in die Santa und zum Torkofel. Dabei gebe ich wenig Acht auf die vermeintlich leere Graslehne vor mir. Erst als ich den Feldstecher von den Augen nehme, bemerke ich, wie ein junger Gamsbock direkt auf mich zu zieht. Er hat sicher eine Bewegung wahrgenommen und kommt nun neugierig einmal schauen, was sich hier abspielt – in der Brunft kann man nie wissen, wo es eine Chance für einen 3- bis 4jährigen Jüngling gibt. Der Gams bekommt keinen Wind von mir und nähert sich bis auf zwanzig Meter. Ganz sicher ist er nicht, und er erkennt wohl auch, dass hier nicht seinesgleichen auf ihn gewartet hat. Die Salzlecke ist ihm bekannt, ebenso weiß er, dass hier von Zeit zu Zeit Gamswild zusammentrifft. Ein erhöhter Hormonspiegel tut das Seine dazu, und so verweilt der junge Bock unschlüssig vor mir und nähert sich schließlich bis auf wenige Meter. Mit Gamswild gibt es solche außergewöhnliche Begegnungen immer wieder, besonders in der Brunft. Dieses Erlebnis ist mir aber aus einem ganz anderen Grund im Gedächtnis geblieben. Nachdem der Bock endlich eingesehen hat, dass hier nichts für ihn zu holen ist, machte er kehrt und zog ruhig, ohne Unterbrechung, direkt von meiner Wetterfichte quer übers Bockleitl ins Obere Grübl und von dort Richtung Torkofel über die Wasserscheide. Nur selten hat man die Gelegenheit, ein bestimmtes Wildtier so lange zu verfolgen. Im oberen Kar lag eine Spanne Schnee, in einer Viertelstunde war der junge Gams vom Drautal ins Gailtal gewechselt – Luftlinie 1 Kilometer, Höhendifferenz rund 400 Meter.

Das hier beschriebene Ereignis fällt eigentlich nicht unter die Kategorie „Wanderung", Wechsel zwischen Sommer- und Wintereinstand können über 3 bis 4 Kilometer erfolgen. 2 oder 3 Kilometer sind keine große Entfernung für einen Gams. Beinahe regelmäßig kommt es auch vor, dass Gamswild über einen Bergkamm von der Schattseite, wo es den Sommer verbracht hat, auf die Sonnseite, wo es den Winter verbringt, zieht. Wie gesagt, besonders in der Brunft wechseln ältere Böcke hinauf in die Hochlagen, und junge Böcke legen auf der Suche nach einer Gelegenheit während dieser Zeit oft weite Strecken in kurzer Zeit zurück. Josef Hamr schreibt von einem 8jährigen Bock, der über eine Gesamtstrecke von 20 Kilometer durch sein Sommer-Herbstgebiet gewandert ist. Generell scheinen mir diese Strecken, welche Gams zwischen verschiedenen Sommerstreifgebieten, Brunftbezirken und Wintereinständen zurücklegen, mehr von Interesse als einzelne Flächenangaben. Solche Entfernungsangaben helfen uns, das Raumnutzungsmuster der Wildart besser zu verstehen. Wie gesagt, das Wetter bestimmt sowohl die jahreszeitliche wie auch die tägliche Raumnutzung, und manch Jäger weiß sich die Wetterlage durchaus zunutze zu machen. Hier soll es aber nicht um jahreszeitliche Wechsel zwischen verschiedenen Lebensraumausschnitten gehen, wir werfen nun einen Blick auf tatsächliche Wanderbewegungen.

„Wenn der Roggen blüht, geht der Gams übers Land"

Noch ein bis zwei Jägergenerationen vor uns wusste jeder Bergjäger, zu welcher Jahreszeit die jungen Gamsböcke ihre Wanderungen unternehmen: „Wenn der Roggen blüht geht der Gams übers Land". In anderen Gegenden war es die Hollunder- oder die Kirschenblüte, die mit dem Wandern des

Gamswildes in Verbindung gebracht wurde. Dabei stellen große Flüsse wie Drau, Mur, Enns oder Inn kein Hindernis für einen jungen Gamsbock dar. Heute sind diese Wechsel vielfach von Straßen und Siedlungen zerschnitten, und dem Gamswild würden manche am liebsten eine bestimmte Seehöhe zuweisen – unterhalb die es sich nicht bewegen sollte.

Anne Loison hat jene Muster untersucht, nach denen sich der Nachwuchs rund um das Streifgebiet seiner Mutter niederlässt. Insgesamt haben die Franzosen in rund zwanzig Jahren mehr als 1.300 Gams gefangen, 650 davon wurden mit Halsbändern markiert. Es wurde ohne Telemetrie gearbeitet, man hat die markierten Gams nur beobachtet. Schlussendlich konnten für diese Studie aber nur 13 Mutter-Tochter-Paare und 18 Mutter-Sohn-Paare herangezogen werden. Schließlich war es wichtig, neben der Mutter die markierten Stücke als Kitz, als Jahrling und dann schließlich als erwachsenen Gams wiederzufinden – dennoch gingen rund 550 Beobachtungen in die Auswertung ein. Als „erwachsen“ haben die Franzosen der Einfachheit halber schon einen Gams im Alter von 2 Jahren eingestuft.

Töchter bleiben daheim

Nur eine Tochter wurde als Jahrling und später als erwachsener Gams außerhalb des mittleren Streifgebietes der Mutter beobachtet. Von den Söhnen waren zwei Jahrlinge, später dann acht erwachsene außerhalb des Streifgebietes ihrer Mutter anzutreffen, also ein viel höherer Anteil. Fast die Hälfte des markierten männlichen Nachwuchses, der über mehrere Jahre beobachtet werden konnte, ist also aus dem Streifgebiet der Mutter abgewandert! Die zwei männlichen Einjährigen haben sich in Frankreich zwar deutlich weiter aus dem Zentrum des Streifgebietes ihrer Mutter entfernt als der eine Gaisjahrling, aber die weitesten Strecken liegen nur bei knapp über 3 Kilometer. Von den älteren männlichen Stücken ist in Frankreich keiner über 4 Kilometer abgewandert. Dazu muss gesagt werden, dass man dort drei benachbarte Gebiete in den „Bauges“, einem Voralpenmassiv, untersucht hat. Das nur dünn besiedelte Bergmassiv zeichnet sich durch besondere Kalkstöcke aus. Sie sind oft durch weite Täler voneinander getrennt und ragen auf wie Inseln. Die Hälfte des Untersuchungsgebietes ist bewaldet. Josef Hamr berichtet aus dem Karwendel, dass von 16 individuell bekannten 3- bis 5jährigen Böcken nur ein einziger über 6 Kilometer aus dem Untersuchungsgebiet abgewandert ist. Dagegen wanderte eine Reihe von erwachsenen Böcken aus dem Revier oder ist während der Studie verschwunden.

Generell wandern junge Böcke ab. Die Ergebnisse der französischen Studie zeigen, dass ein Gaisjahrling mit großer Wahrscheinlichkeit im Streifgebiet der Mutter bleibt. Man kann beim weiblichen Nachwuchs, noch bevor

Weibliche Gams sind von Jugend an ortstreuer.
Töchter bleiben meist daheim im Streifgebiet der Mutter, Söhne wandern eher ab.

er das Alter von zwei Jahren erreicht, recht gut vorhersagen, wo er einmal daheim sein wird. Dagegen sagt der Aufenthaltsort eines Bockjahrlings noch wenig darüber aus, wo er später einmal bleiben wird. Auf diese Weise entstehen, wie vorhin bereits angemerkt, Mutterlinien in einem Gebiet. Wenn sich irgendwo ein Bock ansiedelt, dann ist damit noch lange nicht der Grundstein für eine neue Kolonie gelegt. Erst, wenn Gaisen und deren weiblicher Nachwuchs sich dort niederlassen, dann ist die Gewähr gegeben, dass sich ein Bestand etabliert. Der weibliche Teil eines Gamsbestandes mag zwar einen größeren Lebensraumausschnitt nutzen als die Böcke, aber Weibchen sind von Jugend an ortstreuer – der weibliche Nachwuchs bleibt mit hoher Wahrscheinlichkeit in der sozialen Einheit, zu der die Mutter gehört. Bleibt noch die Frage: Warum wandern Gams ab? Gründe dafür können Konkurrenzdruck, also hohe Wilddichte, Vermeidung von Inzucht oder die Suche nach Geschlechtspartnern sein.

Warum abwandern?

Um hierauf zu antworten, bleiben wir noch einen Augenblick bei Anne Loison in Frankreich. Werfen wir noch einen Blick auf die Ergebnisse der französischen Wildtierforscher zum Abwanderungsverhalten von Gamswild ganz allgemein. Grundsätzlich gilt, was bereits gesagt wurde: Gamsböcke

Junge Böcke.
Sie haben mit 3 bis 4 Jahren noch keinen fixen Einstand, nutzen übers Jahr verschiedene Revierteile und wandern auch am ehesten weit aus ihrem Heimatgebiet ab.

neigen eher zum Abwandern als Gaisen – besonders vor der Brunft – aber es sind die Gaisen, die ihre Umgebung mehr erkunden. Jeder, der das Bild vom „faulen" Bock zur Feistzeit vor sich hat, weiß wovon die Rede ist. Nach den französischen Ergebnissen waren fast alle Gaisen standorttreu innerhalb bestimmter Gelände- oder Lebensraumformationen – also auf einem Bergstock, einem Plateau, in einem Graben oder Kessel und so weiter. Zwischen verschiedenen untersuchten Revieren gab es allein aufgrund der Wilddichte oder des Geschlechterverhältnisses keine Unterschiede im Abwanderungsverhalten. Das Grundmuster war überall dasselbe.

Damit wird am ehesten eine Hypothese unterstützt: Über die Abwanderung soll Inzucht vermieden werden. Würde es um Nahrungsressourcen gehen, dann sollte es entweder keinen Unterschied zwischen den Geschlechtern geben, oder zumindest sollten sich junge Gaisen weiter von ihrem Geburtsort entfernen. Abwanderungsverhalten ist jedenfalls mit genetischem Austausch zwischen verschiedenen Vorkommen verknüpft. Gamswild besiedelt auch am Balkan immer wieder steile Schluchten. In diesen Inselvorkommen bleibt die Zahl der Tiere gering, gerade deshalb ist aber der genetische Austausch zwischen solchen Kleinvorkommen wichtig. Erinnern wir uns an die eingangs umrissene Ausbreitungsgeschichte. Gams brauchen Steillagen oder Felsen, um sich vor Feinden in Sicherheit zu bringen – diese Voraussetzung ist nicht überall gleichmäßig gegeben. Man kann hier zwar unterschiedliche Maßstäbe ansetzen, dennoch spielt es keine Rolle, ob wir von ganzen Bergstöcken, von Schluchten, Steilhängen oder nur von einigen Felsrippen sprechen – geeignete Lebensbereiche sind immer inselartig verteilt. Dazwischen gibt es Gebiete, wo sich Gams nicht halten können. Wenn wir uns die Entwicklungsgeschichte dieser Art nochmals ins Gedächtnis rufen, dann stellen wir zudem fest, dass verschiedene Vorkommen während der Eiszeiten immer wieder lange voneinander getrennt waren. Eine Wildart, die an bestimmte Lebensraumelemente gebunden ist, welche nicht gleichmäßig verteilt sind, sollte das Potential haben, rasch große Entfernungen zu überbrücken um von einem geeigneten Habitat zum nächsten zu gelangen. Dabei geht es weniger um einzelne Streckenrekorde, sondern um genetischen Austausch und um die Gründung von neuen Kolonien. Wer die Ausbreitung von Gamswild in Neuseeland vor Augen hat, der weiß, welches Potential tatsächlich in dieser Wildart steckt. Es mag verwundern, aber Gams haben die neuen Lebensräume schneller erobert als Rotwild. Diese Wildart kann also große Strecken rasch überwinden.

Gams in Ungarn

Mit den Angaben der Franzosen zu den Wanderstrecken sind zunächst einmal nur die Grundmuster erklärt, das Potential, welches im Gamswild steckt, tritt damit noch nicht zu Tage. Bewusst geworden ist mir dieses „Potential" zum ersten Mal bei unseren Waldgams im Höllgraben nahe bei Stainz in der Weststeiermark. Verglichen mit den französischen Ergebnissen gehört einer unserer Jahrlinge zu den Ausnahmen. Wie aus der französischen Studie ersichtlich wird, wandern Einjährige selten ab. Ein Bockjahrling aus unserem Untersuchungsgebiet wanderte vom Reinischkogel zur Koralm mindestens 11 Kilometer. Er war nur mit einer Lauschermarke gekennzeichnet. Das Besondere dabei ist wie gesagt das Alter des Stückes.

Am Alpenostrand gibt es eine Reihe von kleinen Waldgamsbeständen, die aber jeweils deutlich voneinander isoliert sind. Um von einem Gebiet ins andere zu kommen, müssen Gams hier durch bewaldetes Gebiet ohne Felsen, zum Teil über Felder und Wiesen und sogar durch Siedlungsgebiet wandern. Gamswild besiedelt in der Region meist Gräben mit etwas Felsanteil, auch auf vorgelagerten Erhebungen, Almen oder größeren Windwurfflächen kommt die Wildart vor. Die lokalen Bestände sind klein und umfassen meist nur 20 bis 50 Tiere. Im Schnitt liegen sie etwa 10 Kilometer voneinander entfernt. Interessant ist dabei, dass es einen Austausch zwischen diesen Gebieten gibt; vereinzelt wechseln Gams regelmäßig.

Am bekanntesten ist in diesem Zusammenhang das kleine Waldgamsvorkommen in der Nähe von Wildon südöstlich von Graz. Auch von dort wandern immer wieder Gams ab. Nachdem es von hier nach Osten aber kein Gebirge mehr gibt, landet mancher Gams in der ungarischen Tiefebene. Mitte der 1980er-Jahre hat sich der ungarische Wildtierforscher Farago darangemacht, alle bis dahin bekannten Gamsbeobachtungen in Ungarn zusammenzutragen. Er kam auf 19 Fälle in den hundert Jahren zuvor, hauptsächlich waren das junge Böcke – in drei Fällen waren mehrere Gams gleichzeitig unterwegs. Einzelne Tiere sind bis in die Umgebung des Plattensees gekommen. Mir geht es hier aber nicht um die Aufzählung von außergewöhnlichen Ereignissen, sondern viel mehr um die möglichen Strecken, die ein Gams überwinden kann. Geht man vom Wildoner Berg oder vom Bachern-Gebirge in Slowenien aus und misst zu jenen Punkten in Ungarn, wo Gams beobachtet wurden, dann kommt man auf Strecken von gut hundert Kilometer! Mehrfach konnten wir in der Nähe von Stainz im späten Frühjahr junge Gamsböcke beobachten, darunter auch zwei Jahrlinge, die gemeinsam unterwegs waren. Wenn diese Gams vom Wildoner Berg gekommen sind, dann haben sie etwa 20 Kilometer zurückgelegt – vom nächstgelegenen Vorkommen im Höllgraben waren es etwa 10 Kilometer. Ohne Markierung sind Aussagen schwer zu treffen, aber würden diese Gams von einem zum nächsten Vorkommen wechseln, dann müssten sie 30 Kilometer überbrücken. Im Randbereich der Alpen gibt es heute wieder überall kleinere Waldgamsvorkommen. Recht gut dokumentiert ist die Entwicklung am Alpenostrand in der Steiermark.

Gams am Alpenostrand

Will ein Gams im inneralpinen Raum von einem Gebirgsstock zum nächsten, dann muss er meist ein größeres Tal überqueren und legt in der Regel eine Strecke von mindestens 4-5 Kilometer zurück. Noch bevor er wieder über die Waldgrenze steigt, zieht er schon entlang von Gräben oder Schluchten, also in Geländeabschnitten, die für Gamswild sicher sind. Wenn Waldgams am Alpenostrand von den letzten Bergstöcken in vorgelagerte Gräben oder felsdurchsetztes Mittelgebirgsland ziehen, dann müssen sie deutlich größere Distanzen überwinden. Wir finden viele solche Beispiele im Randgebiet der Alpen. Bekannt sind zum Beispiel das Donautal und die Schwäbische Alb oder auch die Bayerischen Randalpen. Weniger bekannt, aber dafür gut untersucht ist die Geschichte der Gams in der Mittelsteiermark – manche sprechen auch nur vom Gamswild im Grazer Bergland. Dies ist aus meiner Sicht jedoch nicht genügend weit gegriffen, denn Waldgamsvorkommen gibt es am gesamten Alpenostrand überall dort, wo auch nur geringer Felsanteil Flucht- oder Rückzugsmöglichkeiten bietet. Sie ziehen sich vom Semmering über die Fischbacher Alpen über das Grazer Bergland und die Weststeiermark bis hin

Waldgams.

Auch im Wald sucht Gamswild immer gerne Aussichtswarten oder Felsköpfe, wo man sicher ruhen kann.

zur Soboth an der österreichisch-slowenischen Grenze. Charakteristisch ist wiederum das jeweils inselartige Vorkommen in Schluchten, Gräben oder Waldbereichen mit geringem Felsanteil. Bereits in den 1920er-Jahren hat Karl Hadwiger eine Abhandlung über die Gams in der Mittelsteiermark zusammengefasst. Er beschreibt dabei gleich zu Beginn ein Phänomen, das auch die beiden Schweizer Wildbiologen Baumann und Struch in ihrer Arbeit zu den Waldgams anführen: „Überreste der Jagdbeute von Jägern aus der jüngeren Steinzeit zeigen, dass sie Gamswild weitab vom zentralen Alpenmassiv gejagt haben.“ Wir kommen auf die Arbeit der Schweizer noch gesondert zu sprechen. In der Josefinengrotte der Peggauer Wand wurden Schädel von Gamswild gefunden. Eine ganze Reihe alter Ortsnamen, Kaufverträge oder Urbare aus dem 14. Jahrhundert weist noch auf Namen im Zusammenhang mit Gams in dieser Gegend hin – Gamsgraben, Gamskogel, Gamsbauer oder Gamsweber sind nur einige davon. Die Wildart ist dann aber offensichtlich über Jahrhunderte aus dem Gebiet verschwunden. Erst gegen Ende des 18. Jahrhunderts wird nach den Angaben von Hadwiger in den Schussbüchern der Herrschaft Waldstein wieder Platz für Gamswild geschaffen. Um 1800 hat es also wieder Gams in der Mittelsteiermark gegeben, vorerst aber noch sehr selten. Zur Zeit, als die letzten Bären und Wölfe ausgerottet wurden, dürften sich Gams aus den Niederen Tauern wieder nach Südosten ausgebreitet haben. Hadwiger schreibt: „Die Gams sind aus den Niederen Tauern auf dem lange bekannten Gamswechsel längs des Ingeringbaches herabgekommen, haben im Raum Zeltweg-Knittelfeld die Mur durchronnen und sich in der zweiten Hälfte des 18. Jahrhunderts in den Nordhängen der Stub- und Gleinalpe angesiedelt.“ Diese Orte werden nicht allen bekannt sein. Was Hadwiger hier beschreibt, ist der Wechsel zwischen zwei Gebirgsstöcken, die durch ein breites inneralpines Becken getrennt sind. Es geht um Wanderstrecken von mindestens 25 bis 30 Kilometer.

Im Revolutionsjahr 1848 wurden diese neuen Gamsbestände wieder zum Großteil vernichtet. Aus diesem Jahr wird zwar noch berichtet, dass am Speik auf der Gleinalpe 60 Stück Gamswild stehen, zwei Jahre später waren im gesamten Gleinalmstock aber kaum noch 10 Gams anzutreffen. Erst 1880 wird an den Südosthängen der Gleinalpe wieder der erste Gams in der Herrschaft Waldstein erlegt. Ende des 19. Jahrhundert ist die neue Besiedlung der Gleinalm und Hochalm abgeschlossen. Darüber hinaus gibt es zu dieser Zeit bereits eine Reihe weiterer kleiner Gamsvorkommen weit im Vorland dieser Höhenzüge. Gamswild wanderte im 19. Jahrhundert in die Raab- und Weizklamm nördlich von Graz, darüber hinaus sogar bis in den Rabenwald bei Pöllau, auf den Grazer Hausberg, den Schöckl und auf den Eggenberg bei Gratkorn. Wir befinden uns hier auf Seehöhen von 300 bis 400 Metern, und wir sprechen nicht von Aussetzungen, sondern von der Wiederbesiedlung einstiger Lebensräume.

Im 19. Jahrhundert dürften dann auch eine Reihe weiterer kleiner Vorkommen südlich oder südwestlich von Graz besiedelt worden sein. Das östlichste isolierte Gamsvorkommen im Alpenraum findet man heute wie gesagt am Wildoner Berg südlich von Graz. Der Bestand schwankt dort seit vielen Jahren um die 30 Stück. Von diesem Hügel sind Wanderungen einzelner Gams bis ins Bachern-Gebirge nach Slowenien nachgewiesen. Dazwischen liegen die Autobahn, Straßen, Maisfelder, Weinberge, kleinstrukturierte Wälder, viele Ortschaften, der ein oder andere kleinere Fluss und am Ende die Drau. Ein Fluss, der hier nicht nur etliche Male aufgestaut wurde, sondern dessen Wassermassen hier bereits die Alpen verlassen haben und allmählich die träge Breite eines Tieflagengewässers einnehmen. Nach Angaben von Jägern benötigen die Gams für die Strecke von rund vierzig Kilometer Luftlinie etwa eine gute Woche. Im Pohorje, wie das Bachern-Gebirge auf Slowenisch genannt wird, gibt es kaum markante Gipfel. Es ist ein dichtbewaldeter Höhenzug mit Erhebungen bis knapp über 1.500 Meter und einem guten Waldgamsbestand. Womit wir beim letzten Thema im Zusammenhang mit der Lebensraumnutzung angelangt sind.

„Was sucht die Gams im Wald?“ …

… hat Hans-Jörg Blankenhorn, der ehemalige Leiter der Sektion Jagd und Fischerei des Schweizer Bundesamtes für Umwelt, vor Jahren gefragt. Herausgekommen ist dabei eine Waldgamsstudie, die mit vielen alten Vorurteilen aufgeräumt hat. (Tatsächlich hat Blankenhorn gefragt, was die „Gämse“ im Wald sucht – mit Extra-Hinweis auf die Rechtschreibreform. Wir bleiben dennoch bei unseren „Gams“). Es wurde zwar bereits beschrieben, dass Wald ein Teil des Gamswildlebensraumes ist, aber lange Zeit wurde der Aufenthalt von Gamswild im Wald besonders in Forstkreisen als unnatürliches Verhalten abgetan. Dabei ging es vor allem um mögliche Schäden an der Waldverjüngung.

Es ist schon einige Jahre her, da habe ich meine erste Gamsbrunft am Nanos erlebt. Das ist der letzte markante Berg im äußersten Süden der Slowenischen Alpen. Hoch über dem Vipava Tal hat uns die Bora beinahe von den Felsklippen geblasen, während unter uns in den Beständen aus Eichen, Hopfenbuchen und Mannaeschen die Gams trieben. Ein ungewohntes Bild für einen Bergler, denn unweit der trockenen Karstwälder erstrecken sich die Weinberge des Vipava Tals. Es zieht sich von hier bis nach Nova Gorica, dem ehemaligen Görz, an der slowenisch-italienischen Grenze. Niemand hat Gams hier ausgesetzt, sie besiedeln die Wälder entlang des Abbruches vom Hohen zum Niederen Karst, weil ihnen Felswände hier Sicherheit geben, ebenso wie eine ganze Reihe anderer Lebensräume entlang von Schluchten und felsdurchsetzten Regionen am Balkan – manche davon nur wenige hundert Meter über dem Meeresspiegel.

Ganz so ungewohnt war dieses Bild – abgesehen von den Weinbergen – dennoch nicht für mich. Hopfenbuchen und Mannaeschen gibt es auch in Kärnten an felsigen trockenen Südhängen in den Gailtaler Kalkalpen, und bei uns zu Hause hängt der ein oder andere gute Gamsbock, der in diesen Kesseln und Gräben mit ihrer ganz besonderen illyrischen Flora seinen Einstand hatte – auf Seehöhen von 600 bis 700 Meter, umgeben von Wald. Dabei hat sich eigentlich nie jemand den Kopf über das angebliche Phänomen „Waldgams“ zerbrochen. Für Generationen war selbstverständlich, dass es neben dem Gamswild in den Hochlagen immer auch einen geringeren Bestand in bewaldeten, felsdurchsetzten Gräben bis hinunter zur Talsohle gibt. Besonders im Kalkgebirge ist die Verzahnung von Fels und Wald oft ganz intensiv, sodass sich Gamswild dort auch weit unterhalb der natürlichen Waldgrenze aufhält. Daneben gibt es aber auch im Kristallin extrem steile und dennoch bewaldete Berghänge, die von Gams besiedelt werden. In manchen dieser Gebiete wurden früher Treibjagden auf Gamswild abgehalten, weil dort der Wildart auf andere Weise jagdlich nur schwer beizukommen war. Heute gibt es selbst in diesem extremen Gelände Forstwege und eine Revierstruktur, die immer kleiner wird, sodass an eine großflächig einheitliche Bejagung nicht mehr zu denken ist.

Über Waldgams gibt es wenig Studien, umso eingehender haben sich die beiden Schweizer Martin Baumann und Mark Struch vom Wildbiologischen Arbeitskreis WildARK in Bern Ende der 1990er-Jahre mit der Ökologie jenes Gamswildes beschäftigt, das ausschließlich den Wald als Lebensraum nutzt. Wie gesagt, der Wald wurde lange Zeit als Ausweichlebensraum jener Gams angesehen, die aus den Hochlagen verdrängt wurden. Dieses gängige Erklärungsmuster bezeichnete Hans-Jörg Blankenhorn aber bestenfalls als Hypothese. Ihr zufolge sollten Gams durch Wanderer, Mountainbiker, Gleitschirmflieger und andere Freizeitsportler aus ihren natürlichen Lebensräumen vertrieben werden. Der Wald wäre demnach ein Ausweichlebensraum, wo zwar die Lebensbedingungen weniger günstig seien, aber dafür Ruhe herrsche. Blankenhorn war es dann auch, der zu der eingangs erwähnten, umfassenden Waldgamsstudie angeregt hat.

Ein Blick in die weit zurückliegende Vergangenheit zeigt, dass Gamswild schon während der Steinzeit auch in bewaldeten Gebieten zur Beute damaliger Jäger zählte. Knochenfunde von Beuteresten belegen, dass Gams von frühen Wildbeutern auf dem Gebiet der heutigen Schweiz sowohl in den

Gams im Wirtschaftswald.

Wer im Steilgelände mit Gamswildvorkommen mit Kahlschlag arbeitet, der muss damit rechnen, dass die Wildart diese Freiflächen mit konzentriertem Äsungsangebot und guter Übersicht besonders gerne nutzt.

Alpen, wie auch im Jura und im Mittelland gejagt wurden – also auch in Gebieten, die damals bereits durchgehend bewaldet waren. In Österreich gibt es dafür ähnliche Belege. Auch im Grazer Bergland wurden Gams schon in der Steinzeit bejagt – auf Seehöhen von 400 bis 500 Meter. Gams haben sich also keineswegs am Ende der letzten Eiszeit in alpine Gebiete zurückgezogen, und Großraubwild, wie Bär, Luchs oder Wolf, war damals noch überall vorhanden. Über ein Lebensraummodell für den Kanton Bern konnten die Schweizer Wildbiologen dann auch zeigen, dass Gams vor allem an steiles Gelände gebunden sind. Dabei spielt es jedoch keine Rolle, ob dieses bewaldet ist oder nicht. Bewaldete Hänge mit mehr als 30 Grad Neigung, durchsetzt mit felsigen Partien, sind demnach ein geeigneter Gamswildlebensraum. In unserer Kulturlandschaft wird der Wald aber immer wieder von Wiesen und Weiden unterbrochen. Dort gibt es also eingestreut in die Waldlandschaft ein reichhaltiges Äsungsangebot. Ist aber im Wald das Nahrungsangebot für die Gams überhaupt ausreichend, oder haben wir heute nur deshalb Waldgams, weil es in der Kulturlandschaft zusätzlich Äsung auf Blößen, Kahlschlägen oder Alpweiden gibt?

Insgesamt haben Baumann und Struch 25 Gams mit Telemetriesendern versehen, davon 18 Gaisen und 7 Böcke. Damit konnten sie den Aufenthalt der Tiere wöchentlich mehrmals genau bestimmen – und zwar Tag und Nacht. Detail am Rande: Die Schweizer weisen darauf hin, dass die Gams auch stark nachtaktiv waren. Ein Teil des Wildes wechselte saisonal zwischen dem Wald im Winter und dem Waldgrenzbereich mit den darüber liegenden Weiden im Sommer. Ein Teil der Gamsgaisen verließ den Wald jedoch nie. Diese Tiere wurden als „Waldgams" eingestuft. Auch bei dieser Untersuchung wurde also klar, dass Gams im Wald keine Fremdlinge sind. Die Waldgams waren standorttreu und blieben ganzjährig vor allem in bewaldeten Bereichen. „Waldgams" heißt in diesem Fall also nicht nur, dass sich die Tiere in tieferen Lagen aufgehalten haben, sie waren die meiste Zeit wirklich auf Flächen mit Baumbestand. Obwohl das Tal, in dem die Studie durchgeführt wurde, nur etwa zu 40 Prozent bewaldet ist, wählten die Waldgams Streifgebiete mit durchschnittlich 70 Prozent Waldanteil. Der Luchs ist dort seit Ende der 1970er-Jahre wieder heimisch. Keine der Gaisen aus dem Waldgamsbestand war je oberhalb der Waldgrenze anzutreffen! Ihre Streifgebiete waren im Durchschnitt über das Jahr 183 Hektar groß (97 bis 293 Hektar). Rund 90 Prozent der Ruhezeit verbrachten diese Gams im Wald. 80 Prozent der Zeit, die sie zum Äsen brauchten, waren sie ebenfalls im Wald unterwegs, davon am meisten im Frühjahr und Sommer, im Herbst wurden Freiflächen etwas stärker genutzt. Baumann und Struch weisen besonders darauf hin, dass alle telemetrierten Gamsgaisen – also sowohl die reinen Waldgams, als auch jene, die zwischen Wald und Hochlagen wechselten –

den Wald während und unmittelbar nach der Setzzeit sehr ausgeprägt nutzten. Knapp 90 Prozent aller Peilpunkte lagen zu dieser Zeit im Wald. Selbst in dieser kritischen Phase, während der die Gefahr ausgehend von Raubtieren wie dem Luchs besonders hoch ist, meiden die Gaisen den Wald also nicht. Doch damit liegen aber noch immer nicht alle Ergebnisse der Studie auf dem Tisch. Martin Baumann und Mark Struch sind mit Schweizer Gründlichkeit an das Thema herangegangen, und so konnten sie auch noch Ergebnisse zur Qualität der Äsung sowie zur körperlichen Verfassung und den Überlebensraten der Waldgams vorlegen.

Das Nahrungsangebot im Wald unterscheidet sich in der Regel deutlich von jenem auf alpinen Weiden. Aber unterscheidet sich auch die Nahrungswahl der Gams? Und wie steht es um Menge und Qualität des Angebotes? Zunächst stellten die Schweizer fest, dass auf den offenen Weiden über der Waldgrenze Gräser etwa zwei Drittel der Pflanzenmasse ausmachen. Im Wald war dies nur knapp ein Fünftel. Im Wald dominierten dagegen Kräuter, Sträucher und Laubhölzer sowie Farne. So wie das Angebot, so unterscheidet sich auch die Nahrungswahl. Während die Hochlagengams in dem Schweizer Untersuchungsgebiet deutlich mehr Gräser geäst haben, bevorzugten die Waldgams Kräuter, Sträucher, Laubhölzer und Farne. In den Pansen von Waldgams fand man im Sommer keine Nadelhölzer. Obwohl sich also die Nahrung ganz unterschiedlich zusammensetzte, ergaben die chemischen Pansenanalysen ebenso wie der Nachweis des Stickstoffgehaltes im Kot, dass die Qualität der Äsung im Sommer sowohl in den Hochlagen wie im Wald etwa gleich gut war. Im Sommer gab es auch kaum Unterschiede zwischen den verfügbaren Nahrungsmengen auf den Weiden und im Wald. Im Frühjahr und Herbst war das Angebot auf den Freiflächen aber deutlich höher. Gams bevorzugen Äsungspflanzen mit hohem Eiweißgehalt. Ein hoher Eiweißgehalt lässt in der Regel auf hohe Nahrungsqualität einer Pflanze oder von Pflanzenteilen schließen. Im Frühjahr und im Sommer war in dem Schweizer Untersuchungsgebiet die Nahrungsqualität der Äsungspflanzen im Wald höher als auf den Weiden, erst im Herbst war dieser Unterschied nicht mehr gegeben. Gräser schützen sich kaum mit Abwehrstoffen gegen das Gefressenwerden, in verschiedenen Kräutern oder Strauch- und Baumarten findet man dagegen Gift- und Bitterstoffe sowie Gerbsäuren oder Harze, die gegen Fraß oder Verbiss schützen sollen. Ist die Nahrung im Wald also vielleicht schwerer verdaulich? Gibt es daraus folgend Unterschiede in der körperlichen Verfassung zwischen Wald- und Hochlagengams?

Die Ernährung im Sommer spielt eine große Rolle, weil einerseits die Gaisen während der Säugezeit stark beansprucht werden und weil andererseits Fettvorräte für den Winter aufgebaut werden. Zudem steht das Körperwachstum in Zusammenhang mit dem Nahrungsangebot im Sommer. Der

Die gefällten Baume wurden hier als Schutz gegen Schneeschub extra hoch abgestockt. Im Winter stehen die Gams hier gerne. Verbissschäden und Konflikte mit forstlichen Interessen sind damit beinahe vorprogrammiert.

Vergleich von Waldgams mit Gamswild aus den höher gelegenen Weidegebieten zeigte, dass die Waldgams im Herbst nicht nur mehr Nierenfett angelagert hatten, sie waren auch durchschnittlich schwerer und größer als Hochlagengams. Das Leben im Wald war also mit keinem Nachteil für die Wildart verbunden. Die Waldgams waren im Herbst sogar in besserer Kondition und Konstitution. Nun hat man in dem Schweizer Untersuchungsgebiet aber den Luchs wieder erfolgreich angesiedelt. Ist der Wald also der „gefährlichere“ Lebensraum?

Man kann davon ausgehen, dass Gamswild schwer zugängliche Lebensräume vor allem wegen der Feindvermeidung aufsuchen. Der Rückzug in hochgelegene Gebiete oder schwer zugängliche Steillagen wäre demnach eine Strategie, um Raubfeinden zu entgehen. Tatsächlich hatten die Gaisen des Waldgamsbestandes eine geringere Lebenserwartung als jene, die sich auf alpinen Weiden aufhielten. Der Luchs war für einen Großteil der Ausfälle im Wald verantwortlich. Dabei hatte das Alter der Gams anscheinend keinen Einfluss auf deren Überlebenswahrscheinlichkeit. Trägt der Luchs also zu einer Abnahme des Waldgamsbestandes bei? In dem Schweizer Untersuchungsgebiet kam es wirklich zu einer Abnahme der Waldgams, aber im selben Ausmaß wie der Luchs hat auch der Mensch in die Bestände eingegriffen. Der Einfluss der Jagd war additiv. Gemeinsam bewirkten beide

Jäger also eine Abnahme des Bestandes. Bis zu einem gewissen Ausmaß können Raubfeinde wie der Luchs also die Entwicklung eines Gamsbestandes in steilen, aber felsarmen Waldgebieten bremsen oder hemmen. Wenn dies jedoch generell ein Hemmfaktor für die Besiedlung von Waldgebieten wäre, dann hätte es zu einer Zeit, wo weite Teile der Alpen bewaldet waren und von Großraubwild wie Wolf, Luchs und Bär bewohnt wurden, kaum Gams unterhalb der natürlichen Waldgrenze geben dürfen. Dagegen spricht die Tatsache, dass die Wildart schon zu den Beutetieren steinzeitlicher Jäger zählte – und zwar auch weit abseits der baumfreien alpinen Hochlagen. Waldgams sind also keine „neuartige Erscheinung".

Nachtrag

Die Behauptung, dass der Wald nicht zum Lebensraum des Gamswildes zählt, ist schlichtweg falsch. Wer fordert, dass Waldgams streng zu bejagen sind, weil die Wildart Schäden verursacht, der kann heute eigentlich nicht mehr ökologische Argumente vorschieben. Gerade von Seiten der Forstwirtschaft wurde über lange Zeit eine Sichtweise aufrechterhalten, die Gams im Wald als etwas Unnatürliches dargestellt hat. Das ist nicht ehrlich. Es kann durchaus notwendig sein, Gams im Wald stärker zu bejagen, aber tatsächlich geht es dabei um wirtschaftliche Interessen und um steigende Raumansprüche durch den Menschen in einer Bergregion, die seit langem ein Rückzugsgebiet für Wildtiere ist und die immer mehr an Lebensqualität verliert. Wir sollten also nicht die Ökologie vorschieben, wenn es in Wahrheit um die Ökonomie geht. Auch die Forderung nach ständig stabilen Schutzwäldern baut nicht auf ökologischen Grundlagen auf, sondern ist eine Bedingung für eine weitgehend sichere Raumnutzung durch den Menschen – von Natur aus würden Bergwälder nicht in einer ständig stabilen Entwicklungsphase stehenbleiben.

Gamswild und Schafe

Endlich liegt die Schwalbenwand hinter uns. Die Schultern schmerzen von den Tragriemen der Kraxen, ihr Gewicht macht sich allmählich bemerkbar. Wir schleppen Salzsteine, und jeder ist froh, dass es bis zur nächsten Salzlecke nicht mehr weit ist – obwohl noch nicht feststeht, wer hier etwas von seiner Last zurücklassen darf. Anfang Juni wird es hier im Schafleitl grün, letzte Schneeflecken verschwinden. Doch als wir in die Nähe unserer Salzlecke kommen, müssen wir zur Kenntnis nehmen, dass schon jemand vor uns da ist. Ein Trupp Schafe hat die Salzlecke ebenfalls gefunden. Die Tiere werden hier im Frühjahr auf die Berge getrieben und bleiben dort weitgehend ohne Aufsicht bis in den Herbst. Ein Teil der Lämmer wird auch am Berg geboren. Hausschafe lieben Salz ebenso wie das Wild. Jetzt ist guter Rat teuer, denn wenn Schafe einmal eine Salzlecke kennen, dann bleiben sie in deren Nähe, bis das Salz zu Ende ist. Man sollte also hier eigentlich gar nichts hingeben. Zum einen wird das Wild wenig davon bekommen, zum anderen bindet man damit die Schafe an den Ort, und solche häufig besuchten Stellen sind immer auch Punkte, wo Krankheiten leicht übertragen werden können…

Geht es um Gams und Hausschafe, dann ist dies da und dort eine vielfältige Wechselbeziehung. Immer wieder wird beklagt, dass Schafe Gamswild verdrängen, dass sie Äsungskonkurrenten sind oder Krankheiten auf das Wildtier übertragen. Was ist wirklich dran an diesen Aussagen? Gibt es Untersuchungen dazu? Welche Ergebnisse liegen vor?

Die „Schafbergprojekte"

Ein Gebiet, das über Jahrhunderte intensiv von Schafen beweidet wurde, war die Schafalp bei Amden im Kanton Sankt Gallen in der Schweiz. Das Gebiet ist seit 1433 als Schafalp bekannt, 1995 hat man sich entschlossen, die Weide einzustellen. Gleichzeitig haben die Schweizer untersucht, wie sich die Auflassung der Alpweide auf die dortige Vegetation, auf die Verteilung von Gamswild sowie auf die Verjüngung des Waldes auswirkt. Acht Jahre lang hat man über verschiedene „Schafbergprojekte" die Entwicklung verfolgt und die Ergebnisse laufend im „Schafberg-Bulletin" veröffentlicht. Versuchen wir also, acht Jahre Forschungsarbeit in wenigen Absätzen zusammenzufassen.

Ausgegangen war man davon, dass Gamswild durch die intensive Weide in den Wald abgedrängt wird und dass es dort deshalb zu starkem Verbissdruck auf die Waldverjüngung kommt. Diese Annahme konnte durch die Untersuchungen rund um den Schafberg nicht bestätigt werden. Es ist jedoch fraglich, ob der Untersuchungsansatz dazu überhaupt taugliche Aussagen liefern konnte. Man hat im Wald einige Gams markiert und wollte sehen, ob diese nach Auflassung der Schafalp in die Hochlagen ziehen. Das Ergebnis:

Gamswild und Schafe.
In der Regel weicht immer das Wildtier dem Haustier.

Keiner dieser Waldgams hat nach Aufgabe der Alpweide sein Streifgebiet im Wald verlassen. Auch über die Verbissaufnahmen ließen sich keine gesicherten Zusammenhänge herstellen. Trotz mehrjähriger Arbeit ergaben die herkömmlichen Erhebungen zur Waldverjüngung dazu keine eindeutigen Ergebnisse. Die Unterschiede auf den einzelnen Probeflächen waren zu weit gestreut. Dani Rüegg, der Leiter der Arbeitsgruppe Waldverjüngung, stellte zwar fest, dass die Verbissintensität seit Beginn seiner Aufnahmen abgenommen hat, einwandfrei statistisch belegen konnte er es aber nicht. In den Jahren davor war der Einfluss durch Wildverbiss jedenfalls wesentlich größer.

Auch wenn die Waldgams ihren Lebensraum anscheinend nicht verlassen haben, so wurde die aufgelassene Schafalp dennoch wieder verstärkt von Gamswild und später auch von Steinwild genutzt. Woher die Gams gekommen sind, konnten die Schweizer nicht genau feststellen. Man nimmt an, dass sich Gams aus dem verbuschten Waldgrenzbereich sowie aus den Kammlagen im frei gewordenen Lebensraum eingestellt haben. Jedenfalls waren vorher Gams auf der Alpe selten, nach Auflassung derselben stellte sich wieder Wild ein. Allerdings konnten die Schweizer feststellen, dass Gamswild jene Stellen, die besonders intensiv von den Haustieren genutzt wurden, noch im dritten „schaffreien“ Sommer gemieden hat! Eine der Schlussfolgerungen aus den Projekten war also: „Schafe haben einen Einfluss auf das Raumverhalten der wildlebenden Huftiere. Gams sind durch die Schafe verdrängt worden.“ Am Schafberg konnte man zwar keinen Wechsel von Gams zwischen Wald und Hochlagen nachweisen, aus den Pyrenäen gibt es aber Beispiele, wo sich Gamswild etwa ab Juni den ganzen Sommer über unterhalb der Waldgrenze aufhält, weil Weidetiere das subalpine Grasland nutzen. Mit dem Almabtrieb und den ersten Schneefällen im Herbst stehen die Gams dann wieder höher hinauf in den Waldgrenzbereich und darüber.

Will man den Einfluss der Weidewirtschaft erkennen, dann muss man jedoch auch näher auf die Weideintensität eingehen. Am Schafberg war sie besonders in den Jahren, bevor der Weidebetrieb eingestellt wurde, extrem hoch. Etwa 600 Schafe weideten dort. Das wirkte sich natürlich auch auf die Zusammensetzung der Vegetation aus. Schon wenige Jahre nach dem Ende der Intensivweide nahm die Zahl der Pflanzenarten zu. Gegen Ende des

Werden Schafe schon im zeitigen Frühjahr ohne Aufsicht aufgetrieben, dann besetzen sie gleich nach der Setzzeit die besten Äsungsplätze.

Projektes nahm sie zwar wieder leicht ab, weil einige besonders lichtliebende Pflanzenarten wieder verschwunden sind, insgesamt waren aber dennoch mehr Arten zu finden als bei der hohen Weideintensität davor. Mit der Arbeit wurde also gezeigt, dass die Anzahl der aufgetriebenen Schafe dem Lebensraum nicht gut angepasst war. Das Vegetationsmosaik war zwar noch abwechslungsreich, aber an vielen Orten war die Pflanzendecke so stark degeneriert, dass nur artenarme Lägerfluren mit Trittschäden und reichlich Kot übrig blieben. Bei Überweidung können Schafe qualitativ hochwertige Weidepflanzen auch selektiv ausrotten, sodass schließlich unbeliebte Weideunkräuter überhandnehmen oder artenarme Rasengesellschaften entstehen.

Weideintensität und Pflanzengesellschaft

Bleiben wir noch kurz bei der Weideintensität. Wie gesagt: Auf die „Dosis" kommt es an. In Norwegen gibt es zwar keine Gams, aber es gibt alpine Vegetation, es gibt Schafe – und es gibt Atle Mysterud, einen umtriebigen Wildbiologen, der nicht nur Rehe und Hirsche, sondern auch einmal den Einfluss der Schafweide genau untersucht hat. Dafür haben die Norweger drei Koppeln mit je 30 Hektar eingezäunt. Vergleiche mit und ohne Weide gibt es einige, aber die Norweger hatten eine Fläche ohne Schafe, eine mit geringem Weidedruck und eine mit hohem Weidedruck. Das Experiment hat vier Jahre gedauert. Gleich vorweg, bei geringem Weidedruck waren kaum Auswirkungen auf die Vegetation zu erkennen. Bei hohem Weidedruck haben besonders bevorzugte Kräuter, solche, die empfindlich gegen Tritt sind, und auch Zwergsträucher abgenommen, während vor allem Gräser zugenommen haben. Dabei hat sich aber gezeigt, dass es durchaus gegensätzliche Auswirkungen bei ein und denselben Pflanzengruppen geben kann, womit deutlich wird, dass es auf Standort, Wachstum, Konkurrenz, Mikroklima und vieles mehr ankommt, wenn man von Auswirkungen der Weide spricht. Die Norweger kommen zu dem Schluss: Der einfache Vergleich zwischen Flächen mit und ohne Weidedruck sagt wenig, weil der Einfluss keinesfalls linear mit der Dichte der Pflanzenfresser zunimmt und weil die Reaktion der Pflanzen sowohl von ihren Eigenschaften wie dem Weidedruck beeinflusst wird. Aus diesem Grund sind auch die Ergebnisse aus Verbisserhebungen nicht immer leicht zu interpretieren – dennoch werden meist stark vereinfachte Folgerungen daraus abgeleitet. Auch bei den Schafbergprojekten wurde zuerst angenommen, dass vor allem Gams für den Verbiss im Schutzwald verantwortlich seien. Die Schweizer Wildbiologin Regine Fankhauser konnte dann über aufwendige Losungsuntersuchungen jedoch zeigen, dass Rehe mindestens ebenso starken Einfluss auf die Waldverjüngung hatten.

Äsungskonkurrenz und mehr

Bei geringem Weidedruck sind also keine gravierenden Auswirkungen auf die Vegetation am Berg zu erwarten. Dennoch können Haustiere die Verteilung und das Verhalten von wildlebenden Paarhufern beeinflussen, nicht immer tritt dieser Einfluss jedoch klar ersichtlich zu Tage. In der Regel kommt es auf den Maßstab an, der als Messlatte bei Beobachtungen angewandt wird. Bei mittlerer Weideintensität werden Gams durchaus in ihrem Lebensraum bleiben. Betrachtet man dann die Verteilung großräumig, sieht man unter Umständen also gar keinen Einfluss. Nur weil Wildtiere aber Weidegebiete nicht völlig meiden, heißt dies noch lange nicht, dass es keine gegenseitige Beeinflussung gibt: Nachgewiesen wurden sowohl Auswirkungen auf das Äsungsangebot als auch auf die kleinräumige Verteilung des Gamswildes. Kommt es zu Kontakten zwischen Schaf und Gams, dann weicht in der Regel das Wildtier. Kontakt heißt in diesem Fall – Annäherung bis auf einige Dutzend Meter. Silvan Rüttimann hat die Auswirkungen von Schafen auf die Aktivität und die Verteilung von Gamswild studiert. Dabei ging es in erster Linie um die mögliche Übertragung von Gamsblindheit (Mycoplasma conjunctivae) vom Haus- auf das Wildtier. Wir kommen später darauf zu sprechen.

Rüttimann stellte fest, dass Begegnungen zwischen Schaf und Gams in allen beobachteten Fällen vom Schaf ausgingen und vom Gams beendet wurden. Letztendlich ist also immer das Wildtier ausgewichen. Großräumige Änderungen in der Lebensraumnutzung konnten zwar nicht nachgewiesen werden, kleinräumig gibt es aber durchaus Einflüsse. Recht eindeutig konnte dies die Italienerin Roberta Chirichella in einem 4.550 Hektar großen Untersuchungsgebiet im Brenta-Massiv belegen. Neben Gams gab es dort frei weidende Schafe und Ziegen sowie Mufflons. Größere Schafherden drängten Gamswild weg von den besseren Weidegebieten in die Nähe von Felsen. Besonders stark war dieser Effekt, wenn Hirtenhunde dabei waren. Wie in einer Reihe anderer Studien zeigte sich auch hier, dass Gamsgaisen empfindlicher auf Störungen reagieren und deshalb eher von hochqualitativen Äsungsplätzen weichen als Böcke. Welche Folgen sind aber damit verbunden, wenn Gams Schafen einfach nur aus dem Weg gehen?

Geht es um Äsungskonkurrenz, steht zuerst einmal die Frage im Raum, ob Schaf und Gams überhaupt dieselben Äsungspflanzen nutzen. Die einfachste Methode, um dies festzustellen, ist die Untersuchung der Losung. Die Pflanzenreste, welche dort enthalten sind, reichen aus, um auf die Nahrungswahl zu schließen. Valentina La Morgia und Bruno Bassano konnten zeigen, dass Schafe zwar deutlich mehr Gräser fressen, daneben aber auch Kräuter und Pflanzen, die vom Gamswild gezielt ausgewählt werden. Die Futterwahl der beiden Arten überschneidet sich also. Die Italiener konnten belegen: Dort, wo vermehrt Schafe aufgetrieben werden, werden die Äsungsgewohnheiten des Wildtieres sogar stark davon beeinflusst. In Gamswildlebensräumen, wo auch Schafe weiden, konnte in der Losung des Wildes im August eine deutliche Abnahme von gut verdaulichen Kräutern festgestellt werden. Wie gesagt, dabei wurde das Gamswild zwar nicht direkt verdrängt – vor allem territoriale Gamsböcke lassen sich nicht verdrängen –, die Italiener vermuten aber, dass sich die Äsungsgewohnheiten der Gams und auch die Breite der genutzten Nahrungsnische ändert. Demnach ist mit direkter Konkurrenz zwischen Gams und Schaf zu rechnen. In diesem Zusammenhang muss man aber sicher auch immer die Intensität der Schafweide mit beachten.

Auch wenn es also keinen direkten Kontakt zwischen Schaf und Gams gibt, gegenseitiger Einfluss bleibt nicht aus. Schafe und Ziegen weiden meist in jenen Lagen, wo kein Rind oder Pferd mehr hinkommt, das ist vor allem dort, wo das Äsungsangebot ohnehin geringer ist. Gams müssen im Sommer Fettreserven anlegen, die körperliche Kondition des Wildtieres ist für das Überleben im Winter ebenso wichtig wie für Fruchtbarkeit und Nachwuchs. Ganz allgemein sind damit Einflüsse auf die Bestandesdynamik verbunden. In vielen Gebieten kommt es auch vor, dass Schafe bereits zu einer Zeit aufgetrieben werden, wo Gamsgaisen noch gar nicht oder gerade erst gesetzt haben. Störung oder Verdrängung aus bevorzugten Setzeinständen und Äsungskonkurrenz in jener Zeit, wo führende Gaisen besonders viel eiweißreiche Äsung für die Milchproduktion brauchen, bleiben ebenfalls nicht ohne Auswirkung. Schafweide kann damit auch zu geringeren Überlebensraten bei Gamskitzen führen. Immer wieder wird auch darauf hingewiesen, dass die Wildart jenen Orten ausweicht, wo sich besonders viel Kot von Haustieren angesammelt hat. Das konnte auch im Experiment bestätigt werden – in Wasser aufgelöster Schafkot eignet sich tatsächlich als Verbissschutz! Die Methode ist aber nicht zu empfehlen, weil dadurch auch Krankheitserreger verbreitet werden können. Man nimmt an, dass Gams Dung- oder Kotkonzentrationen von Schafen gerade deshalb ausweichen, weil dort das Risiko für Infektionen mit Darmparasiten besonders hoch ist. Auf die Rolle von Schafen als Krankheitsüberträger kommen wir noch gesondert zu sprechen.

In der Schweiz stieg die Anzahl der Schafe von 165.000 im Jahr 1950 auf knapp 445.000 im Jahr 2003. Man nimmt an, dass die Anzahl der gesömmerten Schafe in den Schweizer Alpen während der Sommermonate etwa doppelt so hoch ist wie die Zahl der dort lebenden Gams. In Österreich sind die Zahlen der aufgetriebenen Schafe und Ziegen dagegen eher rückläufig. 1952 wurden noch rund 243.100 Tiere aufgetrieben, bis knapp nach der Jahrtausendwende sind die Zahlen dann auf rund 95.000 Stück gesunken, von da an gibt es aber wieder einen Aufwärtstrend, sodass derzeit etwa

126.900 Schafe und Ziegen auf österreichischen Almen weiden. Die Dunkelziffer dürfte aber höher liegen, da nicht alle Tiere gemeldet werden und mancherorts Schafhalter auch ohne Almrechte ihre Tiere den Sommer über auf die Berge treiben.

Am Schluss möchte ich noch einen Vergleich anführen, der Aktivitätsrhythmus und Tagesablauf von Haustieren und Gams beleuchtet. Die Studie wurde in den Pyrenäen durchgeführt, einbezogen wurden Schafe, Kühe und Ziegen sowie Gamswild. Dabei zeigte sich zunächst, dass alle vier Arten täglich am meisten Zeit mit der Nahrungsaufnahme verbringen. Bei Rindern nahm dies 48 Prozent der Zeit in Anspruch, bei Schafen 53 Prozent und bei Ziegen 55 Prozent. Gamswild hat sich deutlich von den Haustieren abgehoben, die Wildart benötigte 68 Prozent der Zeit, um zu äsen. Umgekehrt liegen die großen und schweren Rinder am meisten. Schafe sind von allen vier Arten am meisten unterwegs – viele kennen das vom Muffelwild. Schafe bewegen sich auch während der Weide fast andauernd. Körpergröße und Zeit, die für das Weiden verwendet wird, sind umgekehrt proportional. Je größer der Pansen, desto länger dauert das Wiederkauen. Während es bei den Rindern in dieser Studie zwei deutliche Aktivitätsgipfel am Tag gab, waren bei Schaf und Gams mehrere Aktivitätsschübe über den Tag verteilt.

Überlappen sich die Nahrungsnischen, ist besonders dann mit Konkurrenz zu rechnen, wenn die Ressourcen begrenzt sind. Dabei spielt neben der Weideintensität auch die Seehöhe und die Verteilung des Äsungsangebotes eine wichtige Rolle. Im Zusammenhang mit der Weide muss man aber auch darauf hinweisen, dass der Lebensraum des Gamswildes in den Alpen durch die Almwirtschaft bedeutend erweitert wurde. Allerdings hat die Wildart erst mit einsetzenden Schutzmaßnahmen davon profitiert. Zu Zeiten intensivster Almwirtschaft wurden Gams nicht nur zurückgedrängt, die Wildstände waren in weiten Gebieten auch sehr gering, weil sie stark übernutzt wurden. In der Schweiz waren manche Bergstöcke völlig gamsleer. Der Lebensraumerweiterung und dem Schutz folgte dann aber auch die intensive Erschließung der Alpen, und mit der derzeitigen Klimaerwärmung und zunehmender Almauflassung wird die Waldgrenze wieder ansteigen. Damit nimmt die Konkurrenz um Nahrungs- und Lebensraumressourcen wieder zu – und das nicht nur zwischen Wild- und Haustieren, sondern auch zwischen verschiedenen Wildarten.

Gamswild, Mufflon und Steinwild

In der Regel besetzen Wildtiere, die gemeinsam im selben Lebensraum vorkommen, bestimmte Nahrungsnischen. Voraussetzung dafür ist allerdings, dass sich die Arten gemeinsam entwickelt haben. Bei Mufflon und Gams war dies nicht der Fall. Immer wieder hat der Mensch aber dieses Wildschaf in Lebensräumen von Gamswild angesiedelt. Und so steht auch immer wieder die Frage im Raum: Gibt es Konkurrenz zwischen Gams und Mufflon?

Eine eindeutige Antwort dazu geben die vorliegenden Arbeiten nicht. Wieder kommt es zunächst einmal auf den Maßstab an, mit dem man die Sache betrachtet, aber auch die Jahreszeit und die Zusammensetzung der Muffelverbände spielen eine Rolle. Es gibt Vorkommen, wo beide Arten dieselben Nischen nutzen, und solche, wo dies nicht der Fall ist. Es gibt Hinweise, dass Muffelwild Gams verdrängt, und Belege dafür, dass beide Arten nebeneinander vorkommen. Allgemeingültige Aussagen sind also schwer abzuleiten, sehen wir uns die Sache also im Detail an. Zunächst ein paar Worte zur Raumnutzung. Geht es um Muffelwild, dann hört man von Jägern immer wieder die gleichen Aussagen und Fragen. Die Wildart ist schon über Jahre in einem Gebiet heimisch, aber überschreitet bestimmte Grenzen nicht. Manchmal wird jahrelang nur eine Talseite bewohnt, manchmal wird eine Straße oder ein Gewässer sehr lange nicht überschritten. Warum breitet sich dieses Wild über die Zeit nicht stärker aus, weshalb ist es so stark ortsgebunden? Ein Grund dafür liegt zunächst wahrscheinlich darin, dass es bei der Wildart starke soziale Bindungen innerhalb der einzelnen Gruppen gibt. Die Tiere bleiben in engem Kontakt zueinander. Führt ein älteres Schaf ein Rudel, dann übernehmen die anderen Stück Traditionen, ohne je selbst eigenständige Erkundungen oder weitere Ausflüge unternommen zu haben. So bleiben Raumnutzungsmuster über Jahre bestehen. Dazu kommt, dass Muffel empfindlicher als etwa Gams gegenüber menschlichen Aktivitäten sind. Häufig begangene Wanderwege oder Straßen können daher ein wichtiger Einflussfaktor sein, wenn es um Verbreitung und Lebensraumnutzung dieser Wildart geht.

Geht es um Konkurrenz zwischen Muffel- und Gamswild, dann ist vorab anzuführen, dass ersteres eine breitere Nahrungsnische nutzt. Muffel sind mehr Grasfresser als Gams, dennoch überlappen die Ansprüche im Sommer großteils. Während französische Studien zeigen, dass sich die beiden Wildarten großräumig nicht meiden, schränkt Roberta Chirichella ein, dass es einen Unterschied macht, wie groß die Gruppe Muffelwild ist und wie viele Widder darunter sind. Widder scheinen aggressiver als Schafe und haben nach den Erhebungen der Italiener Gamswild eher in suboptimale Bereiche verdrängt. Dazu ist zunächst zu bemerken, dass es in vielen Gebieten, wo

Steinbock.

Im Sommer gibt es kaum Konkurrenz zwischen Steinwild und Gams, im Winter dagegen kommt es auf das Angebot an gut geeigneten Wintereinständen an. Sind diese rar, kann Steinwild Gams aus bevorzugten Wintereinständen drängen.

beide Wildarten vorkommen, Überschneidungen eher im Sommerhalbjahr gibt. Im Winter steht Muffelwild in der Regel deutlich tiefer im Wald.

Sehr wohl um Wintereinstände kann es aber zwischen Gams und Steinwild gehen. Generell ziehen Gams im Winter gern auf abgewehte Rücken und Plateaus oder wechseln zwischen Wald und Hochlagen, wo der Schnee abgerutscht ist. Steinwild bevorzugt besonders steile, felsige Südhänge, wo der Schnee nicht liegen bleibt. Gams stehen höher auf den Läufen und wiegen weniger, während Steinböcke schwerer sind und im Verhältnis zum Körper kürzere Läufe haben. Die Schneehöhe wird für Steinwild also schneller zu einem bestimmenden Kriterium, wenn es um Wintereinstände geht. Steinwild sinkt tiefer ein und kommt weniger gut mit hohen Schneelagen zurecht. Ob es zu Konkurrenz zwischen beiden Arten kommt, hängt vom Lebensraum und von der Witterung ab. Gibt es viel Schnee, keine abgewehten Bergrücken, und bleiben nur die extremen Steillagen, wo der Schnee nicht liegen bleibt, dann ist dort Steinwild konkurrenzstärker, und für Gams bleibt kaum noch Platz. Die Konkurrenz zwischen beiden Wildarten kann also über viele Jahre kaum zum Tragen kommen, in einem Ausnahmewinter kann sich das aber gravierend ändern. Der Beschaffenheit und dem Angebot an Winterlebensräumen kommen jedenfalls zentrale Bedeutung zu.

Dasselbe Muster konnte auch bei Thar und Gams in Neuseeland beobachtet werden. Die Lebensraumwahl der beiden Arten überschneidet sich besonders im Winter, wenn der Schnee das Landschaftsbild dominiert. Die Konkurrenzsituation führte dann dazu, dass Gams Lebensräume viel spezifischer nutzen mussten. Sogar relativ kleine Zunahmen in der Wilddichte beim Thar führten dazu, dass Gams aus bestimmten Habitaten ausgeschlossen und verdrängt wurden.

VIERTES KAPITEL:

Ernährung

Das Verdauungssystem freilebender europäischer Wildwiederkäuer ist im Winter von Natur aus an nährstoffarme, schwer verdauliche Nahrung angepasst. Ohne das wäre ein Überleben in unseren Breiten kaum möglich, vor allem nicht im Hochgebirge. Eine wichtige Voraussetzung dafür ist, dass im Sommer und Herbst genügend Feistreserven aufgebaut werden können. Nur mit diesem Fettspeicher können diese großen Säugetiere auch bei geringem und geringwertigem Nahrungsangebot über die kritische Jahreszeit kommen. Im Sommerhalbjahr wird also Äsung bester Qualität in Form von Fett gespeichert, um dann davon Monate später im Winterhalbjahr zu zehren. Der gesamte Organismus ist im Sommerhalbjahr daher ganz anders ausgerichtet als im Winterhalbjahr. Sommer heißt: rascher Umsatz und Nahrungsaufschluss, der Überschuss wird angelagert. Winter heißt: langsamer Umsatz und Nahrungsaufschluss, die gespeicherten Überschüsse werden abgebaut.

Die Ernährung ist aber nicht nur ein wichtiger Eckpunkt im Leben des Einzeltieres, sie beeinflusst auch die Entwicklung und Dynamik ganzer Bestände. Dabei gilt vereinfacht die Regel: Die Qualität der Nahrung hat besonderen Einfluss auf Gewicht und Größe von Individuen, die Quantität der Nahrung steht eher in Zusammenhang mit der Größe von Beständen. Es kann also durchaus sein, dass Gams in verschiedenen Gebieten unterschiedlich schwer werden, aber dennoch kann die Wilddichte gleich hoch sein. Wiederkäuer haben den Vorteil, dass sie große Nahrungsmengen in kurzer Zeit aufnehmen und im Pansen „vorspeichern" können. Ist der Pansen voll, kann sich ein Wiederkäuer in aller Ruhe auf einen sicheren Platz zurückziehen, um dann die aufgenommene Äsung erneut hochzuwürgen, nochmals gründlich einzuspeicheln und durchzukauen. Erst danach wird der Nahrungsbrei der eigentlichen Verdauung zugeführt. Schlechte Nahrungsqualität können Wiederkäuer aber nur schwer durch die Aufnahme höherer Mengen ausgleichen, denn ihr Verdauungssystem ist weit komplizierter als jenes von Pferden oder Hasen, deren Nahrung im Dickdarm vergärt wird. Das heißt, zumindest zu bestimmten Jahreszeiten sollte für Wiederkäuer Äsung mit ausreichend hoher Qualität zur Verfügung stehen. Gams sind ein Sonderfall, wenn es um Ernährung und Äsung geht.

Fritz R. Walther schreibt 1979: „Ferner sind manche Arten, die gemeinhin als Grasfresser bezeichnet werden – wie Steinbock, Gams, einige Gazellenarten – sehr selektiv auf bestimmte Gräser und Kräuter aus. In mancherlei Hinsicht steht dieses „Botanisieren" dem Laubäsen näher als dem Grasfressen. Auch werden gerade Kräuter wieder recht gern von sogenannten Laubfressern angenommen. Kurzum, die Einteilung der Hornträger in Laub- und Grasfresser ist des öfteren recht fragwürdig und besagt nicht allzu viel."

Was Walther noch in Frage gestellt hat, wurde später beim Gams eindeutig bestätigt. Die Wildart lässt sich nicht so einfach der ein oder anderen Gruppe

Ausschnitt aus dem Äsungsangebot in einem Bockterritorium.
Die Latschen werden nur im Winter genommen. Im Frühjahr werden die frischen Triebe der Himbeere bevorzugt, im Sommer kann aus einem reichen Angebot an krautigen Pflanzen gewählt werden – das gelb blühende Greiskraut ist eine davon. Im Herbst nach ersten Frösten nehmen Gams sogar die giftigen Blätter des blauen Eisenhuts.

zuordnen. Spricht man über Ernährungsphysiologie, dann wird sehr schnell klar, dass Gams die extremsten Anpassungsformen aller heimischen Schalenwildarten aufweisen. Im Sommer sind sie Konzentratselektierer, das heißt, sie wählen gezielt die besten Äsungspflanzen. Im Winter sind sie Raufutterfresser, das heißt, nun können sie auch extrem energiearme Nahrung mit hohem Zelluloseanteil noch aufschließen, um damit zumindest teilweise den Grundumsatz zu decken. Das ist der Grund, warum man sie auch als „Zwischentyp" bezeichnet. Mit dieser Strategie schafft es die relativ kleine Schalenwildart, in extremen Lebensräumen erfolgreich zu überleben. Da beim Gams aber nicht wie bei den Rehen die Eiruhe auftritt, ist die Brunft sehr spät im Jahr. Bezogen auf die Körperreserven kommt es dadurch für die Tiere alljährlich zu einer Gratwanderung – die nicht selten auch schiefgeht.

Schon im August haben die reiferen Gamsböcke erhebliche Feistmengen aufgebaut. Interessant ist dabei, dass Gamsböcke am schnellsten in ungestörten Waldeinständen feist werden. Im September fasst der Pansen eines Gamsbockes mit 8 bis 9 Litern ein Maximum – im Vergleich zu Reh und Hirsch ist das ein sehr hoher Wert. Bis zur Brunft legen Gamsböcke dann enorme Feistreserven an. Entscheidend ist für sie, dass diese Reserven während der Brunft nicht völlig verbraucht werden. Anders als bei Rehbock und Hirsch, denen ja nach der Brunft noch etwas mehr Zeit bleibt, sollte beim Gamsbock also nach der Brunft genügend Fett übrigbleiben, um den Winter zu überleben.

Hier wird erneut deutlich, wie wichtig ein ausgeglichenes Altersklassen- und Geschlechterverhältnis, also eine ausgewogene Sozialstruktur für einen Gamsbestand ist. Gibt es zu wenig Böcke oder die Böcke sind nicht ausreichend alt und reif, dann überleben viele von ihnen den Winter nicht. Erst wirklich reife, voll ausgewachsene Böcke sind in der Lage, einen großen Vorrat an Feist aufzubauen. Immer wieder fragen sich Jäger, warum Gams so spät brunften und wie sie die harte Winterzeit nach der energiezehrenden Brunft überleben. Die Antwort lautet: „Die Tragzeit ist fix, das heißt, die Brunft muss zu einer bestimmten Zeit ablaufen, wenn die Kitze zum bestmöglichen Termin gesetzt werden sollen. Damit der Gamsbock den Winter überlebt, müssen die im Sommer angelegten Feistreserven auch noch für die Zeit nach der Brunft reichen, denn alleine mit der im Winter aufgenommenen Nahrung kann Gamswild nicht überleben.“ Nehmen junge Böcke an der Brunft teil, reicht ihr Fettspeicher oft nicht, um Brunft und Winter zu überstehen.

Einer der Pioniere bei der Erforschung des Ernährungsverhaltens unserer heimischen Schalenwildarten ist Professor Reinhold R. Hofmann. Auch wer seine Studien nicht kennt, der weiß, dass ein Gamsbock vor der Brunft die größten Fettreserven hat. Hofmann konnte aber in Zahlen fassen, was das heißt: Das können 3,6 bis 4,2 Kilogramm lösbares Fett und 1 bis 2 Kilogramm verborgenes Fett (zum Beispiel im Blut oder Knochenmark) sein. Immerhin sind das dann 10 bis 13 Prozent des gesamten Körpergewichtes. Anthony B. Bubenik gibt an, dass Gams sehr gut auf die Verdauung von nährstoffreicher Äsung eingestellt sind – eiweiß- und stärkezersetzende Bakterien im Pansen überwiegen im Sommer, Wimpertierchen sind in größerer Artenvielfalt vertreten als bei Reh- und Rotwild. Alle Mikroorganismen weisen im Sommer auf die Ausnützung von konzentrierter Grünäsung hin. Fettvorräte werden erst ab Mitte des Sommers angelegt. Ein erwachsener Gams nimmt dann täglich mindestens 3 bis 3,5 Kilogramm Äsung auf. Im Winter sinken sowohl Kalorien- als auch Wassergehalt der Äsung. Allein die Äsung liefert dann in der Regel zu wenig an Energie, um den Stoffwechsel aufrechtzuerhalten. Bubenik rechnet vor, was es bedeutet, wenn ein Gams über 120 Tage den Kalorienbedarf nicht voll über die aufgenommene Äsung abdecken kann: Geht man davon aus, dass über diese Zeit täglich ein Defizit von 20 bis 200 Kilokalorien durch Körperreserven ausgeglichen werden muss, dann könnte dies über den Abbau von 2 Kilogramm Fett und 9,5 Kilogramm Muskelmasse ausgeglichen werden. Ein 30 bis 35 Kilogramm schwerer Gams würde damit bis auf etwa 65 Prozent des Vorwintergewichtes abmagern. Das ist noch nicht lebensgefährlich, der Gams würde damit den Winter überstehen.

Flexible Standortwahl ist wichtig

Wie gesagt, im Winter ist Gamswild in der Lage, auch noch sehr energiearme, rohfaserreiche Nahrung so wie ein Grasfresser aufzuschließen – man denke nur an ausgedörrte Gräser und Flechten, oder Zwergsträucher, die aus dem Schnee gescharrt werden. Im Hochwinter ist der Pansen des Gamswildes erheblich verkleinert und auch die Schleimhautoberfläche, die ja die Nährstoffe aufnimmt, ist geringer. Erst im Frühjahr, wenn die Feistreserven oft schon erschöpft sind, kommt es wieder zu einer extremen Vergrößerung des Pansens. In diesem Stadium versucht die Wildart offenbar tatsächlich, schlechte Qualität durch größere Mengen und längere Verweildauer im Magen auszugleichen. Wenn wieder viel frische Vegetation da ist, wird das Magenvolumen erneut etwas kleiner, dafür vergrößern sich aber die Schleimhäute. Von Mai/Juni bis in den November sind Gams dann extreme Konzentratselektierer, die in relativ kurzer Zeit weit mehr an Nährstoffen aufnehmen, als sie bei geringer Aktivität benötigen. Nach Drescher-Kaden können das bis zu 40 Gramm Fett pro Tag sein. Wichtig ist für unser Gamswild, dass es im Jahreslauf die für die Nahrungsaufnahme günstigsten Standorte aufsuchen kann, denn je nach Temperatur, Einstrahlung, Ausaperung, Wasserversorgung und Boden schwankt die Qualität der Äsung. Ein einzelner Gamsbock kann auf kleiner Fläche das verschiedenartige Vegetationsmosaik nutzen, ein Rudel muss über das Jahr weiter zwischen unterschiedlichen Äsungsflächen wechseln.

Auch in Schotterhalden gibt es im Sommer ein Angebot an nahrhafter Äsung.

Gais und Kitz Mitte Oktober.
Die Kitze äsen schon lang selbst, dennoch werden sie auch um diese Zeit noch gesäugt. Oft sucht das Kitz auch nach einer Störung das Gesäuge der Mutter – das beruhigt.

Noch ein Wort zu den Gamskitzen. Bei den Kitzen verläuft der Stoffwechsel viel intensiver, und sie können auch erst später und durchwegs geringere Feistreserven anlegen, da sie ja noch sehr viel in das Körperwachstum investieren. Aus diesem Grund ist die Überlebensrate der Gamskitze von Natur aus im Winter geringer. Wer den Abschuss von Gamskitzen propagiert, sollte dabei also immer bedenken, von welchem Gamslebensraum er spricht – es ist für mich sehr fraglich, ob es hier sinnvoll ist, der Natur allzu stark vorzugreifen.

Geht es um die bevorzugten Äsungspflanzen, dann ist wieder einmal die Arbeit von Erich Klansek gefragt. Dazu muss man jedoch vorweg einwerfen, dass hier das Angebot und der Lebensraum eine entscheidende Rolle spielen. Das Spektrum der einzelnen Pflanzenarten wird also je nach Grundgestein sehr unterschiedlich sein. Klansek gibt zu bedenken, dass die Unterschiede beim Gamswild je nach Lebensraum stärker als bei Rot- oder Rehwild zu Tage treten – eben weil sich die Wildart im Sommer wie ein Konzentratselektierer und im Winter wie ein Raufutterfresser verhält. Dazu kommt der Unterschied zwischen Wald-, Grat- und Wechselgams. Die Pansenanalysen von Klansek zeigen, dass Waldgams neben Latschen auch regelmäßig Triebe von Wirtschaftsbaumarten verbeißen, während jenem Gamswild, das ganzjährig über der Baumgrenze bleibt, ausschließlich Süß- und Sauergräser

Saftige Bergwiese.
Solche Wiesen bieten im Sommer ein reichhaltiges Äsungsangebot.

Nur Geröll?
Was auf den ersten Blick wie eine Steinwüste aussieht, bietet bei genauerem Hinsehen dennoch ein vielfältiges Angebot an Pionierpflanzen, die solche Schuttfluren besiedeln.

Fließender Übergang zwischen Wald und Weide.

Hier gibt es Äsung und Deckung. Je nach Sonnenstand kann ein Rudel rund um den Kogel wechseln, sei es um der Hitze auszuweichen oder um an apere Stellen zu kommen.

Konfliktzone.

Die Alpen werden vom Menschen immer intensiver genutzt. Schutz vor Naturgefahren ist Voraussetzung dafür. In solchen Bereichen kommt es daher oft zu Konflikten mit Wild.

sowie Kräuter, Sträucher und Flechten als Nahrungsgrundlage dienen. Wohl nur selten wird es aber diese eindeutige Unterscheidung geben. Im Winter nehmen Gams große Mengen an totem Pflanzenmaterial, das sind vor allem trockene Gräser, im Wald kommt auch Falllaub dazu. Im Frühjahr war bei den Analysen von Klansek bereits ein hoher Anteil an frischen Gräsern dabei, daneben kommen zu dieser Jahreszeit auch bereits Kräuter dazu, Sträucher, die frischen Triebe von Zwergsträuchern und Laubholz werden um diese Jahreszeit ebenfalls gerne genommen. Wo sie vorkommt, äsen Gams im Frühling gerne die Himbeere, daneben suchen sie besonders nach den ersten frischen Gräsern, dabei äsen sie auch gerne auf Weideflächen, die sonst vom Vieh genutzt werden und die sie im Sommer nur selten besuchen. In manchen Gegenden äsen Gams dann auch auf Schipisten. In meinem Untersuchungsgebiet am Hochschwab war der Hüttenanger besonders beliebt. Solange es noch ruhig auf der Alm war, „weideten" dort die Gams direkt vor meiner Tür – selbst bei Mondschein. Die Almböden wurden von Gais-Kitzrudeln nie aufgesucht, weil sie dem Sicherheitsbedürfnis der Gaisen nicht entsprachen. Sie waren durch große Latschenfelder weit von den nächsten Fels- und Steillagen getrennt. Im Frühling suchten dort aber einzelne Böcke gern nach den ersten frischen Gräsern. Um diese Jahreszeit nutzt die Wildart kleinräumig besonders Bereiche, wo es schneller ausapert, wo es länger feucht bleibt und wind- und wettergeschützt ist. Das kann sein am Rande von Latschenfeldern oder bei großen Fels- und Steinblöcken, die als „Wärmefallen" dienen. Durch das räumlich verteilte Angebot wandern die Gams oft kreuz und quer, um an die gerade besten Äsungspflanzen zu kommen. Dabei wird Löwenzahn ebenso gern genommen wie Dotterblume oder Leberblümchen. Im Wald werden frische Sprossen oft schon aus dem Buchenlaub geschlagen, noch bevor sie völlig ausgetrieben haben, daneben sind im Frühjahr frische Gräser, frisch austreibende Farne und auch Triebspitzen aller verfügbaren Baumarten beliebt.

Im Sommer stehen dann fast ausschließlich Gräser und Kräuter auf dem Speiseplan. Das Angebot ist vielfältig. Da es für Pflanzen in Hochlagen keinen Wärmeüberschuss gibt, erzeugen sie kaum Abwehrstoffe gegen Pflanzenfresser. Zudem sind sie oft besonders nährstoffreich und beinhalten viele Mineralstoffe. Auch sind Hochgebirgspflanzen meist kürzer im Wuchs, wodurch das Verhältnis von Blatt zu Stängel für Pflanzenfresser günstiger ist. Die Blätter bieten bessere Nahrungsqualität als die Stängel, wo mehr schwer verdauliche Zellulose eingelagert ist. Während es für ein Rudel eher um die Nahrungsmenge geht, können die einzeln lebenden Böcke auf Qualität gehen. Auch das Sicherheitsbedürfnis führender Gaisen ist deutlich stärker ausgeprägt als jenes von Böcken, sodass letztere oft deutlich unterschiedliche Plätze mit meist besserem Nahrungsangebot nutzen als Gaisen mit Kitzen.

Alpenleinkraut.

Es ist ein Bewohner von Schutt- und Geröllhalden, der etwas Farbe ins Steingrau bringt. Es kann bis über 4.000 Meter Höhe vorkommen. Die Pflanze ist tief im Boden verankert, legt ihre Triebe über den Schutt, wird aber auch immer wieder zugeschüttet. In Kärnten nennt man die Art auch „Steinkletterer".

Für Gamsböcke, die im Wald stehen, bietet dazu heute die Schlagflora immer wieder ein reichhaltiges Angebot. Im Wald ist die Bodenfeuchtigkeit meist höher, abgesehen von Kahlschlägen oder Blößen ist die Pflanzenmasse am Waldboden zwar geringer als auf Freiflächen, wer aber gezielt wählen und suchen kann, der findet hier gute Qualität. Zu erwähnen ist in diesem Zusammenhang, dass Gamswild auch Pflanzen aufnehmen kann, die für uns Menschen giftig sind: Eibe, Eisenhut, Fingerhut, Germer, Rhododendron oder Tollkirsche werden zwar nicht in Mengen geäst, aber finden sich durchaus auf dem Speiseplan.

Im September ziehen die Rudel gerne in höhere Lagen und sind dann dort oft auf ausgedehnten Grashängen zu finden. Auch in Schutthalden gibt es noch Äsungspflanzen wie Alpenleinkraut, Kies-Leimkraut oder Alpen-Mannsschild. Nach meiner Beobachtung nehmen Gams nun auch öfter Pflanzen, deren Stängel oder Blätter bereits mazeriert, das heißt, noch weich und wasserhältig, aber bereits im Absterben begriffen sind. Auch Blätter von Grünerlen, Zwergweiden oder Bergahorn stehen auf dem Speiseplan. Gibt es ein Mastjahr, dann sind Gams auch sehr gerne hinter Bucheckern her. Manchmal sind sie dabei so vertieft in die Suche nach den nahrhaften Früchten, dass man oft nahe an sie herankommt.

Im Winter zählen Zwergsträucher wie Heidelbeere, Preiselbeere, Erika oder Besenheide und Zwergwacholder zu den beliebten Äsungspflanzen.

Der erste Schnee bedeckt die dürren Gräser.
Ob das schwache Kitz im Vordergrund den Winter überstehen wird?

Im Süden Graslehnen, im Norden steil abfallende Felswände – typisch für Kalkberge.
Im Sommer finden Gams in den schattseitigen Schotterhalden ausreichend Äsung, im Winter wechseln sie auf die Sonnseite, dorthin, wo der Schnee von den steilen Lehnen abrutscht.

Auch Latschen, Triebe von Laub- und Nadelbäumen ebenso wie Flechten, Moose, dürre Gräser und Laub werden im Winter genommen. Josef Hamr berichtet von außergewöhnlichen Beobachtungen, wonach Gamswild die Hügel der Roten Waldameise aufgescharrt hat, um an Nadeln, trockene Zweige oder feine Grasschösslinge zu gelangen. Wenn die Schneedecke fest gefroren ist, versuchen Gams auch an herabhängende Äste zu kommen, um daranzugelangen können sie auch auf ihren Hinterläufen stehen. Sie nagen ebenso die Flechten von Baumstämmen oder suchen nach abgebrochenen, auf dem Boden liegenden Zweigen. Wo es Windbrüche oder im Winter geschlägertes Holz gibt, werden Nadeln und Zweige bis zur Rinde abgenagt. Besonders Tannen sind beliebt. Im Winter sind Gams auch immer wieder lange mit dem Ausschlagen von Äsung beschäftigt, besonders in Steilhängen, wo sie Zwergsträucher wie Erika freischarren. Ohne die Hilfe der Gaisen wären Kitze oft nicht dazu in der Lage. Schälen kommt in Ausnahmefällen vor, dann und wann versucht die Wildart auch, die Rinde von jüngeren Bäumen zu nagen. Meist bleiben davon aber nur einige Kratzer.

Salz und Spurenelemente

Gams nehmen vor allem im Frühsommer, zur Zeit des Haarwechsels, und wenn die Gaisen ihre Kitze säugen, sehr gerne Salzlecken an. Salzlegen ist bei Gamsjägern immer ein Thema, und eine Frage, die dabei immer wieder gestellt wird, lautet: Braucht Wild Salz, ja oder nein? Besonders zur Zeit des Haarwechsels im Frühjahr und während der Säugezeit nehmen Wiederkäuer ganz allgemein gerne Salz auf. Da der Körper aber sehr gut mit dem Natrium haushält, können Wildtiere monatelang auch ohne größere Salzversorgung auskommen. Natrium kann nicht in größeren Mengen gespeichert werden. Wird viel Salz aufgenommen, so muss der Überschuss durch Wasseraufnahme verdünnt und über Harn und Kot ausgeschieden werden. Das Wild muss häufiger schöpfen. Ich konnte besonders im Frühjahr oft beobachten, dass Gams Schnee aufnehmen. Natriummangel führt dazu, dass Eiweiß weniger gut verwertet werden kann, auch die Vermehrungsrate kann dadurch gesenkt werden.

Wie gut Gams mit Mineralstoffen versorgt sind, hängt auch vom Angebot an Nahrungspflanzen ab. In Slowenien hat man zu diesem Thema einige Studien angestellt, wobei man die Inhaltsstoffe von Äsungspflanzen aus verschiedenen Gebieten verglichen hat. Dabei zeigte es sich zum Beispiel, dass etwa der Anteil an Kalzium in den Äsungspflanzen am Triglav – einem Kalkstock – deutlich höher war als im Bachern-Gebirge. Das Bachern-Gebirge ist aus Kristallin aufgebaut, die Pflanzen dort enthielten fast um die Hälfte weniger Kalzium, dafür aber deutlich mehr Phosphor. Kalzium ist von

Gams nehmen immer wieder auch Schnee auf.
Im Winter enthält die Äsung kaum Wasser. Besonders im Frühjahr, wenn es bereits warm wird, konnte ich immer wieder Gams beim Aufnehmen von Schnee beobachten. Hier nimmt ein Bock während der Brunft im Vorübergehen ein „Maulvoll" Schnee.

besonderer Bedeutung für den Knochenaufbau, Phosphor ist wichtig für die Fruchtbarkeit. Auch je nach Standort von Pflanzen können die Inhaltsstoffe stark schwanken. Nach Angaben der Slowenen führt ein unausgeglichenes Verhältnis zwischen Phosphor und Kalzium, oder einfach nur Phosphormangel, statistisch gesichert zu geringerer Nahrungsaufnahme und in weiterer Folge zu weniger Energie und Eiweißzufuhr. Dabei geht es aber nicht nur um weniger Nahrungszufuhr, die aufgenommene Äsung wird auch weniger gut aufgeschlossen, womit letztendlich geringere Körper- und Fettreserven aufgebaut werden. Ähnlich wirkt sich auch Magnesiummangel, Natriummangel oder ein unausgewogenes Verhältnis zwischen Kalium und Natrium aus. Selen und Zink sind ebenfalls wichtige Spurenelemente, welche die Äsungsaufnahme beeinflussen.

Der Frage nach dem Mineralstoffbedarf und der Fruchtbarkeit von Gams ist Miha Zupan in Slowenien genauer auf den Grund gegangen. Dazu wurden Äsung, Losung und Leberproben von zwei Gamsbeständen analysiert. Es wurden zwei Reviere in den Steiner Alpen miteinander verglichen. Im Revier Konc wurden Minerallecksteine zwei Jahre lang ausgelegt, das Revier Mokrica diente als Kontrollrevier. Zuvor hat man Äsungspflanzen analysiert, um deren Mineralstoffgehalt zu bestimmen. Die Steine enthielten Mineralstoffe, welche nach den Analysen im Revier zu gering vorhanden waren. Zupan folgert aus seinen Untersuchungen, dass allein aus den Pflanzen in den beiden Untersuchungsrevieren nicht alle Spurenelemente genügend aufgenommen werden können. In der getrockneten Losung des Gamswildes im Revier Mokrice wurde signifikant mehr Eisen, Magnesium und Selen nachgewiesen als bei den Gams im Revier Konc. Die Untersuchungen zeigten jedoch, dass der gesamte Anteil an Eisen nicht aus der Äsung stammen kann. Zupan folgert, dass ein Teil des Eisens wahrscheinlich mit Erde aufgenommen wurde. Die Lecksteine im Revier Konc konnten den Bedarf an Natrium und Selen der Gams nicht decken. Die Kondition der erlegten Gams war im Kontrollrevier Mokrice, wo nicht vorgelegt wurde, sogar besser. Dagegen war die Wilddichte in Konc deutlich höher. Der Anteil an Kitzen war in beiden Revieren gleich hoch, es war also kein Einfluss auf die Nachwuchsrate nachzuweisen. Die Studie zeigte, dass die zusätzliche Gabe von Mineralstoffen weder den Gehalt an Spurenelementen in der Leber noch die Fruchtbarkeit der Gamsgaisen beeinflusste. Die Slowenen meinen: Gams haben ihren Mineralstoffbedarf zusätzlich über die Aufnahme von Erde abgedeckt.

Bezoarsteine

Man nimmt auch an, dass Gamswild beim Sauberlecken des eigenen Felles Salz aufnimmt. Da in diesem Fall immer auch unverdauliche Haare in den Pansen gelangen, kann es geschehen, dass sich dort mit ebenfalls unverdaulichen Elementen wie Harzen oder Pflanzenfasern Kugeln bilden. Diese „Bezoarsteine“ können bis faustgroß werden und waren früher bei Gamsjägern besonders begehrt, weil ihnen verschiedene Wirkungen nachgesagt wurden. Bei Gams gibt es diese Kugeln aus unverdaulichen Nahrungsresten wahrscheinlich deswegen häufiger als bei anderen Schalenwildarten, weil sie im Winter oft Äsung mit hohem Zellulose- und Harzgehalt aufnehmen. Latschentriebe sind ein Beispiel dafür. Als Wiederkäuer können sie diese aber nur schwer verdauen.

Fünftes Kapitel:

Zuwachs und Bestandesdynamik

Kitzstudien

In den ersten Wochen ist der Bewegungsdrang der Kitze enorm. Ihr Leben besteht nur aus Spielen, Säugen und Schlafen. – Von Anfang an gibt es ein enges Band zwischen Mutter und Kind. Die beiden erkennen sich an Geruch, Stimme und wohl auch am Aussehen.

Es gibt wohl kaum eine andere Schalenwildart in Mitteleuropa, bei der es zu derart starken Bestandesschwankungen kommen kann – und bei der auch immer wieder heftig über Zuwachsprozente diskutiert wird. Besonders die Winterstrenge zählt zu jenen Faktoren, welche die Dynamik von Gamsbeständen beeinflussen. Auf die Auswirkung von epidemischen Krankheiten gehen wir in diesem Kapitel nicht ein. Sowohl auf den einen wie den anderen Einfluss ist die Wildart angepasst. Das heißt, Gamswild kann innerhalb weniger Jahre Verluste über höhere Zuwachsraten wieder ausgleichen. Auch starker Jagddruck wird damit vorübergehend abgefedert. Wie das geschieht, sehen wir uns nun im Detail an.

Tatsächlicher und effektiver Zuwachs

Um von vornherein Missverständnissen zu entgehen, gleich zu Beginn ein klares Wort: Besonders beim Gamswild ist es wichtig, dass wir zwischen tatsächlichem und effektivem Zuwachs unterscheiden! Die Vermengung beider Begriffe führt besonders im Zusammenhang mit der Abschussplanung immer wieder zu Konflikten. Gerade beim Gamswild spielt die Wintersterblichkeit bei Kitzen und Einjährigen eine wichtige Rolle. Wie man mit unter-

Zwillinge?

Auch wenn zur Brunft eine Gais des öfteren mit zwei oder mehr Kitzen zieht, heißt dies nicht, dass sie Zwillinge führt. Es sind meist Spielkameraden. Die Mutter des einen ist wahrscheinlich gerade allein mit einem Bock unterwegs.

schiedlichen Strategien darauf reagieren kann, spielt hier zunächst einmal keine Rolle. Beginnen wir einmal ganz am Anfang, soll heißen: noch bevor das Kitz überhaupt das Licht der Welt erblickt. Bleiben wir bei der Trächtigkeit. Erste Einblicke dazu lieferte eine Untersuchung des slowenischen Veterinärmediziners und Gamswildkenners Stane Valentincic. Er untersuchte Anfang der 1970er-Jahre in den Julischen Alpen knapp 80 Gamsgaisen, die erlegt wurden. Es ging um Fragen, die auch heute noch immer diskutiert werden: Wann gehen die Gaisen erstmals in die Brunft? Wie lange nehmen sie an der Fortpflanzung teil? Wie hoch ist der Anteil an trächtigen Gaisen in verschiedenen Altersklassen? Wie viele Kitze setzen sie?

Fangen wir bei der letzten Frage an: Valentincic konnte bei keiner einzigen Gais Zwillinge nachweisen. Es war nie mehr als ein Embryo vorhanden! Die Tiere wurden gegen Jahresende erlegt, untersucht wurde die Gebärmutter. Er meint, wenn Jäger tatsächlich eine Gais mit zwei Kitzen beobachten, dann könnte es sich vielleicht um Adoption handeln. Adoption würde im engeren Sinne aber bedeuten, dass ein Kitz bei einer Gais auch säugen darf. Tatsächlich ist es keineswegs selten, dass zwei, manchmal sogar drei Kitze mit einer Gais ziehen. Das sind aber in der Regel Spielgefährten. Der Kontakt besteht also beinahe ausschließlich zwischen den Kitzen, aber nicht zwischen einem Kitz und einer fremden Gais. Ein Kitz kann auch den ganzen Tag mit so einem Spielgefährten durchaus weit entfernt von seiner Mutter unterwegs sein. Wir konnten das am Hochschwab öfter beobachten. Thomas Pachlatko, der im Schweizer Wallis über Gams geforscht hat, berichtet von einem Kitz, dessen Mutter wahrscheinlich aufgrund einer Verletzung im September eingegangen ist. Gais und Kitz waren markiert. Das verwaiste Kitz hat sich danach anderen Rudelmitgliedern angeschlossen und überlebte sogar den Winter! Womit niemandem das Gewissen erleichtert werden soll, das ist die Ausnahme, nicht die Regel und hängt wohl sehr vom Winter ab. Wie schon an anderer Stelle erwähnt, werden verwaiste Kitze von Böcken geduldet. Josef Hamr erwähnt, dass Berufsjäger im Karwendel vereinzelt Zwillinge beobachtet hätten, er selbst hat dort in drei Jahren einmal gesehen, wie zwei Kitze bei einer Gais gesäugt haben. Anthony B. Bubenik schreibt von Zwillingen, die er im Elbsandsteingebirge beobachtet hat, er meint, im Mittelgebirge seien Zwillingsgeburten sogar häufig. Ich kann das nicht bestätigen. Grundsätzlich gilt die Regel, dass Zwillingsgeburten beim Gamswild, wenn überhaupt, dann nur sehr selten vorkommen.

Kommen wir zurück zu Valentincic. Zunächst haben die Jäger natürlich hauptsächlich nichtführende Gaisen erlegt, erst gegen Ende der Studie wurden auch ganz gezielt Gaisen mit ihren Kitzen entnommen. Jährlingsgaisen wurden nicht in diese Untersuchung miteinbezogen. Die anderen Gamsgaisen wurden in vier Klassen eingeteilt: 2jährige, 3jährige, mittelalte von 4 bis 10

Jahren und alte Gaisen mit über 10 Jahren. Dabei wurden etwa gleich viel mittelalte wie alte Gaisen erlegt. Obwohl nur drei 2jährige Gaisen dabei waren, konnte bei einer von ihnen festgestellt werden, dass sie trächtig war. Wie gesagt, die Gams wurden im Winter erlegt. Der Anteil der 2jährigen Gaisen, die an der Brunft teilnehmen und dann als Dreijährige erstmals setzen, ist je nach Lebensraum und Kondition der Tiere unterschiedlich groß. Fest steht, dass Gamsgaisen auch schon als Jahrling erstmals in die Brunft gehen können und dann als Zweijährige ihr erstes Kitz führen. Dies war zum Beispiel am Kapuzinerberg in Salzburg der Fall, als sich dort in den 1960er-Jahren eine kleine Gamskolonie neu etabliert hat. Auch aus anderen Gebieten ist bekannt, dass sich Gamsgaisen bereits mit etwa 18 Monaten, also als Einjährige, an der Fortpflanzung beteiligen können. Belege dafür gibt es aus dem Jura, dem Schwarzwald und den Vogesen. Besonders hervorzuheben sind in diesem Zusammenhang aber die Untersuchungen von Johannes Bauer in Neuseeland.

Die Aussetzung von Gams aus Österreich auf Neuseeland würde man heute als riesiges und vor allem riskantes Freilandexperiment einstufen. Die Folgen für das dortige Ökosystem waren gravierend. Viele der dort ausgesetzten Wildarten haben die heimische Fauna und Flora dramatisch verändert, dabei sind ganze Berghänge abgerutscht, nur weil die dortige Vegetation nicht an den Tritt von Huftieren angepasst war. Diese Aktion hat aber auch besonders gut gezeigt, welches Potential in unserer Wildart steckt, wenn sie völlig neue Lebensräume ohne Konkurrenz besiedelt. Bauer berichtet von mehreren neuseeländischen Gamskolonien, wo rund ein Drittel der Gaisen mit 18 Monaten in die Brunft ging und dann zweijährig ein Kitz setzte. In einer von ihm untersuchen Kolonie waren sogar 100 Prozent der weiblichen Jahrlinge fortpflanzungsfähig! In diesem Gebiet konnte selbst bei zwei rund halbjährigen Kitzen Geschlechtsreife und Trächtigkeit festgestellt werden. In der Regel ist dies nur bei domestizierten Arten wie bei Schaf und Ziege möglich. Bei wildlebenden Ziegenartigen (Caprinae) können die weiblichen Tiere aller Arten im zweiten Lebensjahr Junge setzen! Innerhalb einer Art kann es jedoch, je nach Herkunft und Lebensraum, große Unterschiede geben. Womit wir wieder in die Alpen zurückkehren.

Entscheidend für den frühestens Fortpflanzungszeitpunkt ist zunächst einmal, dass ein Stück in die Pubertät eintritt. Ausschlaggebend dafür ist, wie sich die Kitze im ersten Jahr entwickeln. Die Lebensbedingungen im ersten Winter spielen dabei sicher eine zentrale Rolle. Gerade, wenn man Jahrlinge im ersten Frühjahr beobachtet, erkennt man recht gut Unterschiede in der Entwicklung – die meisten von ihnen sind noch richtige Kinder. Hier gibt es je nach Winterstrenge große Abweichungen zwischen verschiedenen Lebensräumen. In sehr kargen Lebensräumen mit harten Wintern setzen Gamsgaisen das erste Mal mit vier Jahren, manche auch erst mit fünf, in begünstigten Gebieten bringen Gaisen mit drei Jahren ihr erstes Kitz zur Welt. Dabei zeigen die Untersuchungen von Valentincic, dass es dabei keine feste Regel gibt: Während sich bereits ein Teil der Zweijährigen an der Brunft beteiligt, nehmen noch immer nicht alle Dreijährigen daran teil. Das heißt, ein Teil der 3jährigen Gaisen setzt bereits, während manch Vierjährige noch kein Kitz führt. Sowohl die Extrembeispiele aus Neuseeland wie auch die Altersunterschiede der Gamsgaisen, welche sich erstmals an der Fortpflanzung beteiligen (2 bis 4 Jahre), weisen also darauf hin, dass ein Gamsbestand mit einiger Elastizität auf Umwelteinflüsse reagieren kann. Wenn Verluste durch strenge Winter, Seuchen oder Jagd ausgeglichen werden, dann also nicht über Zwillings- oder Drillingsgeburten, sondern indem das Alter der Gaisen, die sich erstmals an der Fortpflanzung beteiligen, herabgesetzt wird. Dazu kommt, dass gerade die unteren Jahrgänge in der Regel die zahlenmäßig stärksten sind. Geht also ein höherer Anteil an jungen Gaisen in die Brunft, wirkt sich dies stärker auf den Zuwachs aus. Die von Valentincic untersuchten mittelalten Gaisen waren zu 90 Prozent beschlagen, die Trächtigkeitsrate der Altgaisen lag mit 83 Prozent nur geringfügig darunter. Interessant ist dabei, dass bei den untersuchten Tieren Gamsgaisen dabei waren, die auch noch mit 18 Jahren beschlagen waren! Insgesamt kommen die Slowenen zu dem Schluss, dass 80 Prozent der Gaisen vom dritten Lebensjahr an im Hochwinter beschlagen waren – womit wir aber noch nicht viel über den Zuwachs wissen…

Geburtenraten und Kitzsterblichkeit

Geht es um Zuwachsraten beim Gamswild, dann verfolgen Biologen und Jäger manchmal etwas getrennte Wege – der Weg der Jäger ist direkt und einfach: Das Zuwachsprozent beim Gams beträgt etwa zwischen 10 und 20 Prozent des Gesamtbestandes! Das ist eine einfache Faustformel, und je nach Winterstrenge oder Lebensraum kann man sich zwischen diesen beiden Eckdaten einpendeln. Der Ansatz der Biologen erklärt besser, wie man zu diesem Endergebnis kommt. Verwirrend wird es nur dann, wenn beide Ansätze miteinander vermischt werden. Das geschieht im Zuge von Abschussanträgen, die auf fachlich falschen Grundlagen aufbauen, auch leider immer wieder.

Bezugsgröße – alle Gaisen 2jährig und älter

In der Wildbiologie gibt es zwei Bezugsgrößen, wenn man die Geburtenrate beim Gamswild angibt: Die einen nehmen alle Gaisen, die 2jährig und älter

Der effektive Zuwachs kann erst nach dem Winter erhoben werden.
Nicht die gesetzten Kitze, die überlebenden Jahrlinge sind als Zuwachs für die Abschussplanung heranzuziehen!

sind, als Bezugsgröße zu den gesetzten Kitzen, die anderen beziehen die Kitze auf den Gesamtbestand. Warum alle Gaisen, die 2jährig und älter sind? Weil man bei Zählungen nur Kitze und Jahrlinge einwandfrei von älteren Gams unterscheiden kann. Bezieht man die Anzahl der Kitze auf diese Grundgesamtheit, dann schwankt die Geburtenrate zwischen 50 und 95 Prozent (Anzahl Kitze / Anzahl Gaisen 2j. +). Vorhin wurde ausgeführt, dass in Slowenien 80 Prozent aller Gaisen von drei Jahren aufwärts im Winter beschlagen waren. Führen diese Gaisen, sind sie also 4jährig. Damit wird deutlich, dass eine Geburtenrate von 95 Prozent, bezogen auf die 2jährig und älteren Gaisen, einen außergewöhnlich hohen Wert darstellt! In der Regel geht man davon aus, dass die Geburtenrate (Anzahl Kitze / Anzahl Gaisen 2j. +) bei 70 Prozent liegt, nur bei Beständen, die sich in neuen Lebensräumen ausbreiten, können es auch 90 Prozent sein. Ich führe diese Zahlen hier deshalb an, um bei Zählungen Vergleichsmöglichkeiten zu haben. Diese Zähldaten werden etwa zwischen Juli und September erhoben, in der Zeit sind noch wenige Kitze ausgefallen.

Bezugsgröße Gesamtbestand

Man kann die Anzahl der Kitze aber auch auf den Gesamtbestand beziehen. Die Frage ist dabei, wie gut im Sommer der Anteil der Böcke zu erfassen ist.

Sie stehen zu dieser Zeit häufig im Wald oder am Rande von Latschen- oder Grünerlenfeldern und sind deshalb schwerer zu beobachten. Bezieht man die Kitze auf den Gesamtbestand (Anzahl Kitze / Gesamtanzahl), dann schwankt die Geburtenrate zwischen 20 und 30 Prozent (in manchen Gebieten sind es 20 bis 24 Prozent, in anderen 20 bis 35 (38) Prozent).

Hier liegt eines der Missverständnisse verborgen, wenn immer wieder von Nachwuchsraten beim Gams von bis zu 30 Prozent gesprochen wird. Wir sind hier immer noch bei den Geburtenraten! Die tatsächliche Nachwuchsrate liegt deutlich darunter. Der effektive Nachwuchs ergibt sich erst, wenn man die Kitzsterblichkeit berücksichtigt. Wer hier dafür plädiert, dass er schon frühzeitig einen Teil der Kitze abschießen möchte, um Schäden am Wald zu mindern oder die Gaisen zu „entlasten" – letzteres Argument halte ich für völligen Unsinn, weil es davon ausgeht, dass man den Müttern ihre Kinder nehmen soll, damit es ihnen besser geht –, der müsste eigentlich vorhersehen können, wie streng der Winter wird. Greift man frühzeitig stark beim Nachwuchs ein und es folgt ein strenger Winter, dann ist die Nutzung aufzuaddieren – es wird insgesamt mehr abgeschöpft als nachwächst, der jagdliche Eingriff ist nicht nachhaltig.

Das Überleben der Kitze hängt von verschiedenen Einflüssen ab: Setztermin, Geburtsgewicht, Milchproduktion der Mutter in den ersten zwei Monaten sind nur einige Faktoren, die mit dem Klima verbunden sind. Dazu kommen Krankheiten, Parasiten oder Raubfeinde. Der überwiegende Teil des Gamswildes besiedelt jedoch Lebensräume, wo ein Faktor ganz besonders zu Buche schlägt: die Witterung. Die höchsten Ausfälle bei den Kitzen gibt es im Winter. Der Einfluss des Klimas schwankt jedoch von Jahr zu Jahr in den verschiedenen Vorkommensgebieten. Dies ist einer der Hauptgründe, warum es eigentlich keine typische Überlebensrate beim Nachwuchs alpiner Huftiere gibt. Ich halte das für eine Kernaussage dieses Kapitels! Die Zuwachs- und Überlebensrate ist von einem Jahr zum anderen extrem variabel. Allzu häufig reagiert die jagdliche Planung aber nicht ausreichend flexibel auf diese grundlegende Tatsache. Wer in diesem Fall mit dem Zuwachs plant, der noch gar nicht vorhanden ist – das geschieht, wenn im März oder April die Abschusspläne erstellt werden –, der rechnet mit Unbekannten.

Überlebensrate der Kitze

Wie viele Kitze überleben also in der Regel? Die Werte aus der Literatur schwanken zwischen 50 und 70 Prozent. Das heißt: Wenn ich eine Geburtenrate von 30 Prozent des Gesamtbestandes habe und nur die Hälfte der Kitze überlebt bis zum nächsten Frühjahr, dann ergibt das 15 Prozent Zuwachs; bei einer Überlebensrate von 70 Prozent liegen wir bei knapp über 20 Prozent.

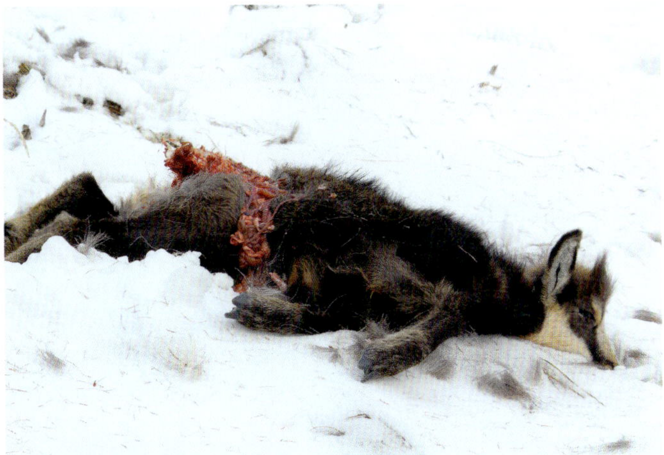

Vom Adler geschlagen.

Wer den Bestand über die Kitze regulieren will, der sollte immer auch bedenken, wie viel an Jungwild in einem strengen Winter eingehen kann, sonst ist seine Nutzung additiv und zu den Winterverlusten dazuzurechnen.

Beträgt die Geburtenrate nur 20 Prozent des Gesamtbestandes und die Hälfte der Kitze überlebt, sind wir nur mehr bei 10 Prozent Zuwachs! Damit sind wir bei jenen beiden Eckdaten angelangt, mit denen Jäger landläufig den Zuwachs beim Gamswild eingrenzen. Tatsächlich muss ich aber auch noch mit natürlichen Ausfällen in den anderen Altersklassen rechnen. Neben den Kitzen sind davon vor allem Jahrlinge und sehr alte Stücke betroffen, bei den Böcken ist die Ausfallsquote in der Regel etwas höher als bei den Gaisen. Doch davon später, bleiben wir noch einen Moment bei den Kitzen. Es spricht nichts dagegen, das ein oder andere schwache Kitz zu erlegen, wer jedoch denkt, dass er einen Gamswildbestand über den Kitzabschuss regulieren möchte, der spielt mit unvorhersehbarem Risiko. In Ausnahmefällen kann nämlich die Überlebensrate auch nur bei 10 bis 20 Prozent liegen! In solchen Jahren ist das Zuwachsprozent weit unter 10 Prozent vom Gesamtbestand anzusetzen. Bei einem Bestand von 100 Tieren könnten dann nur 3 bis 6 Gams nachhaltig erlegt werden.

Der Einfluss der Wilddichte auf den Nachwuchs

Nun wurde eben beschrieben, dass die Witterung einer der stärksten Einflussfaktoren ist, wenn es um die Dynamik von Gamswildbeständen geht. Dennoch kommt im Zuge von Abschussanträgen allgemein, bei Schutzwaldprojekten, oder wenn es um die Verhinderung von Schäden in der Forst-

Ein schwacher Jahrling, der seinen ersten Winter gerade überstanden hat.

wirtschaft geht, immer wieder die Wilddichte und damit in Zusammenhang der Kitzabschuss zur Sprache. Manche meinen auch, man muss hier ganz grundsätzlich im Rahmen der kompensatorischen Sterblichkeit eingreifen, damit die Lebensräume nicht übernutzt und zu stark belastet werden. Welche Rolle spielt die Wilddichte beim Gamswild aber nun tatsächlich? Wann muss reguliert werden, und wann darf gejagt werden? Fragen, die von grundlegender Bedeutung sind, die aber oft überhaupt nicht gestellt werden.

Grundsätzlich gilt für große Wirbeltiere, dass die Überlebensrate der Erwachsenen hoch ist und nur wenig schwankt. Das trifft auch bei Gams zu: Hat ein Stück die ersten beiden Lebensjahre überstanden, dann ist die Wahrscheinlichkeit groß, dass es alt wird – vor allem in der Mittelklasse sind die Ausfälle gering. Es gibt also bis zum Einsetzen des Alterns eine annähernd konstant hohe Überlebensrate bei erwachsenen Tieren und eine niedrige, oft stark schwankende Überlebensrate bei den Kitzen und Einjährigen. Daher gilt: Generell ist der Eingriff in die Jugendklasse der richtige Ansatz, wenn es um die Schalenwildregulierung geht. Greife ich in der Jugend stärker ein, fange ich Bestandesschwankungen besser ab. Die Wilddichte wirkt sich auf die Mittelklasse am wenigsten aus, sie beeinflusst besonders die Entwicklung der Einjährigen, welche Rolle spielt sie aber, wenn es um das Überleben der Kitze geht?

Fundierte Studien dazu gibt es über eine der nächsten Verwandten unserer Gams – der nordamerikanischen Schneeziege. Der kanadische Wildbiologe Marco Festa-Bianchet hat viele Jahre über Schneeziegen und Dickhornschafe geforscht. In jenen Lebensräumen, wo er gearbeitet hat, spielen neben der Witterung auch Wolf und Puma eine wichtige Rolle. In der Regel kann man annehmen, dass sich hohe Wilddichten und später Setzzeitpunkt ungünstig auf das Überleben junger Huftiere auswirken. Auch Festa-Bianchet und seine Mitarbeiter gingen davon aus, dass die Überlebensrate der Schneeziegenkitze mit späterem Setzzeitpunkt und höherer Wilddichte abnehmen würde, dagegen sollte sie mit höherem Körpergewicht ansteigen. Man weiß von Untersuchungen über Rotwild und Maultierhirsch, dass die Überlebenswahrscheinlichkeit der Kälber mit zunehmendem Körpergewicht ansteigt. Bei Dickhornschafen und bei den halbwilden Soay-Schafen war dies mit Einschränkung, und zwar nur bei hohen Dichten, der Fall. Und bei den untersuchten Schneeziegen?

Festa-Bianchet schreibt: Bei den Schneeziegen in unserer Studie beeinflusste die Wilddichte die Überlebensrate der Kitze nicht! Diese schwankte aber von einem Jahr zum anderen. Auch Körpergewicht und Setzzeitpunkt hatten keine eindeutigen Auswirkungen auf das Überleben der Jungtiere. Die Kanadier meinen, dass der Effekt wahrscheinlich deshalb so gering war, weil die niedrige Wilddichte den Zugang zur Äsung nicht beschränkt hat. Die Studie dauerte zehn Jahre, in dieser Zeit wurden 207 Tiere markiert, vermessen und beobachtet. Obwohl einige Kitze bei den Schneeziegen recht spät gesetzt worden sind, überlebten sie ebenso wie größere, früher gesetzte. Es kann zwar nicht ausgeschlossen werden, dass die Folgen eines späten Setztermins erst im Laufe des Lebens zum Tragen kommen, aber das Ergebnis ist erstaunlich, denn bei Huftieren gibt es unter spät gesetzten Jungtieren in der Regel höhere Ausfälle als bei früher geborenen. Am Ende kommen die Schneeziegenforscher zu dem Schluss, dass die Ergebnisse auf Folgendes hinweisen: „Jene Faktoren, welche das Leben von jungem Schalenwild beeinflussen, sind von einer Art zur anderen, von einem Bestand zum anderen und auch je nach den lokalen verfügbaren Ressourcen verschieden." Damit sind wir bei einem wichtigen Punkt.

Im Zusammenhang mit der jagdlichen Nutzung wird immer wieder gern das Prinzip der kompensatorischen Sterblichkeit angeführt. Soll heißen: Wir nehmen über die Jagd nur jenen Ausfall vorweg, den es ohnehin von Natur aus gegeben hätte. Gerade beim Abschuss von Gamskitzen wird damit gern argumentiert. Dazu ein paar Worte, die das Prinzip etwas näher beleuchten. Der Begriff „kompensatorische Sterblichkeit" taucht 1930 erstmals in der Wildbiologie auf. Grundlage waren damals Studien über Virginia-Wachteln. Bei Zählungen fand man heraus, dass die Wintersterblichkeit in bejagten

Wachtelvorkommen nur etwa 10 Prozent ausmachte, während sie in unbejagten Beständen bei etwa 30 Prozent lag. Daraus folgerte man, dass es einen herbstlichen Überschuss gibt, der meist dem Raubwild zufällt, wenn er nicht vorher jagdlich genutzt wird. Mit anderen Worten: Wird die Wilddichte über den Abschuss bis zu einem bestimmten Niveau abgesenkt, dann wird diese begrenzte Entnahme durch eine geringere Sterblichkeit bei den verbleibenden Tieren ausgeglichen oder eben „kompensiert“. Der Sterblichkeitsfaktor „Jagd“ ersetzt also einen anderen Sterblichkeitsfaktor. Eine Voraussetzung dafür ist meist, dass der Lebensraum nur eine bestimmte Anzahl von Tieren trägt, das heißt, dass es Lebensgrundlagen gibt, die knapp und nicht im Überfluss für alle da sind. Die entscheidende Rolle spielt dabei die Wilddichte.

Kompensatorische Sterblichkeit findet man also dann, wenn die natürliche Sterblichkeit abhängig von der Wilddichte ist. Dies ist ganz generell sehr selten der Fall. Man sollte also vorsichtig sein, das Prinzip kann nicht einfach auf jede Art oder jeden Bestand übertragen und angewendet werden. In vielen Gamswildlebensräumen spielen zum Beispiel Witterungsextreme, Lawinen oder die Vegetationsentwicklung eine wichtige, von der Wilddichte ganz unabhängige Rolle. Teilweise kompensatorisch ist die natürliche Sterblichkeit dann, wenn sie eben nur zum Teil von der Wilddichte abhängt. Dieser Fall kommt häufig vor. Es gibt aber auch Wildtierbestände, wo die natürliche Sterblichkeit nicht von der Wilddichte abhängt. Das tritt selten auf, jeder jagdliche Eingriff wäre in solchen Beständen additiv – man müsste ihn also zum natürlichen Abgang dazurechnen. Beim Gamswild kann dies in katastrophalen Ausnahmewintern oder bei Seuchenzügen durchaus vorkommen.

In diesem Zusammenhang sollten wir uns nochmals die Lebensraumtypen in Erinnerung rufen. Damit wird von vornherein nicht alles über einen Kamm geschert, sondern entsprechend den Schlussfolgerungen der Kanadier differenziert. Wolfgang Schröder war einer der ersten, die grundlegende Studien zur Biologie der Wildart verfasst haben. Er teilte den Gamslebensraum der Alpen in drei Typen:

1. Hochgebirge,
2. Gebirge mit weniger dominanten klimatischen Verhältnissen,
3. Bewaldete Bergrücken.

Die bestandesbegrenzenden Faktoren im Hochgebirge wären extreme Winter sowie Gesamtschneemenge und Wintereinstände. Als Beispiele dafür dienen die Hohen Tauern, teilweise auch noch die Niederen Tauern und extreme Kalkalpen. Im Schweizer Nationalpark wird Gamswild seit rund hundert Jahren nicht mehr reguliert. Der Bestand schwankte in dieser Zeit zwischen 1.000 und 1.500 Stück, dafür verantwortlich sind hauptsächlich klimatische Einflüsse.

In jenen Gebirgen, wo die klimatischen Verhältnisse weniger dominieren, werden Bestandesdichte, verfügbarer Lebensraum, Äsung und alle fünf bis zehn Jahre Extremwinter zu bestandesbegrenzenden Faktoren. Vielfach sind das Gebirgszüge mit etwas über 2.000 Meter Seehöhe, die am Bergfuß reich bewaldet sind. Die Gailtaler Kalkalpen, wo ich aufgewachsen bin, wären ein Beispiel dafür. Auf den bewaldeten Bergrücken sind das Ausmaß der Wintereinstände, innerartliche Konkurrenz sowie Großraubwild die wichtigsten bestandesregulierenden Faktoren. Solche Gebiete findet man am Alpenrand und in einer Reihe von Mittelgebirgen. Man wird also im Mittelgebirge oder in Lebensräumen, die weniger durch klimatische Extreme geprägt sind, eher über die Jagd regulieren. Im Hochgebirge steht dagegen die Frage im Raum, wie viel ich über die Jagd entnehmen darf, ohne den Bestand zu gefährden.

Entsprechend den Lebensbedingungen kann es also durchaus sinnvoll sein, in manchen Revieren verstärkt bei Jahrlingen einzugreifen, während dort, wo regelmäßig mit Witterungsextremen zu rechnen ist, eine zurückhaltende Bejagung geboten ist. Sind die Lebensbedingungen rau, besteht immer die Gefahr, dass jagdliche Eingriffe additiv werden, kommt ein harter Winter, müssen die Entnahmen durch die Jagd zu den Winterausfällen dazugerechnet werden. Wenn es um die Kitze geht, dann spielt die Wilddichte meist nur eine geringe Rolle, diese Altersklasse ist gegenüber strengen Wintern generell am meisten anfällig. Die Ausfälle sind hier immer am größten. Die Notwendigkeit des Abschusses von Gamskitzen ist daher aus meiner Sicht nur ausnahmsweise gegeben. Selbst lokale Waldgamsvorkommen wachsen nur selten über eine bestimmte Kopfzahl an. Erreicht ein lokales Vorkommen die Lebensraumkapazität, dann wandern vor allem junge Tiere verstärkt ab. Zu einem Anwachsen dieser Bestände kommt es nach meiner Erfahrung meist nur dann, wenn über die Forstwirtschaft, durch Wegebau oder Windwurf zusätzliche Freiflächen mit Nahrungsangebot entstehen. Um Schäden in der Forstwirtschaft zu verhindern sind dann regulierende Eingriffe notwendig.

Kommen wir zum Schluss: Der Einfluss der Wilddichte auf das Überleben von Jungtieren, die noch gesäugt werden, wurde bei einer Reihe von großen Pflanzenfressern nachgewiesen. Dabei zeigte es sich, dass der Effekt viel stärker bei jenen Arten zu Tage tritt, die mehrere Junge zur Welt bringen, als bei solchen, die jährlich nur ein einzelnes Junges setzen. Man nimmt an, dass erstere deutlich mehr Energie in den Nachwuchs stecken und deshalb empfindlicher auf Konkurrenz reagieren. Bei Rehen ist die Wilddichte also von größerer Bedeutung, wenn es um das Fortkommen des Nachwuchses geht, als bei Rotwild. Auch Gamsgaisen setzen in der Regel nur ein Kitz, allein deshalb sollte sich die Dichte nur wenig auf die Überlebensrate der Kitze auswirken. Wie gesagt, die Nachwuchsrate ist beim Gamswild sehr variabel, und vieles weist darauf hin, dass die Wilddichte gerade für das Überleben der Kitze von untergeordneter Bedeutung ist. Bei Jahrlingen lassen sich durchaus Einflüsse der Dichte auf Kondition und Kruckenwachstum nachweisen, wobei aber wiederum dem Lebensraum eine zentrale Rolle zukommt.

Das heißt, verschiedene Altersklassen sind verschieden empfindlich gegenüber Klimaeinflüssen und schwanken deshalb in ihrer relativen Dichte. Eine große Anzahl von empirischen wie theoretischen Studien zeigt, dass es notwendig ist, die Altersstruktur zu berücksichtigen, wenn man die Auswirkung der Wilddichte bestimmen will. Mit anderen Worten: Ich muss wissen, wie der Bestand nach Altersklassen aufgebaut ist, nur dann kann ich meine Jagd sinnvoll auf die Dynamik des Bestandes abstimmen.

Altern und Lebenserwartung

Wir wissen nun: Die meisten Ausfälle gibt es in der Jugend. Erwachsene Tiere der Mittelklasse bilden den stabilen Grundstock eines Bestandes. Aber was ist mit den alten? Wie alt werden Gams? Und wie weit stimmen Lehrmeinungen tatsächlich mit der Biologie dieser Wildart überein?

Das Altern beschäftigte die Menschen seit jeher, die Forschung über das Altern wurde erst in den letzten Jahren zu einem eigenen Wissenschaftszweig, der auch in der Wildbiologie immer mehr an Bedeutung gewinnt. So kommt es, dass wir auch immer mehr Einblick erhalten, wenn es um die Bedeutung des Alterns für Wildtierbestände geht. Neben Geschlechterverhältnis, Zuwachsrate oder Altersstruktur ist die Lebensdauer ein ganz wesentliches Merkmal, wenn es um die Bestandesdynamik geht. Auch wenn es eine Reihe von Ausnahmen gibt, vereinfacht gilt, dass die Lebenserwartung von Tierarten mit der Körpergröße zunimmt. Selbst innerhalb einer Art deutet viel auf Zusammenhänge zwischen Körpermasse und Lebensspanne hin. Soll heißen: Schwere Individuen überleben länger. Das gilt für beide

Geschlechter. Auch damit wird der positive Einfluss der Körpergröße auf die Lebensdauer unterstrichen.

Doch sieht man sich Überlebenskurven an, dann erkennt man, dass die Weibchen großer Huftiere in der Regel älter werden als die Männchen. Beim Gamswild zeigen die Lebenstafeln von Wolfgang Schröder aus dem Hochschwab, dass dort die Böcke 14 Jahre alt wurden, die Gaisen erreichten ein Alter von 22 Jahren. Das passt ins Schema und entspricht der Lehrmeinung – nur, diese Grundlagen stammen aus bejagten Gamsbeständen.

Dort, wo die die Wildart bejagt wird, ist ein 14jähriger Gamsbock bereits eine Sensation, will ich einen 15jährigen Bock sehen, muss ich als Jäger aber den 14jährigen durchgehen lassen ... Im Schweizer Nationalpark, wo seit rund hundert Jahren nicht mehr gejagt wird, hat man Gamswild markiert – 40 männliche und 76 weibliche Stück. Sie wurden dreizehn Jahre lang beobachtet. Flurin Filli, zuständig für das Schalenwild im Park, hat die Daten gesammelt, gemeinsam wurden sie mit dem italienischen Wildbiologen Luca Corlatti ausgewertet. Die Ergebnisse brachten an den Tag, dass Böcke und Gaisen annähernd die gleiche Überlebenswahrscheinlichkeit hatten.

Schon davor hat man im Pyrenäen Nationalpark regelmäßig nach Fallwild gesucht. In acht Jahren wurden auf diese Weise 588 verendete Tiere gefunden – 114, also knapp 20 Prozent davon, waren Kitze. Ein Ergebnis war: Es gab keinen statistisch signifikanten Unterschied zwischen den Geschlechtern! Das Verhältnis zwischen männlichen und weiblichen Gams lag bei 1 : 1,13, das Alter, in dem die Tiere verendet sind, war bei Böcken und Gaisen gleich. In eher milden Wintern war die Sterblichkeit generell gering, der Anteil der ältesten Gams am Gesamtausfall war in solchen Wintern jedoch am höchsten, hauptsächlich waren dies Böcke. In solchen Jahren dürfte sich der Tribut, den allein das Altern fordert, deutlicher zeigen, als in Jahren, wo durch strenge Winter alle Altersklassen Verluste erleiden. Bei den Pyrenäengams war die Sterblichkeit vom vollendeten ersten bis zum neunten und zehnten Jahr am geringsten, und zwar sowohl für Gaisen als auch für Böcke. Erst danach setzte der Alterungsprozess ein, mit zunehmendem Alter stieg dann die Sterblichkeit an.

Noch eine dritte Untersuchung gibt es zu dem Thema, diesmal wurde nach Fallwild in einem Regionalpark in den Italienischen Seealpen gesucht. Von 1986 bis 2000 haben die Italiener 1.801 Stück Fallwild gefunden. Wiederum handelt es sich um einen geschützten Gamsbestand. Zusätzlich wurde dieser Bestand alljährlich über Zählungen erfasst. Anna Bocci und ihre Kollegen haben die Daten analysiert. Ein Ergebnis, das Licht auf den unbejagten Gamsbestand wirft, gleich vorweg: Über die Bestandeserhebungen und die Auswertungen der Fallwildfunde fanden die Italiener heraus, dass 10 Prozent der Gams in dieser Population älter als 11 Jahre waren! Jeder, der sich ein

Zwei Gaisen Anfang November.
Die linke Gais mit hohen Krucken und weiter Auslage ist 18 Jahre alt. Sie verfärbt nicht mehr ins schwarze Winterkleid, sondern bleibt graubraun, dennoch ist sie körperlich stark und noch immer in guter Kondition.

wenig mit der Wildart beschäftigt, weiß, dass dies ein außergewöhnlich hoher Wert ist – zumindest im Vergleich mit bejagten Beständen in den Ostalpen. Die Gams im Park Maritime erreichen also vergleichsweise ein hohes durchschnittliches Alter. Beinahe zyklisch gibt es dort alle drei bis vier Jahre einen Gipfel in der Fallwildkurve – Winterstrenge sowie lokale Wilddichten sind der Grund dafür. Und auch hier zeigt sich abermals, dass es keinen signifikanten Unterschied bei der Überlebensrate von Böcken und Gaisen gab. Beide Geschlechter weisen wiederum annähernd gleiche Überlebenskurven auf. Das maximal zu erwartende Alter war bei Böcken und Gaisen gleich hoch, es lag bei 16 Jahren.

Drei Gamsbestände in drei verschiedenen Regionen, in keinem greift der Mensch über die Jagd in die Bestandesdynamik ein, und es gibt ganz andere Überlebenskurven als bei bejagten Beständen. Verhindert die Jagd, dass wir diese Wildart richtig verstehen?

Ob mit oder ohne Jagd, die Ergebnisse aus den drei Studien sind ganz grundsätzlich erstaunlich. Warum? Weil sich mit der gleichen Lebenserwartung für Männchen und Weibchen ein Muster zeigt, das eigentlich für monogame und monomorphe Arten typisch ist. Gams leben aber weder in

An die 25 Jahre alte Gais.

12 Jahre alter Bock.

17 Jahre alte Gais.

Einehe, noch weisen Böcke und Gaisen dieselbe Körpergröße auf. Wie ist das möglich bei einer polygynen Art, bei der es während der Brunftzeit zu intensiven Auseinandersetzungen zwischen den Männchen kommt? Warum geht die sexuelle Selektion bei den Böcken nicht auf Kosten der Lebenserwartung, wie allgemein angenommen?

Wie bereits am Beginn des Buches ausgeführt, gibt es bei Gams einen „saisonalen Geschlechtsdimorphismus". Das heißt, ein Gamsbock kann vor Beginn der Brunft um ein Drittel schwerer sein als eine Gais, im Jänner ist der Unterschied aber bereits auf etwa 5 bis 10 Prozent geschrumpft, und am Ende des Winters ist er fast völlig verschwunden. Dazu kommt: Gamsböcke investieren zwar vorübergehend viel in den Aufbau von Körperreserven, aber wenig in die Ausbildung von sekundären Geschlechtsmerkmalen, wie sie etwa Geweihe oder Hörner darstellen. Ein wichtiger Punkt ist aus meiner Sicht auch noch, dass bei einem hohen Anteil an reifen und alten Böcken ein Reviersystem entsteht, durch welches ebenfalls Energieverluste und Risiken verringert werden. Alles in allem eine konservative Strategie, die eigentlich zu geringen Verlusten und vor allem zu geringeren Fortpflanzungskosten für die Männchen führen sollte – vorausgesetzt, sie erreichen überhaupt ihr „bestes Alter"…

Bei den Gaisen dagegen liegt die Sache klar auf der Hand. Weibchen im besten Alter zeigen geringere Sterblichkeitsraten als erwartet, und zwar nicht nur bei Gams, sondern bei einer Reihe von anderen Huftieren ebenfalls. Diese geringe Sterberate ergibt sich aus einer Lebensstrategie, welche den Nachwuchserfolg zugunsten des eigenen Überlebens aufs Spiel setzt, wenn es raue Umweltbedingungen erfordern. Aus der Arbeit von Valentincic geht ganz klar hervor, dass eine Gamsgais noch lange nicht „gelt" (also unfruchtbar) sein muss, nur weil sie kein Kitz führt. Wie gesagt, sogar alte Gaisen wurden noch beschlagen – ob sie dann im nächsten Jahr ein Kitz führen, ist eine andere Sache. Jeder erfahrene Gamsjäger weiß, dass ältere Gaisen oft nur mehr jedes zweite Jahr setzen. Das gibt ihnen die Möglichkeit, ihr Kitz vom Vorjahr länger zu führen und sich selbst von der Trächtigkeit zu erholen. So eine Gais zieht also oft mit einem Jahrling, der durchaus von dieser Führung profitiert. In Ausnahmefällen kann sogar ein Zweijähriger noch mit der Mutter unterwegs sein. Das ist von entscheidender Bedeutung für die Dynamik eines Gamsbestandes. Erwachsene Weibchen mindern den Fortpflanzungserfolg, um ihr eigenes Überleben sicherzustellen. Bevor also die Gais einem strengen Nachwinter erliegt, geht der Fötus verloren. Ist sie körperlich stark geschwächt, wird sie sich auch im Herbst nicht an der Fortpflanzung beteiligen. Während es also in der Jugendklasse von einem Jahr zum anderen große Schwankungen geben kann, ist bei den erwachsenen Gaisen viel mehr Elastizität oder Anpassungsfähigkeit vorhanden. Die Sterblichkeit ist geringer, weil sie Risiken vermeiden – der Einsatz ist der Nachwuchs.

Von Bedeutung für unser jagdliches Verständnis ist in diesem Zusammenhang vor allem ein Punkt: Damit diese Strategien aufgehen, muss man sowohl Gamsgaisen als auch Gamsböcke alt werden lassen! Wird die Gais alt, kann sie ihr Erbgut über ein langes Leben an ausreichend viele Nachkommen weitergeben, auch wenn sie das ein oder andere Jahr keinen Nachwuchs aufbringt. Wichtig ist, dass sie selber lange am Leben bleibt. Wie bereits am Beginn dieses Kapitels erwähnt: Gamsgaisen bringen in der Regel jährlich nur ein Junges zur Welt, der Nachwuchserfolg ist also mit einer Anzahl von Jahren verbunden.

Wilddichten

Gerade beim Gamswild schwanken die Wilddichten je nach Lebensraum und Klima stark. Dichteangaben sind deshalb mit Vorbehalt zu genießen, weil sowohl die einwandfreie Zählung schwierig ist als auch der Flächenbezug meist nur vage eingegrenzt werden kann. Dazu kommt immer auch die Frage: Wann wurden die Bestände erhoben? Im Sommer, wenn die Kitze da sind und

Kindergarten.
Im Juni stehen die Gaisen mit ihren Kitzen zumindest die ersten zwei Wochen nach dem Setzen meist alleine. Erst dann dürfen die Jahrlinge wieder langsam zum Rudel.

erst wenige von ihnen ausgefallen sind, im Herbst, wenn sich die großen Rudel über der Waldgrenze zusammenfinden, oder im Frühjahr, wenn der Bestand das tiefste Niveau im Jahreslauf erreicht? Trotz all dieser Einwände ist das Gamswild jene heimische Schalenwildart, die vergleichsweise gut zu beobachten ist und die uns also über die Jahre erlaubt, zumindest Bestandestrends aufzuzeichnen und zu dokumentieren. Jene Dichteangaben, die ich hier zitiere, sollen nicht mehr und nicht weniger als Vergleichswerte bringen, wenn man das Verhältnis zwischen Wildstand und Lebensraum einordnen möchte. Wie gesagt: Dabei ist Vorsicht geboten.

In der zweiten Auflage seines Gamsbuches schreibt Forstrat Fuschlberger 1955: „Man kann annehmen, dass ein Stand von 8 Gams auf 100 Hektar der höchste ist, der als zulässig bezeichnet werden kann. Als normal kann man einen Stand von 3 bis 6 Stück bezeichnen, je nach den örtlichen Verhältnissen, insbesondere nach den Winteräsungsmöglichkeiten." Fuschlberger sammelte seine Erfahrungen vor allem in den Schladminger Tauern. Seine Angaben beziehen sich auf Zwischen- und Nachkriegsjahre, Zeiten, wo die Wildstände generell gering waren, wo es immer wieder Räudezüge gegeben hat und wo das Geschlechterverhältnis aufgrund der deutlich stärkeren Eingriffe bei den Böcken meist stark zugunsten der Gaisen verschoben war.

Josef Hamr gibt Anfang der 1980er-Jahre für ein gutes Gamsrevier im Karwendel in Nordtirol eine Wilddichte von 10 bis 15 Stück / 100 Hektar an. Die Breite, mit der diese Angabe schwankt, entspricht bereits dem Grundbestand von Fuschlberger. Dennoch ist die Auskunft nicht zu verwerfen, sie zeigt uns gerade eben, dass Gamswildbestände in einem breiten Rahmen schwanken. Anna Bocci gibt für den erwähnten Regionalpark Alpe Maritime in den italienischen Seealpen eine Dichte von 12 Gams / 100 Hektar für einen gesunden, gut strukturierten Bestand, der zyklisch alle drei bis vier Jahre schwankt, an. Die Slowenen sprechen für zwei getrennte, aber benachbarte Bestände in den Steiner Alpen von 10 und knapp 8 Stück / 100 Hektar. Boschi und Nievergelt geben für den Schweizer Nationalpark, wo die Wildart so wie im Park Alpe Maritime nicht bejagt wird, Gamswilddichten von 12 bis 13 Stück / 100 Hektar an. Die Werte aus beiden Schutzgebieten sind also annähernd ident. Nimmt man den Durchschnitt aus den beiden Tiroler Eckdaten von Hamr, dann sind wir ebenfalls dort. Lassen wir es bei dieser Größenordnung – sie soll als Richtwert stehenbleiben.

Sechstes Kapitel:

Hörner und Krucken

Hornwachstum

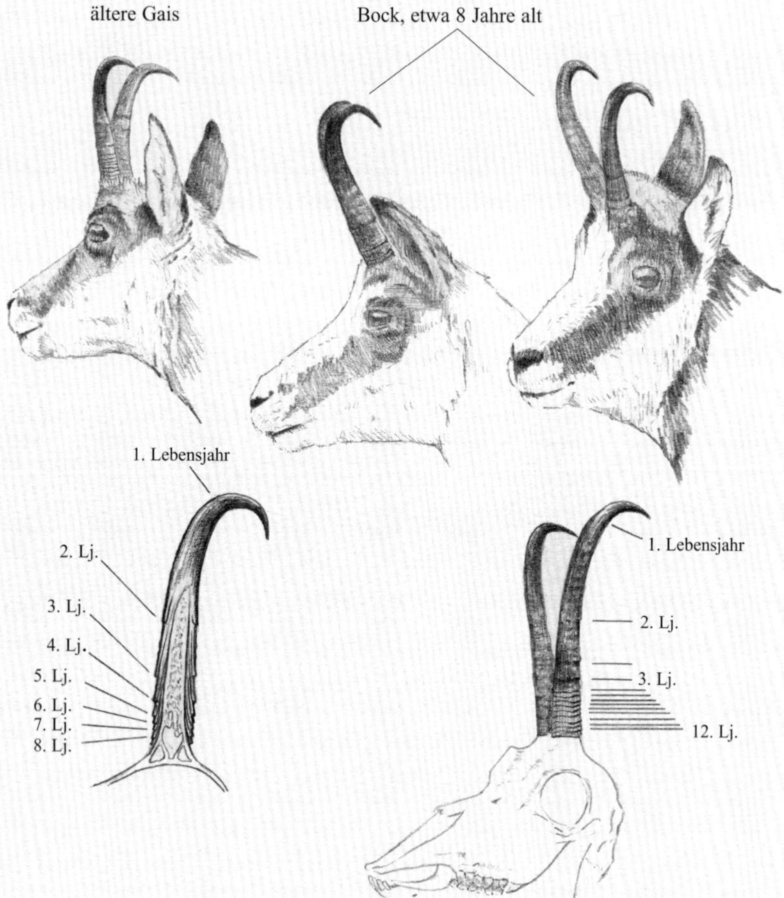

Bock Mitte oben: Etwa drei bis vier Millimeterringe werden vom Haar verdeckt. Wer mit guter Optik den dritten oder vierten Wachstumsabschnitt findet, kann das Alter beinahe aufs Jahr genau bestimmen.

Bock rechts oben: Sind die Brunftfeigen angeschwollen, wirken die Krucken deutlich kürzer.

Aus den unteren beiden Skizzen (links Bock, rechts Gais) ersieht man die Wachstumsabschnitte in den einzelnen Lebensjahren.
Guter Anhaltspunkt: Im 4. Lebensjahr erfolgt beim Gams ein Schub von annähernd einem Zentimeter, im 5. von annähernd einem halben Zentimeter.

Für junge Huftiere ist es entscheidend, dass sie möglichst bald ihre endgültige Körpergröße erreichen. Vor allem größere Arten brauchen mehrere Jahre bis sie voll ausgewachsen sind, womit dann ihre Überlebenswahrscheinlichkeit bis zum Einsetzen des Alterns recht hoch ist. Im gleichen Zeitraum, in dem ein junges Huftier heranwächst, entwickeln sich bei vielen Arten auch Hörner oder Geweihe – und die kosten Energie! Junge Geweih- oder Hornträger müssen also in Körperwachstum ebenso wie in Geweih- oder Hornwachstum investieren. Ein Geweihträger hat dabei den Vorteil, dass er seinen Hauptschmuck alljährlich wieder abwirft. Er kann also immer wieder aufs Neue die Geweihmasse dem zunehmenden Körperwachstum und den jährlichen Äsungsbedingungen anpassen. Beim Gamswild erfolgen die größten Wachstumsschübe in den ersten drei bis vier Lebensjahren, also genau in jener Zeit, wo das Tier heranwächst. Der kanadische Wildbiologe Anthony B. Bubenik hat die Wachstumsschübe bei Gamskrucken in Zusammenhang mit der Produktion von Sexualhormonen gestellt: Die größten Wachstumsschübe gibt es demnach in jenen Jahren, wo kaum Sexualhormone ausgeschüttet werden. Bubenik weist darauf hin, dass auch Böcke, bei denen die Hodenaktivität krankheitsbedingt blockiert ist, oder alte Gaisen, die unfruchtbar werden, wieder stärkere Wachstumsschübe aufweisen. Für alte Gaisen, die nicht führen, trifft dies nach meiner Erfahrung zu; ob es jedoch tatsächlich hormonell bedingt ist oder auf eine geringere körperliche Belastung zurückzuführen ist, muss hier zunächst einmal offenbleiben.

Sicher ist: Die Entwicklung von Hörnern in den ersten Lebensjahren ist ein kritischer Punkt im Leben von Boviden. Der Hornaufbau kostet nicht nur Energie, über Hörner geht im Winter auch Körperwärme verloren. Bei Steinböcken oder Dickhornschafen ist dies offensichtlich, beim Gamswild könnte man annehmen, dass mit dem Aufbau der geringen Hornmasse keine großen Kosten verbunden sind. Untersuchungen bei Schneeziegen zeigen jedoch, dass die Hornlänge in direktem Zusammenhang mit dem Körpergewicht von Jahrlingen steht – und zwar bei beiden Geschlechtern. Selbst wenn man Geschlecht und Gewicht beiseite lässt, ergeben sich Zusammenhänge zwischen Hornwachstum und eiweißreichem Nahrungsangebot im Frühsommer bei Jahrlingen. Bei Dickhornschafen konnte Marco Festa-Bianchet nachweisen, dass Jahrlinge mehr in Körperwachstum und weniger in Hornwachstum investieren, wenn das Nahrungsangebot schlechter ist. Und beim Gamswild?

Beim Gamswild sind die Krucken der Böcke nur um 10 bis 20 Prozent dicker als bei den Gaisen. Die Unterschiede entstehen vor allem in den ersten Lebensjahren. Gibt es einen Zusammenhang zwischen Krucken und Körpergewicht? Kann man aus der Größe und Masse von Hörnern vielleicht sogar auf die Bestandesdynamik rückschließen? Wie weit sind Einflüsse von

Grundgestein und Lebensraum auf das Hornwachstum nachgewiesen? Die italienische Wildbiologin Roberta Chirichella ist einigen dieser Fragen genauer nachgegangen.

Hornzuwachs im ersten Jahr

Die Form von Gamskrucken lässt sekundäre Geschlechtsmerkmale erkennen. Es steht fest, dass die Ausprägung dieser Merkmale vom Erbgut ebenso beeinflusst wird, wie vom Alter, dem Nahrungsangebot sowie Lebensraum, Winterstrenge und ganz allgemein Klima oder Umweltbedingungen. Chirichella hat die Unterschiede im Hornwachstum von 1.330 Jahrlingen analysiert. Sie wurden in vier aufeinanderfolgenden Jahren in der Region Brenta/Adamello im Trentino erlegt. Dabei konnte sie zum ersten Mal eindeutig nachweisen, dass es einen Unterschied bei den Wachstumsschüben gibt, der mit dem Grundgestein zusammenhängt. Die Jahrlinge aus den Bergstöcken, welche aus Silikat- oder Urgestein aufgebaut waren, zeigten weniger starkes Hornwachstum als jene, die auf Kalk- oder Dolomitbergen erlegt wurden. Ungünstige Umwelt- und Klimabedingungen, welche sich in der Seehöhe oder Schneelage zeigen, führten ebenfalls zu geringerem Hornwachstum bei männlichen und weiblichen Jahrlingen. Roberta Chirichella ist es gelungen, klare Zusammenhänge

Jahrling im Juni.

Das Tier ist gut ein Jahr alt. Noch sind die Hornspitzen kaum gekrümmt, im 2. Lebensjahr erfolgt der größte Wachstumsschub beim Kruckenwachstum.

Zweijähriger.
Ist der Lebensraum sehr rau, können Gams im 3. und 4. Jahr auch Kruckenwachstum nachholen. In den ersten beiden Jahren wird dann mehr in Körperwachstum investiert.

zwischen Bodentyp, Schneedecke, Standort und Kruckenlänge bei Gamsjahrlingen nachzuweisen. Ihr Ergebnis: „In Nordlagen auf Kalk oder Dolomit mit geringen Schneehöhen wurden die Jahrlinge mit den größten Hornzuwächsen erlegt."

Chirichella führt dies einerseits auf die hohe Äsungsqualität zurück, die es bei ausreichend Wasserversorgung auf Grundgestein Kalk gibt. Der Nordhang trocknet im Sommer weniger stark aus. Andererseits sind die Lebensbedingungen im Kalk- oder Dolomitgebirge sehr hart, wenn es hohe Schneelagen gibt, weil der Schnee oft liegenbleibt und nicht, wie im Urgestein, von alpinen Matten abgeweht wird, die Tiere müssen im Winter daher häufig in tiefer liegende Wälder ausweichen. Also wenn Kalkgebirge, dann nicht Staulagen mit extremen Schneemengen. Zudem stellte sich heraus, dass Regen nicht nur positive Auswirkungen auf das Hornwachstum von Kitzen hatte, sondern auch Jahrlinge direkt von ausreichend mit Feuchtigkeit versorgten und daher hochqualitativen alpinen Weiden profitierten. Hornwachstum steht also auch bei Gamswild eindeutig in Zusammenhang mit Umweltbedingungen. Ganz allgemein kann man davon ausgehen, dass Niederschlag und Temperatur die Horngröße in den ersten Lebensjahren am meisten beeinflussen, womit wiederum bestätigt wird, dass die frühe Entwicklung von entscheidender Bedeutung für die Lebensgeschichte von

Huftieren ist. Damit sind wir aber noch nicht am Ende, Roberta Chirichella wollte auch dem unterschiedlichen Hornwachstum bei männlichen und weiblichen Jahrlingen auf den Grund gehen. Entflechten wir also mit Hilfe der italienischen Studien die Zusammenhänge zwischen Kruckenlänge und Körpergewicht bei Gamsjahrlingen.

Hornlänge und Körperwachstum

Zu Beginn dieses Kapitels wurde erwähnt, dass es bei einjährigen Dickhornschafen einen Ausgleich gibt zwischen Hornlänge und Körpermasse. Ist das Nahrungsangebot nicht so gut, wird mehr in Körperwachstum und weniger in Hornwachstum investiert. Die italienischen Gamsforscher haben anhand von knapp 1.700 Jahrlingen ein Modell erstellt und fanden heraus, dass Wilddichte, Schneedecke und deren Dauer, Temperaturen im Winter sowie Grundgestein das Verhältnis zwischen Hornlänge und Körpermasse beeinflussen. Was heißt das im Einzelnen? Ganz einfach: Ausgehend von einem bestimmten Körpergewicht, waren im Urgestein (also auf Silikat) mit strengen Wintern und bei hoher Wilddichte die Krucken kürzer. Und obwohl bei den einjährigen Gams im Urgestein generell geringere Wachstumsschübe im ersten Jahr gemessen wurden, konnten die Italiener nachweisen, dass dort

Gamsbock in den besten Jahren.

Lebensraum und Klima haben Auswirkung auf das Kruckenwachstum. In Österreich gibt es besonders kapitale Gams häufig in den südlichen Kalkalpen.

nach einem Winter mit lang anhaltender Schneedecke Gaisjahrlinge weniger als Bockjahrlinge in das Hornwachstum investieren. Das heißt: Es gibt ebenso wie bei Dickhornschafen auch bei jungen Gams diesen Ausgleich zwischen Körpergewicht und Hornwachstum. Weibliche Jahrlinge gehen aber im Gegensatz zu männlichen eher auf Nummer sicher. Die frühe Entwicklung ist also ein entscheidender Schritt in der Lebensgeschichte von Huftieren – und auch beim Aufbau der Gamskrucke.

Kruckenwachstumsmuster

Ein Blick auf die Liste der wirklich kapitalen österreichischen Gamskrucken scheint die Ergebnisse von Roberta Chirichella und ihren italienischen Kollegen zu untermauern: Das Gros der besonders starken Gamskrucken kommt aus den südlichen Kalkalpen. Diese dürften demnach dem Gamswild besonders gute Lebensbedingungen bieten – sprich, nicht ganz so strenge Winter wie in den Staulagen nördlich des Alpenhauptkammes bei gleichzeitig hochwertiger Äsung. Aber kann man Versäumtes nicht später nachholen? Wenn ein Stück unter harten Umweltbedingungen aufwächst, dann ist klar, dass es zunächst mehr in Körperwachstum investieren muss, ist dieses Stück aber dann ausgewachsen, könnte es doch später etwas Kruckenwachstum aufholen. Gibt es demnach vielleicht unterschiedliche Wachstumsmuster? Kurze Antwort: Ja, es gibt sie! Die Untersuchungen an den Jahrlingen zeigen uns zunächst einmal nur ganz grundsätzlich, dass eine Wechselbeziehung zwischen Kruckenwachstum und Umwelt da ist. Das ist ein interessanter, grundlegender Zusammenhang. Je nach Bestandesdynamik und Lebensraum können die Wachstumsschübe im Leben einer Gams aber unterschiedlich ausfallen.

Der bekannte Schweizer Zoologe Bernhard Nievergelt war der erste, der gezeigt hat, welche Bedeutung dem Wachstumsverlauf bei Steinbockgehörnen zukommt. Nievergelt fand heraus, dass es bei Steinböcken, die anfänglich große jährliche Wachstumsschübe zeigten, im späteren Alter jährlich nur mehr wenig Hornzuwachs gab. Im Gegensatz dazu gibt es Bestände, wo die Böcke in jungen Jahren nur wenig Hornmasse aufbauen, dies aber im Alter wieder wettmachen. In der Regel stehen diese Wachstumsmuster in enger Beziehung mit der Bestandesdynamik, dem Umtrieb und Durchschnittsalter, oder auch jenem Alter, in dem die Gaisen zum ersten Mal setzen. Beim Steinwild sind solche Wachstumsmuster auffällig und daher leichter zu erkennen, doch auch beim Gams gibt es sie. Es war Anfang der 1970er-Jahre, als eine Reihe von Arbeiten über Gamswild erschien. Zu den bekanntesten zählt jene von Wolfgang Schröder, der lange Zeit das Institut für Wildforschung in München geleitet hat. Schröder hat seine Doktorarbeit über

Gams im selben Untersuchungsgebiet am Hochschwab verfasst, wo auch ich etwa vierzig Jahre später über diese Wildart forschen durfte.

Dabei hat er sein Untersuchungsgebiet in drei Teilbereiche gegliedert: ein zentrales Kerngebiet, ausgehend vom Hochschwabgipfel über den Höhenzug der Aflenzer Staritzen mit ihren Karstplateaus, dazu ein südlich davon anschließendes Areal, welches die Steilabstürze von der Staritzen in das Tal der Dullwitz und die weiter südlich liegenden Gebiete rund um die Fölzalm einschließt, sowie im Norden vom Kerngebiet die Zeller Staritzen mit höherem Waldanteil, Felsabbrüchen unterhalb der Waldgrenze und locker eingestreuten Weideflächen. Wir kommen auf die Zusammenhänge zwischen Lebensraum, Gewicht und Körperentwicklung noch im Detail zu sprechen. Bleiben wir aber zunächst noch bei der Wechselwirkung zwischen Kruckenwachstum und Lebensraum. Nur soviel, Schröder konnte Unterschiede beim Körpergewicht des Gamswildes in den verschiedenen Lebensräumen nachweisen – und dies, obwohl alle drei Teilbereiche direkt aneinander angrenzen.

Die einzelnen Areale waren zwischen 4.000 und 5.000 Hektar groß. Beim Vergleich der Wachstumsabschnitte der Bockkrucken stellte sich heraus, dass es im stärker bewaldeten nördlichen Teilgebiet einen anderen Wachstumsverlauf gab als im zentralen und südlichen Areal. Auch bei den Körpergewichten zeigten sich Unterschiede zwischen genau diesen Gebieten. Die Gams von der Zeller Staritzen im Norden waren stets leichter. Dennoch übertrifft das Hornwachstum der Böcke aus diesem Teilareal in den ersten beiden Jahren jenes der Gamsböcke aus dem Kerngebiet und dem südlich davon anschließenden Bereich. Im dritten Jahr ändert sich dies jedoch, und von da an weisen die Böcke aus dem Zentral- und Südareal größere Wachstumsschübe auf. Mit dem vollendeten vierten Jahr sind die Schläuche der Bockkrucken aus allen drei Teilbereichen etwa gleich lang. Nach dem beendeten fünften Jahr liegt die Gesamtlänge der Bockkrucken von Aflenzer Staritzen, Dullwitz und Fölzalm über jenem der Zeller Staritzen. Die anfänglichen Unterschiede werden also nicht nur wettgemacht, sondern sogar umgekehrt. Auch bei den Gaisen zeigte sich ein ähnliches Muster, nur dass der Unterschied schon ein Jahr früher ausgeglichen wird. Wie kann man dies deuten?

Wie gesagt, ich kenne das von Schröder untersuchte Gebiet, wir studieren derzeit dort die Raumnutzung von Gamswild. Die Winter sind rund um den Hochschwab sehr streng, aufgrund der Nordstaulage gibt es immer wieder extrem hohe Schneelagen. Auf den Plateaus und Bergrücken bleibt dann nur wenig Lebensraum, ein Teil des Wildes bleibt auch im Winter auf den Bergrücken oder entlang von Steilwänden, wo weniger Schnee liegen bleibt, ein Teil weicht in tiefere, meist bewaldete Lagen aus oder wechselt je nach Wetterlage. Gerade für Kitze und Jahrlinge wird der Winter zum Schlüsselfaktor. In dieser Altersgruppe gibt es die höchsten Ausfälle. Die Zeller Staritzen, also das nördliche der drei Gebiete, liegt deutlich tiefer und ist zum größten Teil bewaldet – die jüngeren Gams kommen hier etwas leichter über den Winter. Man kann aber davon ausgehen, dass das Äsungsangebot der höher gelegenen Sommerlebensräume im Süden von besserer Qualität ist; hat ein Gams die ersten zwei Jahre überstanden, dann sind seine Überlebenschancen hoch, womit er von der besseren Sommeräsung profitiert. Dies schlägt sich dann sowohl in der Körpermasse als auch beim Kruckenwachstum nieder. Dazu vielleicht noch eine Beobachtung, die auch Berufsjäger bestätigt haben. Gamsböcke in den Kernrevieren am Hochschwab weisen nur geringe Hakelung auf. Manchmal tut man sich deswegen fast schwer beim Ansprechen, weil Böcke dort kaum einen Hakel haben. Ein Grund dafür könnte sein, dass dort das Hornwachstum im ersten und zu Beginn des zweiten Jahres sehr gering ist, das sind genau jene Wachstumsabschnitte, welche die Krümmung der Krucken bilden. Der Hakel bei Gaisen ist generell gering, der Hakel bei Böcken könnte vielleicht einen Hinweis auf Klima und Wachstum in früher Jugend liefern.

Krucken, Gewicht und Fortpflanzung

In den 1970er-Jahren hat man den Wachstumsmustern bei Gamskrucken ganz allgemein größere Aufmerksamkeit geschenkt. Der Schweizer Wildbiologe H.C. Salzmann hat zum Beispiel Ergebnisse aus unterschiedlichen Vorkommen verglichen. Dabei ging es nicht nur um das Kruckenwachstum, sondern auch um Schädelmaße und Gewichtsentwicklung. Als Maßstab dafür hat er die Gams aus dem Schweizer Jura hergenommen. Warum der Jura? Dieser Mittelgebirgszug war über lange Zeit gamsleer, man geht davon aus, dass die Gams in der Bronzezeit verschwunden sind. Von 1950 bis 1962 wurden dort Gams ausgesetzt. Anfang der 1970er-Jahre gab es bereits wieder über 3.000 Gams im Jura! Die Wildart hat also, so wie auch in Neuseeland, einen freien Lebensraum rasch erobert und aufgefüllt. Neuer Lebensraum, wenig Konkurrenz, rasches Bestandeswachstum, hohe Dynamik – wie wirkt sich das aus?

Die Jahrlinge der Juragams waren deutlich schwerer als jene der Alpengams – verglichen wurden hier die Gewichte mit jenen aus dem Hochschwab und mit Gamswild aus Graubünden. Die Böcke im Jura zählten auch im höheren Alter noch zu den schwersten, währenddessen die erwachsenen Gaisen im Jura im Gegensatz dazu vergleichsweise die geringsten Körpergewichte aufwiesen. Also, allgemein hohes Gewicht in der Jugend und dann starker Geschlechtsdimorphismus bei den erwachsenen Gams im Jura.

Gehen wir einen Schritt weiter und nehmen die Schädelmaße zum Vergleich. Insgesamt wiesen die Juragams deutlich größere Schädelmaße auf als die Alpengams. Jedoch auch hier zeigte sich, dass es bei den Gamsgaisen im Jura etwa mit zweieinhalb Jahren zu einer plötzlichen Verlangsamung des Wachstums kommt. Und bei den Krucken? In den ersten beiden Jahren übertraf das Hornwachstum der Juragams jenes von Vergleichsgebieten aus dem Hochschwab und dem Berner Oberland deutlich, im dritten und vierten Jahr zeigten – wie schon gehabt – die vermessenen Gamskrucken aus dem Berner Oberland und den Teilgebieten Aflenzer Staritzen und Fölzalm am Hochschwab deutlich größere Wachstumsabschnitte. Wie ist das alles zu erklären?

Die Geschlechtsreife ist stärker mit der Körpergröße als mit dem Lebensalter verbunden. Das wurde zum Beispiel schon sehr früh bei Ratten festgestellt, wir wissen aber auch schon lange, dass die Schmaltiere beim Rotwild erst dann brunftig werden, wenn sie ein bestimmtes „Schwellengewicht" erreichen. Heute wird dieses Schwellengewicht durch unsere Winterfütterung in der Regel leicht im zweiten Lebensjahr erreicht, weshalb dieser Umstand kaum jemandem mehr ins Auge fällt. Unter natürlichen Bedingungen würde es wahrscheinlich weit mehr übergangene Schmaltiere geben, das heißt, dass weit mehr Tiere erst zweijährig erstmals in die Brunft gehen würden. Wenn Lebensräume frei sind und geringer Konkurrenzdruck herrscht, dann gibt es bessere Ernährungsbedingungen für Gams. Gute Ernährungsbedingungen führen zwar zu einer möglichen Erhöhung des Kruckenwachstums, sie führen aber auch dazu, dass insgesamt das Körperwachstum der Tiere beschleunigt wird. Damit verbunden werden sie früher geschlechtsreif. Man kann davon ausgehen, dass die Gaisen im Jura schon früh in die erste Brunft gingen, die guten Bedingungen im neuen Lebensraum förderten eine rasche Entwicklung. Das Alter, in dem die Gaisen zum ersten Mal setzten, war geringer als in Vergleichsgebieten. Trächtigkeit und Führen wirkten sich wiederum auf das Körperwachstum aus, womit dann der Wachstumsvorsprung aus den ersten Jahren verloren ging. Beim Eintritt der Geschlechtsreife wird bei Säugetieren durch den Einfluss weiblicher Geschlechtshormone das Wachstum der Geschlechtsorgane angeregt, während gleichzeitig das Skelettwachstum unterdrückt wird. Auch für Schneeziegen in Alaska wurde dieses Muster beschrieben. Dort hat man Anfang der 1950er-Jahre die nächsten Verwandten unserer Gams auf die Kodiak-Insel gebracht. Zuvor gab es dort keine Schneeziegen, heute geht man etwa von 1.900 Tieren aus. Wiederum waren die Wachstumsschübe bei den Jahrlingsgaisen auf der Kodiak-Insel deutlich größer als in dem benachbarten Festlandvorkommen auf der Kenai-Halbinsel. Doch auf starken Hornzuwachs in den ersten eineinhalb Jahren folgte wiederum geringeres Wachstum in den beiden darauffolgenden Jahren. Die Amerikaner führten dies ebenfalls auf den guten Lebensraum und die fehlende Konkurrenz auf Kodiak zurück.

Da Böcke nicht mit dem Austragen und Führen des Nachwuchses belastet sind, profitieren sie länger von den guten Lebensbedingungen. Daher kommt es in den neugegründeten Beständen zu einem starken Geschlechtsdimorphismus – das heißt, Böcke sind deutlich schwerer und stärker als Gaisen, und es gibt bei ihnen auch stärkere Wachstumsschübe bei den Krucken. Das zeigte sich zum Beispiel auch in Neuseeland und im Elbsandsteingebirge, als dort ebenso wie im Jura Gams in neue Lebensräume ausgesetzt wurden. Bei den neu eingebürgerten Gams in Neuseeland konnte man sogar unterschiedliche Wachstumsmuster bei den Bockkrucken aus den Rand- und Kerngebieten nachweisen. Dort war der jährliche Hornzuwachs bei den Bockkrucken im Ausbreitungsgebiet während der ersten vier Jahre deutlich höher als bei jenen im Zentralgebiet. Mittlerweile bestätigt eine Reihe von Untersuchungen dieses Muster. Wir sehen es bei Dallschafen, Dickhornschafen, es gibt Erhebungen dazu bei Bulgarischen Gams, und auch Kantabrische Gams wurden dazu untersucht.

Größte Unterschiede bei Kantabrischen Gams

Werfen wir noch einen Blick auf die zuletzt erwähnte Studie aus dem Kantabrischen Gebirge in Spanien. Sie zeigt, dass es bei dieser Unterart bei den Hornlängen von männlichen und weiblichen Gams die bisher stärksten gemessenen Unterschiede, also den größten Geschlechtsdimorphismus innerhalb der Gams gibt. Und auch hier tritt wieder dasselbe Muster auf: Nach starkem Hornzuwachs in den ersten zwei Jahren folgt reduzierter Zuwachs im dritten und vierten Jahr. Bei den Kantabrischen Gams gab es ebenfalls einen Zusammenhang zwischen der Länge der Krucken und Schädelmaßen – in diesem Fall der Kieferlänge. Soll heißen: Großer Schädel – hohe Krucken. Die spanischen Forschungsergebnisse untermauern auch die bereits erwähnten Studien von Roberta Chirichella aus Italien: Das Hornwachstum bei den Gams im Kantabrischen Gebirge ging einher mit dem Niederschlag im Vorjahr – man kann annehmen, dass damit die Äsungsqualität günstig beeinflusst wurde. Die Spanier konnten aber auch feststellen, dass vor allem die Krucken von jüngeren Gams noch im Winter wachsen und dass es bei rund der Hälfte aller Tiere auch zu Hornwachstum im März kommt – also nachdem der Zuwachs im Winter eingestellt wird, aber noch bevor das erste Lebensjahr abgeschlossen ist. Ich gehe davon aus, dass die Ursachen dafür beim Klima liegen. Im Gegensatz dazu ist der Spätwinter in vielen Vorkommen der Alpen eine besonders kritische Zeit.

Was uns Krucken erzählen können

Mit den jüngsten Ergebnissen von Marco Rhugetti, einem italienische Wildbiologen, möchte ich den Kreis nun schließen. Rhugetti hat drei verschiedene Gamsbestände in den Westalpen untersucht, um Zusammenhänge zwischen Hornwachstum bei Gamsgaisen, Jugendentwicklung, Eintritt in die Brunft und Fortpflanzung zu entschlüsseln. Gleich vorweg, er hat 2011 die Ergebnisse und Hypothesen von H.C. Salzmann aus dem Jahr 1977 bestätigt. Dabei konnte er aber auf Grundlagen aufbauen, von denen man in den 1970er-Jahren nicht zu träumen gewagt hätte. Rhugetti standen die Daten von über 370 Gamsgaisen zur Verfügung, die zwei Jahre und älter waren. Die Tiere wurden für Wiedereinbürgerungsprogramme im April und Mai gefangen und narkotisiert – aus meiner Sicht ist das eher eine kritische Zeit. Damit konnte jedoch Hornlänge, Gewicht und Trächtigkeit am lebenden Tier erhoben werden. Daneben hat Rhugetti noch Jagdstrecken ausgewertet. Auch wenn es dem großen Aufwand nicht gerecht wird, ich möchte ihn dennoch in einem Satz zusammenfassen: Das frühe Hornwachstum steht in positivem Zusammenhang mit dem Körpergewicht von jungen Gaisen und mit der Fortpflanzung in sehr jungen und dann wieder in den späten Lebensjahren. Dazu ein paar Einblicke im Detail.

Gaisen mit starkem Hornwachstum in den ersten Jahren werden früher geschlechtsreif und beteiligen sich daher früher an der Fortpflanzung als solche mit geringem Hornwachstum. Im mittleren Alter, also in den besten Jahren, gibt es keine Unterschiede in der Fortpflanzungsleistung zwischen diesen und anderen Gamsgaisen. Rhugetti konnte aber feststellen, dass bei Gaisen mit frühem starken Kruckenwachstum die Zuwachsrate bis ins höhere Alter, also länger als bei anderen hoch geblieben ist. Diese Gaisen setzen also in ihrem gesamten Leben mehr Kitze. Das Alter, in dem eine Gamsgais zum ersten Mal in die Brunft geht oder ein Kitz setzt, gibt also einen Hinweis auf das Fortpflanzungspotential des Stückes.

Wie wir schon gehört haben, kann im dritten und vierten Jahr Hornwachstum ausgeglichen oder nachgeholt werden. Aus diesem Grund zeigt sich häufig, dass die Hornzuwächse in diesen beiden Jahren umso stärker sind, je geringer sie in den beiden ersten Jahren waren, und zwar unabhängig davon, ob die Gais schon an der Fortpflanzung teilnimmt oder nicht. Es gibt also kompensatorisches Wachstum beim Kruckenaufbau. Gaisen, die in früher Jugend starkes Hornwachstum zeigten, hatten aber als Erwachsene dennoch höhere Krucken. Das frühe Hornwachstum steht in positivem Zusammenhang mit dem Gewicht des Jahrlings, aber nicht mehr mit dem des erwachsenen Stücks. Vom 2. bis etwa 10. Jahr gibt es vorübergehend auch keinen Zusammenhang mehr zwischen Hornzuwachs und Fortpflanzungswahrscheinlichkeit. Im Alter treten die Unterschiede aber wieder zu Tage.

Fazit

Noch Mitte der 1980er-Jahre hat der kanadische Wildbiologe Anthony B. Bubenik gemeint, dass die Hornmasse der Gamskrucken zu gering sei, um durch Ernährung beeinflusst zu werden. Heute wissen wir, dass sich das Äsungsangebot nicht nur bei verschiedenen Schafarten oder bei Schneeziegen, sondern auch beim Gamswild auf die Entwicklung der Krucken auswirkt. Dickhornschafe wiesen ebenso wie Schneeziegen besonders dann stärkeres Hornwachstum auf, wenn sie in neue, davor unbesiedelte Lebensräume gebracht wurden. Bei Gamswild war dies ebenso. Am stärksten tritt dieser Effekt in den ersten beiden Lebensjahren auf – bei Gamsgaisen kann er sich danach sogar wieder umkehren. Man muss also auf die Wachstumsabschnitte achten. Besonders aussagekräftig sind der erste und zweite Wachstumsschub. Rasche Jugendentwicklung bei gleichzeitig hohem Körpergewicht führen zu früher Teilnahme an der Fortpflanzung sowie auch zu längerer Lebenserwartung und größerer Fitness. Gute Umweltbedingungen im frühen Leben und hohes Körpergewicht in den ersten zwei Jahren wirken sich demnach positiv auf die Zuwachsrate aus. Vor allem das Kruckenwachstum bei weiblichen Gamsjahrlingen kann dafür als Weiser dienen. Werden dagegen die Weibchen von langlebigen Säugetieren im frühen Leben mit sehr strengen, harten Umweltbedingungen konfrontiert, kommt es zu einem verzögerten Eintritt in die Geschlechtsreife. Die Umweltbedingungen während der frühen Entwicklung beeinflussen also Wachstumsmuster sowie das zukünftige Überleben und die Vermehrung. Hornlänge und Wachstumsabschnitte können als Index für die Lebensraumqualität und Bestandesdynamik herangezogen werden.

Warum tragen Gaisen Hörner?

In der Regel geht man davon aus, dass sich Hörner oder Geweihe bei den Männchen von Paarhufern entwickelt haben, weil sie im Kampf um Territorien oder Paarungspartnern zum Einsatz kommen. Bei den Hirschen gibt es nur eine Art, wo auch Weibchen Geweihe tragen – dies ist nur beim Rentier der Fall. Bei den Hornträgern gibt es dagegen eine ganze Reihe von Arten, wo Männchen und Weibchen Stirnaufsätze tragen. Wozu Weibchen Hörner brauchen, hat sich schon Darwin gefragt. Bis heute gibt es eine Reihe von meist ungenügenden Erklärungsversuchen dazu.

Weibchen könnten Hörner tragen, weil sie um Nahrungsressourcen konkurrieren. Ein Hinweis darauf wäre, dass es Hörner bei weiblichen Tieren häufig bei jenen Arten gibt, die in großen Rudeln zusammenleben. In großen Herden wird es häufiger zu Auseinandersetzungen kommen – Hörner könnten dabei hilfreich sein. Eine andere Hypothese geht davon aus, dass

Alte Gamsgais mit hohen Krucken.
Der eingerissene Lauscher macht sie unverkennbar. Gamsgaisen verteidigen sich und ihren Nachwuchs mit den Krucken.

Weibchen mit Stirnaufsätzen eine Form von „Mimikry“ darstellen. Als Mimikry bezeichnet man die Ähnlichkeit einer Tierart mit einer anderen – jeder kennt die Schwebfliege, die so aussieht wie eine Wespe. Diese Form der Nachahmung ist so etwas wie eine Tarnung. Gamsgaisen könnten demnach Böcke nachahmen, um damit Aggressionen gegenüber ihren Söhnen abzumildern. Auch der lichte Keulenfleck bei jungen wie bei weiblichen Gams wird dahingehend interpretiert. Demnach würden sich junge Gamsböcke für Weibchen ausgeben. Wirklich überzeugend sind diese Erklärungsversuche jedoch nicht, denn ich bin überzeugt, dass jeder Bock genau weiß, wen oder was er vor sich hat, es sei denn, das Signal wird über weite Entfernung weitergegeben. Wobei die Krucken dann aber kaum dazu taugen dürften. Hörner bei Weibchen könnten aber auch zur Verteidigung gegenüber Feinden dienen. Fest steht, dass vor allem die Weibchen von großen und damit schwereren Hornträgern Hörner tragen. Sie können sich besser gegen Feinde wehren, Hörner sind dabei sicher hilfreich. Zudem kommt, dass die Hörner bei Weibchen in der Regel kaum geschwungen oder gebogen sind. Sie sind meist kurz, leicht nach hinten gebogen und entspringen aus der Mitte des Schädeldachs. Das heißt, sie sind weniger geeignet, um die Stöße von Rivalen zu parieren, sondern viel mehr kurze gefährliche Stoß- oder Hiebwaffen. Es gibt eine ganze Reihe von Belegen dafür, dass weibliche Hornträger sich und ihren Nachwuchs mit den Stirnwaffen verteidigen.

Nun kann man über Wie und Warum stundenlang spekulieren oder diskutieren, man kann aber auch ganz systematisch an die Sache herangehen. Theodor Stankowich und Tim Caro, zwei amerikanische Evolutionsbiologen, haben das Thema geordnet unter die Lupe genommen. Sehen wir uns an, was dabei herausgekommen ist. Die beiden Amerikaner haben die verschiedenen Hypothesen getestet, indem sie Körpermaße, Lebensweise und Lebensräume von Hornträgern verglichen und statistisch ausgewertet haben. Dabei fanden sie heraus, dass der Offenheit des Lebensraumes sehr starker Einfluss zukommt. Weibchen von Hornträgern, die offene Landschaften bewohnen, tragen viel eher Hörner. Einen eindeutigen Zusammenhang gab es auch bei jenen Arten, wo Weibchen Territorien aktiv verteidigen – sie tragen ebenfalls fast immer Hörner. Die Körpergröße oder Schulterhöhe war weniger aussagekräftig, dagegen betonen die beiden Autoren aber, dass die Ausgesetztheit und damit die Auffälligkeit der Art in der offenen Landschaft beinahe in jedem Fall mit dem Tragen von Hörnern auch bei weiblichen Tieren verbunden ist. Große Herden oder Rudel gibt es nur in offenen Landschaften, womit man eventuell das Argument um die innerartliche Konkurrenz ins Spiel bringen könnte. Bezieht man aber den offenen Lebensraum nicht in das Modell ein, sondern betrachtet nur, wie auffällig oder ausgesetzt ein Tier im deckungsarmen Gelände ist, dann zeigt sich, dass es die weithin erkenntliche Sichtbarkeit ausmacht. Große Tiere können sich weniger gut verstecken und stehen daher eher auf dem Präsentierteller. Damit wird die These nur untermauert, und so kommt auch das Körpergewicht wieder ins Spiel. Größere, schwerere Tiere fallen mehr auf, sie sind aber auch besser in der Lage, sich gegen Feinde zu verteidigen, als kleine, die sich eher verstecken. Der Schluss: Es geht bei den Stirnaufsätzen bei Weibchen mit größter Wahrscheinlichkeit um die Verteidigung gegenüber Feinden.

Gamsgaisen verteidigen sich und ihre Jungen. Es entspricht dem Verhalten dieser Wildart, dass sie sich viel eher stellt und wehrt, als etwa ein Reh, das sich zu verstecken versucht. Gegenüber Artgenossen setzen Gamsgaisen ihre Stirnwaffen dagegen kaum ein, allenfalls, indem sie damit drohen. Aus eigener Erfahrung kann ich bestätigen, dass sich die Krucken des Gamswildes ausgezeichnet zu dessen Verteidigung eignen. Aus diesem Grund macht es auch Sinn, dass der größte Wachstumsschub erfolgt noch bevor das erste Kitz gesetzt ist. Weil es die größten Wachstumsschübe in der Jugend gibt, hat jeder Gams im Alter von zwei Jahren bereits respektable und gut einsetzbare Stirnwaffen. Einen Jahrling kann man noch greifen, bei einem Zweijährigen muss man schon sehr aufpassen, wenn man zufassen will. In diesem Alter werden die Tiere auch nicht mehr geführt, sie können sich dann aber schon recht wirksam selbst verteidigen.

Hörner als Ranganzeiger

Hörner wurden im Laufe der Evolution mehrfach unabhängig voneinander entwickelt. Das geschah zumindest drei Mal, es kann aber auch sieben Mal vorgekommen sein. In jedem Fall war dafür ein Körpergewicht von zumindest 15 Kilogramm sowie ein Wechsel von geschlossenem zu halboffenem Waldland nötig. Man geht davon aus, dass sich diese Stirnaufsätze zunächst in Verbindung mit Territorialverhalten entwickelt haben.

An und für sich sind Hörner ein typisches geschlechtsspezifisches Merkmal. Bei vielen Arten tragen sie nur die Männchen, wenn es auch bei Weibchen Hörner gibt, sind diese in der Regel kleiner. Das bedeutet, die Hörner von männlichen Boviden bieten eine gute Möglichkeit, um auf die Intensität der sexuellen Selektion bei den Männchen zu schließen. Was heißt das? Das besagt: Bei Arten, wo die Männchen auffällig große Hörner tragen, sollte es zu ausgeprägten Wettkämpfen im Rahmen der Fortpflanzung kommen. Untersuchungen belegen sogar, dass die Hornlänge der Männchen mit der Anzahl von Paarungspartnern, ebenso wie mit der Größe von Rudeln oder Gruppen in Verbindung steht, und sie wird umso kleiner, je eher bei einer Art Territorialität auftritt. Bei Wildarten, die in großen Rudeln oder Herden zusammenleben – das ist eher im offenen Gelände –, führt der Wettbewerb um die Weibchen dazu, dass über die Zeit ein deutlicher Geschlechtsdimorphismus entsteht: Männchen werden größer als Weibchen, dazu entwickeln sich bei den männlichen Boviden immer auffälligere, größere Hörner. Bei jenen Arten, wo die Männchen ein Revier verteidigen, ist sowohl der Geschlechtsdimorphismus kaum ausgeprägt, und auch das Gehörn bleibt klein.

Nach all diesen Grundregeln bringen uns die Gams schon wieder ins Wanken: Wir finden große Rudel, einen Geschlechtsdimorphismus auf Zeit und dennoch kaum Unterschiede zwischen den Krucken von Böcken und Gaisen. Gamswild steht wieder einmal dazwischen und passt nur schwer in ein Schema. Wenn wir Steinböcke oder die Widder von Dickhornschafen beobachten, dann sticht uns sofort das imposante Gehörn ins Auge. Das soll auch so sein. Die Hörner der Männchen dieser Arten vermitteln tatsächlich eine Botschaft – sie sind Ranganzeiger. Ein Steinbock kann daran erkennen, ob ihm das Gegenüber ebenbürtig oder überlegen ist. Turnierkämpfe finden vor allem im Sommer statt, im Winter zur Brunft sind damit die Verhältnisse weitgehend geregelt. Die Hörner helfen auch, einzelne Tiere leichter wiederzuerkennen. Beim Gamswild sind die Krucken viel weniger auffällig, und man geht daher davon aus, dass ihnen kaum oder keine optische Signalwirkung zukommt.

Der Schweizer Wildbiologe Peter Meile war einer der ersten, die sich eingehend mit der Funktion der Gamskrucke als Ranganzeiger befasst haben.

Keine Frage – ein Bock.

Auch ein flüchtiger Blick genügt. Die dicken Schläuche machen den Bock unverkennbar, auch wenn die Hakelung weniger stark ist.

Sein Ergebnis: Die Höhe der Krucken gibt über den Rang innerhalb einer Sozialklasse keine Auskunft. Meile konnte sogar beobachten, dass ein reifer Gamsbock, der beide Schläuche abgebrochen hatte, sich in der Brunft gegenüber Nebenbuhlern über Jahre behauptet hat. Auch Augustin Krämer konnte feststellen, dass der Rang und die Größe der Krucken bei Gamswild an Salzlecken nicht übereinstimmen. Der Rang wird beim Gams vor allem nach Körpergröße und Imponierverhalten beurteilt.

Antwort auf die Frage, warum die Krucken von Gamsböcken nicht deutlich stärker entwickelt sind, könnten wir vielleicht bei den Gaisen finden. Generell werden die Hornlängen von weiblichen Boviden nicht vom jeweiligen Fortpflanzungssystem beeinflusst. Für eine Steingais, eine Schneeziege, ein Muffel- oder Dickhornschaf spielt der Stirnaufsatz dabei keine Rolle, wenn sie gesund und bei guter Kondition sind, werden sie sich unabhängig davon paaren und Nachkommen zur Welt bringen. Wesentlich stärker als die sexuelle Selektion wirken auf die Hornlänge bei den Gaisen also Umweltbedingungen. Wenn Weibchen Hörner tragen – wahrscheinlich zur Verteidigung gegenüber Feinden – dann könnte es auch einen ähnlichen Grund für die Männchen dieser Wildart geben. Der natürliche Selektionsdruck wäre in beiden Fällen derselbe und könnte verhindern, dass es bei den Böcken zur

Entwicklung deutlich größerer Krucken kommt. Ohne Frage sind Gamskrucken eine sehr wirksame Verteidigungswaffe, ich denke aber, dass schlicht die Form der Auseinandersetzung zwischen den Böcken keine größeren Stirnaufsätze erlaubt. Bei Brunft- oder Einstandskämpfen geht es bei Gamsböcken um Geschwindigkeit, jeder große schwere Hornaufsatz wäre dabei hinderlich…

Siebtes Kapitel:

Krankheiten

Gamsräude – die Eckdaten

Die Gamsräude wird durch eine Grabmilbe (Sarcoptes rupicaprae) verursacht. Die Milben sind etwa 0,3 Millimeter groß, die Weibchen dringen tief in die Haut und legen dort ihre Eier ab. Aus den Eiern schlüpfen Larven, die zunächst in den Bohrgängen bleiben. Sie entwickeln sich dort weiter und wandern schließlich als erwachsene Tiere an die Hautoberfläche, um sich zu paaren. Nachdem die Weibchen begattet sind, häuten sie sich ein letztes Mal und dringen danach erneut in die Haut ein. Die Männchen entwickeln sich in etwa 2 Wochen, Weibchen benötigen rund 3 Wochen. Die Milbe kann etwa eineinhalb Monate lang leben. Ein Weibchen legt etwa 30 bis 50 Eier. Je Quadratzentimeter Haut können 600 bis 1.000 Milben leben. Verlässt die Milbe das Wirtstier, reicht ihr Aktionsradius maximal bis zu 1 Meter. Am toten Wirtskörper überlebt die Milbe maximal 1 bis 2 Wochen.

Beim Eingraben in die Haut sondert die Milbe ein ätzendes Mundsekret ab, die Haut reagiert darauf mit vermehrter Hornbildung. Auf den befallenen Hautstellen bildet sich schließlich eine Borke, die leicht aufreißt. Diese Kruste kann zentimeterdick werden, im Bereich der Lichter führt sie zu Sehstörungen, ist der Äser befallen, kann schließlich keine Nahrung mehr aufgenommen werden. Die Tiere magern ab, sind stark erschöpft und sterben. In seltenen Fällen ist es möglich, dass ein befallenes Tier den Befall übersteht und die Krankheit ausheilt. Die Räudemilben werden vorwiegend durch direkten Körperkontakt übertragen, auch über Lager oder Liegestellen, die verschiedene Tiere benutzen, können die Milben von einem Stück auf das andere gelangen.

Der Ausbruch der Krankheit steht in Zusammenhang mit der Anzahl der übertragenen Milben und mit der „Erkrankungsbereitschaft" des befallenen Tieres. Diese hängt mit der körperlichen Belastung, dem Stoffwechsel sowie Immunität oder Resistenz zusammen. Zumindest 50 bis 100 Milben sind notwendig, damit sich ein Gams ansteckt. Sie brauchen einige Tage, bis sie sich in die Haut einbohren, und können während dieser Zeit auch wieder abgestreift werden. Frühe Krankheitssymptome sind schwer zu erkennen. Die Milben verursachen Juckreiz, weshalb befallene Tiere meist unruhig sind. Sie tun sich nieder, um gleich wieder hochzuwerden, sie schütteln sich, kratzen sich oder scheuern an Felsen oder Latschen. Erst im späteren Verlauf der Krankheit sind die charakteristischen Veränderungen der Haut deutlich erkennbar.

Räudemilben können auch auf den Menschen übertragen werden. Es bilden sich Bläschen und Pusteln, die Haut rötet sich, und bereits nach 4 Tagen erkennt man ansatzweise auch die charakteristische Borke. Trotzdem geht die Gamsräude beim Menschen aber nicht an. Die Sarcoptes-rupicaprae-Milbe kann sich am menschlichen Körper nur 4 bis 6 Tage lang halten. Ausschlag und Juckreiz können aber bis über 6 Wochen anhalten.

Gamsräude (Sarcoptes rupicaprae)

Seuchenhafte Krankheiten bei Wildtieren gibt es einige, beim Schalenwild erregen allerdings nur wenige so starkes Aufsehen wie die Gamsräude. Viel wurde in der Vergangenheit gerätselt, warum sie in einigen Gebieten zu katastrophalen Einbrüchen führt, in anderen Teilen der Alpen wiederum überhaupt nicht auftritt. Immer wieder wird gefragt, wie sie übertragen wird, woher sie kommt und welche jagdliche Gegenstrategie zur Eindämmung der Räude wohl die beste wäre. Auf einige dieser Fragen kann die Wildbiologie heute Antwort geben.

Geschichte

Die Gamsräude ist zumindest seit Beginn des 19. Jahrhunderts im Alpenraum bekannt, in verschiedenen Quellen wird auch schon aus dem 18. Jahrhundert von Räudegebieten in den Kärntner/Salzburger Grenzgebirgen berichtet. In älteren Abhandlungen zum Gams wird die Räude nicht erwähnt. Schreibt man von der Räude im Alpenraum, entsteht jedoch ein falsches Bild, denn in weiten Teilen des Gebirgszuges ist die Krankheit in historischer Zeit nie aufgetreten – zumindest gibt es keine Berichte darüber. In manchen Gebieten war sie lange verschwunden und ist dann plötzlich wieder ausgebrochen, und in einigen Regionen kommt sie seit etwa hundert Jahren latent in Gamsbeständen vor. Ein zyklischer Seuchenverlauf mit Intervallen von etwa sieben bis zehn Jahren ist vielfach belegt. Besonders aus Österreich gibt es Meldungen über die Gamsräude, die zumindest bis ins 19. Jahrhundert zurückreichen.

Räudegams.

Grabmilben sondern in der Haut des Gams ätzendes Mundsekret ab. Die Haut reagiert mit vermehrter Hornbildung. Schließlich reißt diese Borke auf, wie hier am Träger.

In der Steiermark soll sie schon zu Beginn des 19. Jahrhunderts aufgetreten sein, verbriefte Nachweise stammen allerdings erst aus dem Jahr 1870, und zwar vom Kärntner Maltatal. Von dort aus ist damals ein Seuchenzug bis in die Radstädter Tauern vorgedrungen. Rund zehn Jahre später wird von der Räude im Ennstal gesprochen, wobei die Krankheit sehr stark unter Rindern, Ziegen und Schafen verbreitet gewesen ist. Um 1900 bricht die Seuche dann in den Rottenmanner Tauern aus und gelangt über Grimming und Totes Gebirge bis ins Sengsengebirge, wo der gesamte Gamsbestand weitgehend vernichtet wurde. Wer einigermaßen mit der Geografie Österreichs vertraut ist, der erkennt, dass sich die Krankheit, ausgehend von Oberkärnten, gleichsam wie eine Welle durch die erwähnten Gebirgszüge ausgebreitet hat.

Im Verlauf des letzten Jahrhunderts tauchen dann jedoch immer wieder oft weit auseinanderliegende Räudeherde und davon ausgehend Seuchenzüge auf: Um 1930 am Gerlos und im Zillertal, in den 1930er-Jahren in den Gailtaler Kalkalpen, um 1950 am Hochkönig, im Blühnbachtal und Berchtesgaden, in den 1960er-Jahren in den Karnischen Alpen, in Friaul und Julisch Venetien. In den 1970er-Jahren gibt es Berichte aus den Karawanken und 1980 vom Triglav in Slowenien. Bereits 1911 wird aus Slowenien – damals Krain – von Versuchen berichtet, welche die Räude eindämmen sollten. Danach gibt es für dieses Land über Jahrzehnte keine Räudemeldung mehr. Die Aufzählung nimmt keinen Anspruch auf Vollständigkeit, es sollen damit lediglich Zentren und Räudeherde angeführt werden. Interessant dabei ist, dass es sowohl Epidemien gibt, die sich wellenförmig ausbreiten, daneben entstehen neue Zentren, die oft weit auseinanderliegen, und in manchen Gebieten erlischt die Krankheit und bricht dann nach vielen Jahren erneut aus. Gibt es die Krankheit einmal in einem Gebirgsstock, erlischt sie kaum mehr, in der Regel bleibt sie dann latent vorhanden. Nach ein oder zwei Räudewellen kommt es in der Folge aber nicht mehr zu den massiven seuchenartigen Bestandeseinbrüchen. Dazu ist bemerkenswert, dass die Gamsräude im Westen Tirols sowie in der Schweiz bisher nicht aufgetreten ist. In der Schweiz ist es vor allem die Gamsblindheit, die immer wieder zu seuchenartigen Einbrüchen in die Bestände führt, doch davon später.

Besonders im oberitalienischen Raum nimmt das Thema „Räude“ seit Mitte der 1990er-Jahre breiten Raum ein. Bereits 1976 trat die Krankheit bei Gams- und Steinwildbeständen im Pustertal auf. Von 1980 bis 1985 gab es die stärksten Ausfälle, jährlich wurden in dieser Zeit über hundert Räudefälle bekannt. Insgesamt wurde die Krankheit rund zwanzig Jahre lang nördlich der Rienz entlang des Alpenhauptkammes nachgewiesen. In Südtirol war dies die erste Räudewelle. Ein neuer Seuchenherd entstand dann in der Provinz Belluno im Jahr 1995. Wahrscheinlich wurde die Krankheit dort aus dem Kärntner Gailtal eingeschleppt. Von Belluno hat sich die Epidemie über die gesamten Dolomiten nach Westen ausgebreitet. Daraufhin arbeiteten die Provinzen Belluno, Bozen und Trient zusammen, sodass in fünfzehn Jahren knapp 3.500 Räudefälle aufgezeichnet wurden. Für die Südtiroler war dies die zweite große Räudewelle. 2001 gab es dann erneut Räudefälle entlang des Alpenhauptkammes. Die Südtiroler sehen das neuerliche Aufflammen der Krankheit dort in Zusammenhang mit der Situation in Nordtirol – dort war die Krankheit stetig präsent. Wie gesagt, die Räude ist im Zillertal bereits seit den 1930er-Jahren bekannt. In jüngster Vergangenheit ist die Gamsräude in Südtirol dann bis zum Brenner gelangt. Bis dato war Räude westlich der Grenze Eisack/Etsch nicht bekannt, zumindest gab es keine Nachweise für die Krankheit. Derzeit spricht jedoch vieles dafür, dass sie in Südtirol auch die westliche Landeshälfte erreichen wird.

Die Milbe und ihre Wirtstiere

Studiert man die Literatur über Gamsräude, so stechen einige Punkte ins Auge: Noch bis vor rund zwanzig Jahren haben Fachleute die einleuchtende Meinung vertreten, dass der Parasit Milbe so alt sein müsste wie sein Wirt und dass es also zwischen der Räudemilbe und dem Gamswild so etwas wie eine gemeinsame Entwicklung gegeben hat. Nachdem wir heute wissen, dass die Milbe sowohl auf Gams als auch auf Ziegen, Schafen, Steinwild und auch Kühen leben kann, ist die Frage: Wer war und ist der eigentliche Wirt? Und wenn es wirklich eine gemeinsame Entwicklung gegeben hat, warum dann nicht auch beim Gamswild in der Schweiz oder in anderen Teilen der Alpen? Ebenso war ehemals zu lesen, dass es die Gamsräude nur in den Alpen geben würde. 1993 brach aber dann die erste Räude-Epidemie auch im Kantabrischen Gebirge in Nordspanien aus. Das erstmalige Auftreten der Gamsräude verursachte dort teilweise dramatische Bestandeseinbrüche – in manchen Beständen sind 90 bis 95 Prozent aller Gams verendet. Vor der Epidemie war die Wilddichte sehr hoch. Auf die Frage, wie es in einem Gebiet, in dem es vorher nie Räudeepidemien gegeben hat, plötzlich zu solchen Einbrüchen kommen kann, haben die Spanier zwar keine Antwort, aber zwei Hypothesen:

Die Erreger (Milben) waren in den Beständen schon immer vorhanden, und es gab nur vereinzelt unbekannte Krankheitsfälle – aufgrund der hohen Bestandesdichte kam es zu einer seuchenhaften Entwicklung.

Die Parasiten stammen von Hausziegen – Ziegen werden in der Region fast wildlebend gehalten.

Luca Rossi, ein Veterinärmediziner der Universität Turin, zählt zu jenen, die sich besonders intensiv mit dem Thema „Räude“ auseinandergesetzt haben. Er kann uns zumindest einige Antworten geben. Gemeinsam mit Roberto Rasero teilt er die Räudemilben, welche europäische Wildtiere in Europa befallen, in drei Hauptgruppen: Danach gibt es Milben, die auf pflanzen-, fleisch- und allesfressenden Tierarten vorkommen. Rossi geht über diese einfache Einteilung hinaus und unterteilt auch noch nach geografischer Herkunft.

Einschub: Die Frage, ob Räudemilben auf bestimme Wirtstiere spezialisiert sind, ist teilweise umstritten. Räudemilben graben sich in die Haut von Säugetieren. Zumindest für kurze Zeit können sie auf verschiedene Wirte übergehen. Die einen weisen deshalb alle Grabmilben nur einer Art Sarcoptes scabiei zu und unterteilen danach in weitere Unterarten. Die anderen weisen je nach Gruppen von Tieren, die befallen werden, verschiedene Arten von Räudemilben aus. Wir halten uns hier an die Auffassung, nach der es verschiedene eigenständige Arten von Grabmilben gibt, sie ist genetisch recht gut abgesichert.

Um konkret zu werden, Luca Rossi geht davon aus, dass eine Gruppe von Grabmilben bei Wildschweinen zu finden ist, eine kommt bei Raubwild vor, eine Gruppe befällt vor allem bergbewohnende Paarhufer in den Alpen, eine andere jene der Pyrenäen und des Kantabrischen Gebirges. Wie gesagt, es gibt verschiedene Arten von Grabmilben, dennoch sind sie wenig wirtsspezifisch. Sarcoptes canis, jene Räudemilbe, die bei verschiedenen Raubwildarten auftritt, gibt es bei Fuchs oder Marder ebenso wie bei Wolf und Hund. Auch Sarcoptes rupicaprae, der Erreger der Gamsräude, ist nicht auf eine einzige Wirtsart beschränkt. Die Milbe kann verschiedene Paarhufer befallen. Die Gamsräude wird also nicht auf den Jagdhund übertragen, die Fuchsräude dagegen sehr wohl.

Warum spricht Rossi aber gerade von „bergbewohnenden“ Paarhufern? Die Antwort ist einfach: Bei Mufflon und Rotwild kommt Räude nur in Einzelfällen vor, bei Rehen tritt sie ganz selten auf. Fasst man nach Rossi also die Paarhufer der Alpen sowie jene der Pyrenäen zusammen, bleiben im Grunde genommen eigentlich nur mehr die bergbewohnenden Hornträger als hauptsächliche Wirtsgruppe über. Das Neue an Rossis Einteilung ist jedoch, dass er auch Haustiere wie Ziegen, Rinder oder Schafe in diese Gruppe der „bergbewohnenden“ Paarhufer mit einschließt – auch wenn sie nur im Sommer auf die Bergweiden getrieben werden. Sicher ist: Beim Hausvieh sind es dieselben Grabmilben, die auch bei pflanzenfressenden Wildtieren vorkommen. In Wildtierbeständen ist die Räudemilbe vorhanden, von einem Bergstock zum anderen wird sie aber meist durch Haustiere – besonders Ziegen – übertragen. Demnach könnten in Spanien durchaus beide Hypothesen zutreffen: Die Milbe war vorhanden, und sie wurde durch Ziegen in bestimmte Regionen übertragen. Die hohe Wilddichte hat den seuchenartigen Ausbruch begünstigt.

Als Wirtstier kommen also verschiedene Pflanzenfresser in Betracht. Experimente zur Übertragbarkeit der Räude haben gezeigt, dass die

Krankheit bei Übertragung von Ziege auf Gams in 20 Tagen angeht, von Gams auf Ziege in 30 bis 40 Tagen, von Gams auf Hauskuh ebenfalls in 30 bis 40 Tagen. Die Übertragung von Gams auf ungeschorene Schafe ist dabei aber nicht gelungen. Die durchschnittliche Zeitdauer, bis ein befallener Gams „infektiös" wird und tatsächlich andere Gams anstecken kann beträgt etwa 30 Tage. Vom infektiösen Stadium bis zum Auftreten von sichtbaren Krankheitsbildern können wenige Tage bis zu einem halben Jahr vergehen. In dieser Zeit ist ein Stück infektiös, aber es kann unter Umständen nicht als solches erkannt werden. Kommt es tatsächlich zu einem seuchenartigen Ausbruch der Krankheit, wird die Spitze der Epidemie beim Steinwild bereits im ersten und zweiten Jahr erreicht, beim Gams erst nach drei bis vier Jahren.

Wie mit Räude umgehen?

Die Räudeepidemien in Oberitalien haben dazu geführt, dass die Krankheit intensiv erforscht wurde. Und in der Tat gab es dann auch einige interessante Ergebnisse vor allem über Strategien zum Umgang mit der Krankheit.

Die Italiener vermuten, dass die Räude vom österreichischen Gailtal vermutlich durch wandernde Gams eingeschleppt worden ist. Die Ausbreitungsgeschwindigkeit betrug rund 4,5 Kilometer pro Jahr. Alle befallenen Gamskolonien hatten am Ende der Epidemie in etwa die gleiche Bestandesdichte von rund 1 - 1,3 Stück pro 100 Hektar erreicht – und das unabhängig von den Maßnahmen, die zu ihrer Eindämmung gesetzt wurden. Der Ausfall durch die Räude betrug in manchen Beständen zwischen 80 und über 90 Prozent. Erkrankte und tote Tiere wurden besonders häufig zwischen November und März beobachtet, wobei ein Gipfel im Jänner und Februar zu verzeichnen war. Nicht alle erkrankten Tiere werden aber als solche erkannt. Am meisten Fallwild wurde im März gefunden, eine Zeit, in der viele Jäger für gewöhnlich sehr wenig im Gamsrevier sind.

Über „stille Milbenträger", das sind Tiere, bei denen die Krankheit nicht zum Ausbruch kommt, weiß man schon länger Bescheid. Mittlerweile haben die Italiener aber auch eine Methode entwickelt, um Antikörper nachzuweisen, und zwar aus der Lungenflüssigkeit. Bekannt wurde die Methode unter dem Namen „ELISA Test" (enzyme-linked immunosorbent assay). Der Test kann bei Gams angewendet werden, die während des Jagdbetriebes erlegt werden. Er zeigte in Italien, dass 20 Prozent der im Oktober erlegten unverdächtigen Gams „seropositiv" waren, das heißt, diese Gams hatten schon einmal Kontakt mit Räudemilben. Um ein positives Testergebnis zu erhalten genügt ein sehr geringer Parasitenbefall. Der Elisa-Test ist eine gute Methode, um zu erkennen, ob es von Milben befallene Gams auch auf Gebirgsstöcken gibt, aus denen bisher noch keine Räudefälle bekannt sind.

Besonders im Vorfeld eines Seuchenzuges ist somit zu erkennen, ob Gefahr im Verzug ist. In Südtirol zeigte der Test, dass es bereits einzelne Gams westlich der Flüsse Eisack und Etsch gibt, die schon Kontakt mit der Milbe hatten. Bisher waren die Landesteile westlich der beiden Gebirgsflüsse räudefrei. Einzelne Gams überqueren die Gewässer jedoch nachweislich.

Besitzt ein Tier Antikörper, so ist damit aber noch nicht gemeint, dass es resistent gegen die Krankheit ist! Die Antikörper selbst zeigen nur, dass der Gams bereits Kontakt mit der Räudemilbe gehabt hat. Trotzdem hat man durch Experimente, bei denen Tiere mit Räude infiziert wurden, herausgefunden, dass manche Gams, die einen Räudebefall überleben, nach neuerlichem Befall entweder nicht mehr erkranken oder aber selbständig wieder gesund werden können. Grundsätzlich unterscheidet man zwischen „Immunität" und „Resistenz". Die Immunität ist eine erworbene Abwehrkraft, die auf natürliche Weise entsteht (vgl. Impfung), die Resistenz ist genetisch verankert.

Um nun vorherzusagen, wie man am besten mit der Gamsräude umgeht, haben die Italiener ein Modell entwickelt und vier verschiedene Strategien gegen eine Epidemie getestet. Dabei gingen sie nach ihrer Erfahrung davon aus, dass die Räude bei einer Wilddichte von etwa 1,5 Gams / 100 Hektar erlischt und dass nach der Epidemie rund 20 Prozent der überlebenden Gams resistent sind. Die vier Strategien lassen sich wie folgt zusammenfassen:

- Man vermindert die Bestandesdichte, unabhängig davon, ob einzelne Stücke krank oder gesund erscheinen.
- Man erlegt nur selektiv Tiere mit erkennbaren Krankheitssymptomen.
- Man jagt normal weiter und erlegt zusätzlich selektiv kranke Tiere.
- Die vierte Strategie wurde rein theoretisch durchgespielt; sie ging davon aus, dass man Tiere mit sichtbaren Krankheitsbildern behandeln könnte. Berechnet wurde, wie sich der Bestand nach einer Behandlung dieser Tiere entwickeln würde.

Im Fall 1 (Verminderung der Bestandesdichte) kam man zu dem Ergebnis, dass nach einer drastischen Bestandesreduktion – Erlegung von 30 bis 50 Prozent aller Gams – die Räude zwar früher erlischt als ohne diese Maßnahme, aber der Anteil an resistenten Gams liegt am Ende der Epidemie unter 20 Prozent. Das heißt, die Seuche wird eher eingedämmt, aber es bleiben leider weniger resistente Gams übrig.

Im Fall 2 und 3 (selektive Auslese aller kranken Stücke) hängt das Ergebnis zum Teil davon ab, wie effektiv die selektiven Abschüsse sind. Wesentlich ist dabei, dass die Bestände nicht den Schwellenwert von 1,5 Gams pro 100 Hektar erreichen. Die Dichte sinkt zwar ab, aber es gibt immer wieder einige Krankheitsfälle, die nicht erkennbar sind, und die Krankheit wird weiter aufrechterhalten. Dies führt zu einer endemischen Situation – die Räude verschwindet nicht aus der Population, der Anteil an resistenten Tieren bleibt aber gering. Selbst wenn 99 Prozent der erkrankten Tiere erlegt werden könnten, was in der Praxis unmöglich ist, bleibt grundsätzlich dieses Ergebnis bestehen. Das heißt, der Anteil an resistenten Gams wird sehr klein, die Räude bleibt latent vorhanden.

Wenn im Fall 4 rein theoretisch 100 Prozent aller sichtbar kranken Gams gefangen und zwei Mal pro Jahr behandelt würden, wird zum Ende trotzdem eine Bestandesdichte von 1,5 Gams /100 Hektar erreicht, aber in einem viel längeren Zeitraum – die Epidemie würde damit also nur verlängert werden.

Wenn die Bestandesdichte auf etwa 1,5 Gams / 100 Hektar absinkt und 30 Hektar des Nachwuchses resistent sind (genetisch), dann ist die Epidemie auch ohne jegliche Maßnahmen vorbei. Würde es nach rund 20 Jahren wieder zum Ausbruch der Seuche kommen, ist die Sterblichkeit viel geringer. Wenn Tiere (ob gesund oder krank) erlegt werden, dann bleibt die Krankheit nach den Ergebnissen der Italiener endemisch, und der Zeitraum bis zum Aufbau einer „Resistenzpopulation" wird größer – außerdem müssen immer wieder Abschüsse getätigt werden. Die Verbreitung der Krankheit wird dadurch zusätzlich gefördert. Prinzipiell empfehlen die Wissenschaftler aus Italien, dass man sich möglichst eine „Resistenzpopulation" aufbauen soll! Dabei können zwar schwerkranke Stücke entnommen werden, man muss sich aber vor Augen halten, dass mit jedem Abschuss von zweifelhaften oder auch scheinbar gesunden Stücken vielleicht bereits resistente oder aber zukünftig resistente Tiere erlegt werden. Allein aus diesem Grund schon sollte man mit einem Abschuss sehr zurückhaltend sein und besser die Natur als den Jäger selektieren lassen. Im Kantabrischen Gebirge konnte zwar das Fortschreiten der Räude durch konsequenten Abschuss von 6,5 Kilometer im Jahr auf 0,5 Kilometer im Jahr verringert werden, aber in den betroffenen Beständen sind dennoch 85 bis 90 Prozent der Gams verendet.

In der Praxis wird man also schwerkranke Stücke erlösen. Meist sind diese hochgradig befallenen Tiere apathisch und zeigen auch kaum noch Fluchtreaktionen. Man muss aber nicht jeden räudeverdächtigen Gams gleich erlegen. In der Brunft wird man besonders auf verdächtige Böcke achten, damit sie in dieser Zeit nicht die Krankheit auf andere Tiere übertragen. Ich denke, dass in dem Zusammenhang auch ein ausgewogenes Geschlechterverhältnis und eine Altersstruktur mit ausreichend reifen Böcken hilft, damit die Krankheit weniger schnell übertragen wird. Wir konnten bei unseren Telemetriestudien feststellen, dass vor allem jüngere Böcke in der Brunft weite Strecken zurücklegen, auch die Hetzjagden und das stürmische Werben um die Gaisen sind vor allem ein Markenzeichen von jungen noch nicht voll erwachsenen Böcken. Gibt es dagegen ausreichend reife Böcke, etabliert sich immer mehr ein Reviersystem, wo ein jeder Platzbock einige Gaisen herdet. Hier bleibt der Bock in seinem Territorium und hetzt nicht auf der Suche nach brunftigen Gaisen über ganze Bergstöcke. Dass dies mit geringerem Energieverlust verbunden ist, liegt auf der Hand. Wo es genügend reife Gamsböcke gibt, gehen diese also besser konditioniert in den Winter, damit sind sie auch weniger krankheitsanfällig, und wo es weniger Bewegung und Körperkontakt gibt, werden die Milben auch weniger häufig von einem auf das andere Tier übertragen. Hohe Wilddichten begünstigen den Ausbruch der Krankheit jedenfalls! Kommt dazu auch noch ein unausgewogenes Alters- und Geschlechterverhältnis mit weiblichem Überhang und wenigen reifen Böcken, dann liegt es auf der Hand, dass einer der wenigen Böcke zur Brunftzeit mit mehr Gaisen Körperkontakt haben muss. Das zehrt nicht nur an den Reserven des Bockes, damit steigt auch die Wahrscheinlichkeit, dass er auf eine erkrankte Gais trifft – und damit selbst die Krankheit wiederum auf andere Gaisen überträgt.

Ich schließe mich daher nicht der Meinung von Wolfgang Schröder an, der einst davor warnte, in „kleinkarierten Korrekturen der Abschussrichtlinien das Heil zu erhoffen". Schröder meinte im Zusammenhang mit dem Auftreten der ersten Räudewelle in Südtirol, dass nach seinen Erfahrungen ein hoher Anteil an Böcken mit hohem Energieverschleiß für alle verbunden ist, weil es mehr Konkurrenz um die Gaisen gibt. Dazu gibt er an, dass ein Geschlechterverhältnis von 1 : 2, ja 1 : 2,5 im natürlichen Rahmen wäre. Schröder bezieht hier seine Erfahrungen wohl in erster Linie aus bejagten Gamsbeständen. Gerade in Südtirol fällt der Bock bereits mit sechs Jahren in die oberste Altersklasse. Damit sind die Chancen sehr gering, dass es in einem Bestand je eine ausreichende Anzahl wirklich reifer Böcke gibt. Kommt dazu ein Überhang an weiblichem Wild, wird aus meiner Sicht allein über die Jagd die Anfälligkeit der Wildart gegenüber Krankheiten erhöht.

Halten wir also nochmals fest: Die Räude tritt nicht überall in den Alpen auf – es kann über viele Jahrzehnte bzw. Gamsgenerationen keinen Räudefall in einem Vorkommensgebiet geben. Die Krankheit ist in Spanien nun auch außerhalb der Alpen ausgebrochen. In den Gamsbeständen am Balkan ist die Räude bisher nicht aufgetreten. All dies wären Indizien dafür, dass die Milben von außen in einen Bestand eingetragen werden können. Der Umstand, dass die Übertragung durch Ziegen, Schafe oder Rinder möglich ist, würde diese Indizien untermauern. Die Wilddichte ist ein kritischer Punkt, wenn es um den Ausbruch der Seuche geht. Dabei muss aber nicht unbedingt die Konkurrenz zwischen den Tieren ausschlaggebend sein; mehr Tiere erhöhen ganz einfach die Wahrscheinlichkeit der Ansteckung untereinander, und bei höherer Wilddichte gibt es natürlich auch mehr „mögliche Opfer".

Ist die Krankheit einmal in einer Gamspopulation, so erlischt sie kaum mehr und kann jetzt nicht nur durch Ziegen oder Schafe, sondern durch Gams von einem Bestand in den nächsten übertragen werden. Die Geschwindigkeit, mit der sich die Epidemie ausbreitet, entspricht in etwa den jährlichen Wanderungen von einzelnen Böcken während der Brunft bzw. den längsten Distanzen, die von Gaisen oder jüngeren Böcken zwischen Sommer- und Winterlebensraum zurückgelegt werden. Die Ausbreitungsgeschwindigkeit beträgt demnach in der Regel zwischen 3 und 4,5 Kilometer pro Jahr. In allen Räudegebieten steht das Auftreten der Krankheit in engem Zusammenhang mit der Jahreszeit. Dieser Umstand wird auf die Eiproduktion der Milben zurückgeführt. Studien zeigen, dass die Milben die meisten Eier im Herbst produzieren. Einen ersten Gipfel kann es also bereits zur Brunftzeit geben, am stärksten tritt die Seuche dann in der Regel aber im Spätwinter auf.

Da die Milben fast ausschließlich durch direkten Körperkontakt übertragen werden, ist die Brunft jene Zeit, wo am meisten Tiere infiziert werden. Wie gesagt, Gams sind „Distanztiere", direkten Körperkontakt gibt es außerhalb der Brunft in der Regel nur zwischen Gais und Kitz oder Jahrling. Auch Kitze untereinander kommen immer wieder miteinander in Körperkontakt. Bei Jahrlingen nimmt dies schon ab, und ältere Gams berühren einander nur sehr selten. Allenfalls gibt es noch engeren Kontakt bei Salzlecken. Geringe Wilddichte, ausreichend starker Eingriff in die Jugend sowie ein hoher Anteil an reifen Böcken können also helfen, damit die Anzahl der Körperkontakte gesenkt und damit die Übertragungsrate geringgehalten wird. Kleine Bestände sind in der Regel viel stärker betroffen. Sie können auch gänzlich ausgelöscht werden.

Bricht die Krankheit bei einem Stück aus, so sind bei Gaisen zunächst in der Regel die Innenseite der Läufe und die Bauchseite befallen. Bei den Böcken tritt verstärkter Befall zu Anfang besonders im vorderen Brustbereich auf – beim Beschlag liegt die Brust auf der Kruppe der Gais auf. Wie gesagt, nach einem Seuchenzug können ungefähr 20 Prozent der überlebenden Tiere eines Bestandes immun beziehungsweise resistent sein. Der Anteil dieser Tiere sowie die Immunität nehmen im Laufe der Zeit aber wieder ab, sodass nach rund 7 bis 10 Jahren ein erneuter Seuchenausbruch möglich ist. Die zweite Welle fordert aber in der Regel deutlich geringere Verluste. Befallen werden beide Geschlechter und alle Altersgruppen.

Gamsblindheit – die Eckdaten

Mykoplasmen sind kleinste Mikroorganismen, die weit in der Natur verbreitet sind. Sie können sich so wie Bakterien selbständig durch Zellteilung vermehren und befallen vor allem die Schleimhäute. Mykoplasmen besitzen keine starre Zellwand, weshalb man sie auch „Weichhäuter" nennt. Manche sind harmlos, andere Krankheitserreger. Mycoplasma conjunctivae gibt es sowohl bei Schafen und Ziegen, wie auch bei Gams, Steinwild, Muffelwild oder Thar, es kann von einer auf die andere Art übertragen werden und ist hochansteckend. Übertragen wird die Krankheit entweder durch direkten Kontakt oder über kurze Distanz durch Aerosole, also kleinste Teilchen in der Luft. Wichtig sind auch Insekten, die ans Auge kommen. Besonders Fliegen werden als Überträger genannt. Begegnungen zwischen Wild- und Haustieren gibt es vor allem bei Salzlecken. Abseits davon ist das Risiko der Übertragung zwischen Schafen und Gams geringer, weil Gams die unmittelbare Nähe von Schafen eher scheuen als Steinböcke. Die Schweizer stellten fest, dass die meisten Schafherden in ihrem Land mit Mycoplasma conjunctivae infiziert sind und daher ein Reservoir für den Erreger sind. Man weiß auch, dass die Infektionskrankheit bei Schafen in der italienischen Provinz Bergamo ebenfalls weit verbreitet ist. In Österreich tritt die Gamsblindheit lokal oder regional immer wieder auf, genauere Grundlagen über die Durchseuchung von Schafbeständen gibt es jedoch nicht.

Beim Schaf tritt die Krankheit in der Regel nur in leichter Form, und da vor allem bei Lämmern auf. Daher wird sie oft nicht erkannt. Befallene Tiere können sie ohne Medikamente selbst ausheilen. Gams und Steinbock können sogar, wenn sie schon vorübergehend erblindet waren, wieder genesen. Danach sind die Tiere eine Zeit lang immun. Leicht zu erkennen ist die Krankheit bei Schafen an den roten, geschwollenen, Augenlidern und den verklebten Wimpernhaaren. Über das Stadium der Bindehautentzündung geht die Krankheit beim Schaf selten hinaus. Ihre Gesundheit wird dadurch also kaum beeinflusst. Vielleicht war dies auch der Grund, warum man der Krankheit in der Vergangenheit nur wenig Beachtung schenkte.

Bei Wildtieren wird die Hornhaut meist trüb, milchig weiß oder grau, weil sich das Auge entzündet und zwischen den Zellen der Hornhaut Wasser einlagert wird. Es bildet sich ein Ödem. In diesem Stadium kann die Krankheit immer noch ausgeheilt werden, wenn die hinteren Schichten der Hornhaut nicht beeinträchtigt sind. Wird die Hornhaut aber durchbrochen, fließt das Augenwasser aus, in diesem Fall kann die Regenbogenhaut nach vor klappen und verklebt dann mit der Hornhaut. Die Hornhaut vernarbt, das Tier bleibt blind. Vereinzelt kann dies auch bei Schafen auftreten, viel typischer ist dieser Krankheitsverlauf aber bei Wildtieren, wobei die schwere Form bei Gams häufiger auftritt als bei Steinwild.

Gamsblindheit

(Infektiöse Keratokonjunktivitis – Mycoplasma conjunctivae)

Vereinfacht könnte man sagen: Was die Räude in den Ostalpen, ist die Gamsblindheit in den Westalpen. Beide Krankheiten sind hochansteckend und führen beim Gamswild immer wieder zu Epidemien, die große Verluste fordern. Der Erreger der Gamsblindheit ist jedoch im gesamten Alpenraum und darüber hinaus weltweit verbreitet. Die Augenkrankheit wurde schon vor zweihundert Jahren beschrieben. Über erste Ausfälle beim Gamswild wird 1936 aus Neuseeland berichtet. Die Krankheit tritt heute bei Alpengams ebenso auf wie in den Pyrenäen, am Balkan wurde sie bei Schafen nachgewiesen, bei Gams gibt es dort bisher keine Nachweise. Besonders intensiv erforscht wurden die Mykoplasmen in der Schweiz. Allen voran sind dabei Peider Ratti und Marco Giacometti zu nennen. Ratti ist als Steinwildexperte weit über die Schweiz hinaus bekannt, er war lange Jahre Jagd- und Fischereiinspektor in Graubünden und hat das Projekt zur Erforschung der Gamsblindheit initiiert und jahrelang geleitet. Der Schweizer Wildbiologe und Veterinärmediziner Marco Giacometti hat das Projekt koordiniert. Sein Name steht stellvertretend für eine ganze Reihe von Forschern, die viel dazu beigetragen haben, dass wir heute gut Bescheid über die Infektiöse Kerakonjunktivitis wissen. Die folgenden Ausführungen basieren auf jenen Grundlagen, welche die Schweizer erarbeitet haben.

Epidemien, und was man dagegen tun kann

Die Gamsblindheit führt in der Schweiz immer wieder zu Epidemien bei Gams und Steinwild. Dabei tritt die Krankheit mancherorts in bestimmten Zeitabständen oder sporadisch auf. In der Regel laufen Seuchenzüge entlang von Bergketten mit einer Geschwindigkeit von durchschnittlich 1 bis 2 Kilometer im Monat! Dabei kann es an der Seuchenfront auch immer wieder zu „Sprüngen" von mehreren Kilometern kommen. Diese Sprünge werden auf Wanderungen von Einzeltieren zurückgeführt. Eine Epidemie kann sich also über Dutzende Kilometer ausbreiten, wobei tiefe, breite Täler aber meist nicht überschritten werden. Der Erreger wird auch im Winter übertragen, und er kann auch in Revieren auftreten, wo keine Schafe weiden. Ein Seuchenzug dauert meist mehrere Monate. Obwohl die Krankheit über einige Jahre in Wildtierbeständen bleiben kann, hält sie sich dort nicht auf Dauer. Das heißt: Der Infektionszyklus bricht beim Wild ab! Neuinfektionen erfolgen danach wieder über Haustiere. Während es jedoch bei Haustieren kaum Verluste gibt, liegen die Sterberaten bei Gams und Steinbock zwischen 20 und 30 Prozent. Vor allem, wenn Rudel erstmals mit dem Erreger in Kontakt kommen, sind die Ausfälle hoch.

Bei einzelnen Tieren kann sich der Erreger vier bis sechs Monate lang halten. Nach der Infektion bilden sich Antikörper, und die befallenen Tiere können vorübergehend immun werden. Die Immunität hält allerdings nicht so lange, wie man früher gedacht hat, bereits zwei Jahre nach einer Epidemie erlischt sie bei den meisten Gams. Was kann man also tun gegen die Blindheit? Wie gesagt, bei Schafen verläuft die Krankheit in milder Form. Die Tiere können mit Breitband-Antibiotika über mehrere Tage behandelt werden. Es gibt dazu Salben und Pulver. Weit verbreitet ist die „Zucker-Blasmethode". Dabei wird Schafen, die Krankheitssymptome zeigen, mit Hilfe eines gefalteten Papierblattes Puderzucker in die Augen geblasen. Die dabei entstehende Tränenflüssigkeit lässt die Erreger mit den weichen Zellwänden absterben. Grundsätzlich sollte man keine Schafe – auch nicht solche mit nur leichten Krankheitssymptomen – in gesunde Herden bringen. Es besteht auch immer erhöhtes Risiko, wenn Tiere verschiedener Besitzer zusammengebracht und gemeinsam aufgetrieben werden. Hier sollte es Alpvorschriften, Kontrolle und im Zweifel auch Quarantäne geben.

Heute weiß man, dass Wildtiere die Krankheit spontan ausheilen können. Deshalb ist es nicht sinnvoll, alle Gams oder Steinböcke mit Symptomen zu erlegen. Die Schweizer empfehlen sogar im Gegenteil, die Abschussquoten vorübergehend zu senken, um über den Jagdbetrieb möglichst wenig zu stören, vorübergehend kann die Jagd überhaupt eingestellt werden. Zusätzlich sollte jede andere unnötige Störquelle vermieden werden. Erblindete Tiere leiden unter größtem Stress, da sie oft fliehen wollen, aber sich nicht trauen, weil im Steilgelände Absturzgefahr besteht.

Charakteristisch ist beim Gamswild, dass sich erkrankte Stücke bergab bewegen, während Steinböcke immer höher steigen. Während erblindete Gams also eher in Gräben zu finden sind, steht mancher blinde Steinbock einsam auf einer Spitze, von der es nicht mehr weitergeht. Tiere, die nur an Bindehautentzündung leiden oder nur einseitig erblindet sind, bleiben beim Rudel, jene, die beidseitig erblindet sind, sondern sich von der Gruppe ab. Kitze bleiben meist bei der erblindeten Mutter. Erblindete Stücke tasten sich oft vorsichtig voran, oft suchen sie mit dem Windfang den Weg. Dabei bewegen sie sich immer wieder im Kreis – vor allem im Schnee ergibt dies dann ein charakteristisches Fährtenmuster. Mit dem Fernglas erkennt man bei erkrankten Tieren Sekretfluss aus dem inneren Augenwinkel. Dort sind die Haare verklebt.

Erfahrene Wildhüter und Jagdaufseher können mit Hilfe von Spektiv und Fernrohr auch sehen, ob die Hornhaut befallener Tiere bereits perforiert und die Lichter erloschen sind. In diesem Fall sind Hegeabschüsse durchzuführen. Selbstverständlich sollen auch Tiere, die abgestürzt oder extrem geschwächt sind, von ihren Leiden befreit werden. Die Erfahrungen der

Schweizer zeigen jedoch, dass über die Jagd die Durchseuchung eines Bestandes sowie die Ausbreitung der Epidemie nicht verhindert werden kann. Nicht einmal einbremsen kann man sie. Behandlungsversuche bei Wild sind nicht sinnvoll. Salzlecken für Wild- oder Haustiere sind Knotenpunkte, wo sich Weidevieh und Wild begegnen. Man sollte sie so anlegen, dass dies nicht möglich ist, oder einstellen. Hirten, die ihre Herden auf die Weiden führen, können ebenfalls helfen, weil es dann weniger Kontakte zwischen Wild- und Haustier gibt.

Im Grunde genommen wäre die Impfung der Schafe die beste Maßnahme; die Kontrolle und Behandlung jener Tiere, welche auf Almen und Berge getrieben werden, ist bis dahin aber der einfachste und sicherste Schritt gegen die Gamsblindheit.

Moderhinke

Die Moderhinke wird durch Bakterien Fusobacterium necrophorum ausgelöst. Es handelt sich dabei um eine ansteckende, schmerzhafte, eitrige Entzündung im Bereich der Schalen. Die Bakterien zersetzen einerseits die Hornschalen und bewirken andererseits auch verstärktes Hornwachstum. Die erkrankten Schalen riechen unangenehm – deshalb der Name. Übertragen wird die Krankheit vor allem durch infizierte Hausschafe. Muffelwild und Steinwild sind sehr anfällig. Die Erreger werden über feuchten, weichen Boden indirekt übertragen. Besonders im Bereich von Salzlecken, wo der Boden oft aufgetreten wird, ist die Befallsintensität hoch. Tiere, die an der Krankheit leiden, lahmen, zeigen Bewegungsunlust oder äsen im Liegen und auf den Vorderläufen kniend.

Lippengrind (Ecthyma contagiosum)

Lippengrind ist eine Infektionskrankheit. Dabei dringen Parapockenviren über kleinste Risse und Wunden in die Haut oder Schleimhaut und verursachen blasige Hautwucherungen und Entzündungen am Äser, den Lippen oder dem Lecker, seltener an den Läufen. Die Krankheit erschwert besonders die Äsungsaufnahme. Es gibt die Krankheit bei Gams und Steinwild sowie bei Hausschaf und Ziege. Sie kann auch beim Menschen auftreten. Die Krankheit führt fast nie zu hohen Ausfällen. Wird die Äsungsaufnahme erschwert, können Stücke an Entkräftung eingehen. Selbstheilung ist möglich, besonders im Frühjahr. Lippengrind tritt fast nur im Winter bei jungen oder schwachen Stücken auf. Harschschnee, Nahrungsknappheit oder extreme Witterung können den Ausbruch fördern. Ist die Krankheit im Revier, sollten Salzlecken eingestellt werden!

Paratuberkulose

(Johnsche Krankheit – Mycobacterium avium ssp. paratuberculosis)

Die Paratuberkulose ist eine ansteckende, chronische Darmerkrankung, die man in der älteren Literatur zum Gamswild nicht findet. Die Krankheit gibt es weltweit bei Wiederkäuern, sie kommt bei Haus- und Wildtieren vor. Wildtiere werden meist über Haustiere, vor allem Rinder infiziert, sie können dann den Erreger auch selbst verbreiten. Er wird über Milch an säugende Jungtiere, meist aber durch Kot übertragen. Die Mykobakterien nimmt das Tier über Milch, Äsung oder Wasser auf. Mit der chronischen Darmentzündung ist in der Regel starker, oft wässriger Durchfall verbunden. Es kommt zu verdickten Windungen und Auffaltungen der Darmschleimhaut. Die befallenen Tiere magern über Wochen trotz gutem Appetit ständig ab. Bei Wildtieren führt die Krankheit dann nach Wochen oder Monaten stets zum Tod.

Großer und Kleiner Lungenwurm

Lungenwürmer sind eine jener Gamskrankheiten, welche die meisten Jäger kennen. Sicher hat der ein oder andere schon das typische Husten gehört. In dem Fall versucht der Gams die Larven dieses Erregers aus dem Kehlkopf auszuhusten. Die Weibchen der Lungenwürmer legen schon weit entwickelte Eier in den Bronchien und in der Luftröhre ab. Ein Teil dieser Larven wird aber vom Gams auch geschluckt und dann mit dem Kot ausgeschieden. Im Freien entwickeln sie sich weiter und werden mit der Äsung wieder vom Wirtstier aufgenommen. Aus dem Darm wandern sie dann über den Blutkreislauf in die Lungenbläschen ein. Krampfhaftes Husten sowie Nasenausfluss gehören ebenso zu den Symptomen wie Luftröhrenentzündung. Die Lungenbläschen werden geschädigt, es kann beim befallenen Stück Lungenentzündung und Fieber auftreten. Bei Jungtieren endet die Krankheit oft tödlich. Es gibt den Großen und den Kleinen Lungenwurm, beim Kleinen kommen Schnecken als Zwischenwirte dazu, die Symptome sind aber weniger auffällig.

Magenwürmer

Magenwürmer sind zwar ebenfalls kein Thema, das Begeisterung auslöst, aber diese Parasiten gibt es, seit es Pflanzenfresser gibt. Sie leben weltweit im Magen-Darmtrakt der verschiedensten Pflanzenfresser – vom Kaninchen bis zum Rotwild, vom Schaf bis zur Kuh. In Europa kommt der Braune Magenwurm am häufigsten vor. Er kann Haus- und Wildtiere befallen. Wechselseitige Ansteckung zwischen beiden ist möglich, wird aber häufig

Gamswild ist Rudelwild.

Überall, wo es zu Konzentrationen von Tieren kommt, ist die Möglichkeit der Übertragung von Krankheiten gegeben.

überschätzt. Die Wurmeier werden mit der Losung ausgeschieden. In der Losung entwickeln sich daraus Larven, welche wieder vom Wirtstier aufgenommen werden. Diese leben dann auf der Schleimhaut des Magen-Darmtraktes. Entzündungen, Verdauungsstörungen und Durchfall sind die Folge.

Ausblick

Gamswild ist Rudelwild, und wo es größere Ansammlungen von Tieren gibt, da ist die Ansteckungsgefahr mit Krankheiten oder Parasiten besonders hoch. Im Grunde genommen gibt es in und auf jedem Wildtier Krankheitserreger oder Parasiten. Das ist weder ungewöhnlich noch abstoßend: es ist schlicht und einfach „normal". Manche Mikroorganismen sind Erreger von Infektionskrankheiten, andere helfen beim Aufschließen der Nahrung – ein Wiederkäuermagen würde ohne Mithilfe von Mikroorganismen überhaupt nicht funktionieren. Ob eine Krankheit tatsächlich ausbricht, hängt von den Lebensbedingungen für Erreger oder Parasiten ebenso ab wie von Immunsystem und Gesundheitszustand des Wirtstieres.

Wenn wir unterschiedliche Lebensräume für Gams beurteilen, dann geht es meist um das Äsungsangebot, um den Felsanteil, Schäden im Wirtschafts-

oder Schutzwald. Nur selten wird uns aber bewusst, dass auch die Parasitenbelastung in verschiedenen Lebensräumen ganz unterschiedlich sein kann. Auch damit ist also ganz eng die Lebensqualität für ein Wildtier verbunden. Ob unter atlantisch feuchtem Klimaeinfluss mit zunehmend höheren Temperaturen oder im trockenen, kontinentalen Klimabereich macht für einen Gams ebenso einen Unterschied wie der ganzjährige Aufenthalt im Wald oder im Hochgebirge. Parasiten sind keine Geisel der Natur, mit zunehmender Klimaerwärmung werden sich die Lebensbedingungen für die Parasitenfauna aber ändern, betroffen davon sind letztendlich auch Wildtiere. Neuere Schweizer Forschungsergebnisse lassen beispielsweise vermuten, dass es Zusammenhänge zwischen Blutparasiten (Babesia divergens) beim Gamswild und den sich ändernden Umweltbedingungen gibt. Symptome sind Blutarmut, gelbverfärbte Haut und geschwollene Milz. Der Parasit wird durch Zecken übertragen und kommt bei Rehen vor. Rehe erkranken aber nicht daran, sondern können offenbar als Reservoir für Babesien dienen. Die Schweizer fragen sich: Kann es durch klimatische Veränderungen zu vermehrtem Kontakt zwischen Gams und Zecken kommen? Milde Winter und feuchtere Sommer bieten Parasiten bessere Lebensgrundlagen. Auch wenn es also kein angenehmes Thema ist, wir werden uns in Zukunft vielleicht noch öfter damit auseinandersetzen müssen.

ACHTES KAPITEL:

Störungen

Rund 5 Millionen Ferienbetten, 500 Millionen Übernachtungen und 120 Millionen Feriengäste, das sind nur einige Eckdaten, welche eine der größten Tourismusregionen der Welt beschreiben – die Alpen. Der Massentourismus hat die Alpen verändert wie kaum ein Ereignis zuvor. Wie reagiert ein Charaktertier dieser Berge darauf?

Was ist eine Störung?

An sich ist der Begriff „Störung" wertend – verbinden Sie nicht auch schon beim Lesen etwas „Negatives" damit? Dieser Begriff sollte also eigentlich aus der Forschung herausgehalten werden, er hat seinen Platz erst in der wertenden Beurteilung von Forschungsergebnissen. In der Wildökologie gibt es einen Störreiz: zum Beispiel den Variantenfahrer, der durch Tiefschneehänge wedelt. Und es gibt eine Störwirkung: zum Beispiel drei Stück Gamswild, die flüchten, weil sie vom Schifahrer aufgeschreckt wurden.

Der Jäger draußen im Revier beobachtet häufig sogenannte „Störreize": den Wanderer, der querfeldein geht, den Mountainbiker, der zu Tal rast, den Paragleiter, der über das Gamsrudel fliegt oder auch den Jäger, der unvernünftig und bei schlechtem Wind jagt. Was wir anschließend erkennen können, sind Reaktionen von Wildtieren: Sichern, Angstkoten, Unterbrechen der Äsungsaufnahme, Einstandwechsel, Flucht. Doch der Birkhahn flüchtet auch vor dem Adler und das Gamswild vor Wolf oder Luchs, demzufolge muss eine Flucht noch keineswegs besorgniserregend sein. Entscheidend ist die Frage: Welche Auswirkungen hat sie? Der Punkt ist der, dass wir draußen im Revier meist zufällig Einzelereignisse sehen, wir können aber nicht sofort erkennen, welche Auswirkungen damit verbunden sind.

Die Auswirkung einer Störung

Die Auswirkungen einer Störung können sein:

- Verhaltensänderungen – Rotwild wird nachtaktiv, auch bei Gamswild konnten wir Nachtaktivität in der Nähe von Wegen und Hütten beobachten;
- Verschlechterung der Kondition – Gamsjahrlinge sind schwächer im Wildbret;
- geringere Fitness – weniger Fettreserven für den Winter;
- kürzere Säugezeiten;
- verlassene Gelege, weniger Nachwuchs.

Dies alles kann dazu führen, dass der Bestand einer Wildtierart, dass Lebensräume oder ganze Ökosysteme beeinträchtigt werden. Erst, nachdem die

In voller Flucht.
Bei überstürzten Fluchten kann es auch immer wieder zu Verletzungen kommen.

Außer Atem.
Dieser Gais hängt nach anstrengender Flucht der Lecker heraus. Im Sommer sind die Fluchtdistanzen größer als im Winter. Bei plötzlichen Fluchten werden auch immer wieder Kitze von ihren Müttern getrennt.

Auswirkungen bekannt sind, kann bewertet werden, ob die Störung vernachlässigbar oder gravierend ist. Und erst danach können notwendige Schutzmaßnahmen ergriffen werden.

Was ist aber eine gravierende Störung? Gravierend sind Einflüsse, welche die körperliche Gesamtverfassung eines Wildtieres mindern, die Tragfähigkeit eines Lebensraumes beeinträchtigen bzw. den Lebensraum zerstören. Wenn wir dabei nur ein einzelnes Wildtier betrachten, ist die Sache noch verhältnismäßig einfach, schauen wir uns aber Populationen oder Lebensräume an, so wird es immer schwieriger, Ursache und Wirkung nachzuweisen.

Störquellen sind keineswegs immer nur Freizeitaktivitäten. Kommt es dennoch zu gravierenden Störungen durch den Tourismus, so können messbare Auswirkungen meist eher am Lebensraum denn am Wildtier festgestellt werden. Warum? Rot-, Reh- oder Gamswild kann noch immer in guter Kondition sein, während im Wald bereits erhebliche Schäden auftreten. Der Grund dafür liegt darin, dass innerartliche Regulationsmechanismen (weniger Nachwuchs, erster Nachwuchs mit höherem Alter, und so weiter) kein vorbeugender Schutz vor der Übernutzung des Lebensraumes durch Pflanzenfresser sind, sondern in der Regel eine Folge davon.

Was sagen uns Fluchtstrecken?

Die Stärke der Störung kann über Reaktions- und Fluchtdistanzen gemessen werden – sie steigen mit der Intensität der Störung an. Als Reaktionsdistanz bezeichnet man jene Entfernung, bei der die Wildart zwar noch nicht flüchtet, aber bereits deutlich auf die Störquelle reagiert. Wie bereits beschrieben: Es wird die Äsungsaufnahme unterbrochen, die Tiere sichern, erheben sich aus ihren Lagern, Angstkoten tritt auf, Kitze suchen ihre Mütter, und so weiter. Die Länge der Fluchtstrecke sagt noch wenig über die Intensität einer Störung. Sie ist zunächst davon abhängig, wo der nächstgelegene Fluchteinstand liegt. In Zusammenhang mit der Strecke, die vom Gams zurückgelegt werden muss, um in Sicherheit zu kommen, stehen allerdings Zeit- und Energieverlust – Zeit, die dann in vielen Fällen zum Äsen fehlt.

Studien am Augstmatthorn in der Schweiz zeigten, dass die Fluchtdistanz gegenüber Paragleitern um ein Vielfaches höher war als gegenüber Wanderern. Während dann die Gams in dem Schutzgebiet vor Wanderern im Mittel „nur“ 130 Meter weit flohen, verließen alle Tiere beim Zusammentreffen mit Paragleitern den Äseplatz und rannten entweder in den Wald oder zogen sich in Felsgebiete zurück. Peter Enggist-Düblin und Paul Ingold errechneten, dass dort die Gams nach einer Flucht vor Wanderern bereits wieder nach 5 Minuten zu äsen begannen, bei Paragleitern waren es 150 Minuten! Wir kommen gleich nochmals auf diese Arbeit zu sprechen.

Felsregionen und Waldbereiche gehören zu den bevorzugten Fluchteinständen des Gamswildes. Doch je nach Jahres- oder Tageszeit reagiert diese Wildart verschieden, es unterscheiden sich die Geschlechter, und schließlich sind auch Gams Individuen – es gibt also neben sensiblen Stücken ebenso Phlegmatiker. Einzelne Gams können bereits schon bei einem Kilometer Entfernung auf bestimmte Störreize reagieren, andere wiederum lassen eine Annäherung bis auf zwanzig Meter zu. Verallgemeinerungen oder Anekdoten über das ein oder andere Erlebnis mögen in diesem Zusammenhang also vielleicht die Diskussion beleben, sie bringen aber nur selten mehr Objektivität in die ohnehin meist emotionell geführte Debatte.

Das Institut für Wildbiologie und Jagdwirtschaft in Wien konnte nachweisen, dass sich auf dem touristisch stark genutzten Raxplateau in den niederösterreichischen Kalkalpen 80 Prozent der Gais-Kitzrudel und 95 Prozent der Kitze im ungestörten Teil des Bergstockes aufhielten, während die Böcke weit weniger empfindlich waren und auch direkt neben den Touristensteigen blieben. Ich konnte dort selbst immer wieder Gamsböcke auf wenige Meter Entfernung neben den stark frequentierten Touristenwegen beobachten. Wer hier allerdings nur den jungen phlegmatischen Bock sieht und daraus verallgemeinert, dass die Wildart ohnehin kaum Notiz von den Touristen nimmt und nur vor dem Jäger flüchtet, der sieht nicht das große Scharwildrudel, das sich in suboptimale Äsungsbereiche zurückzieht, weil die Gaisen mit ihrem Nachwuchs weit empfindlicher reagieren. Auf der Rax konnte auch nachgewiesen werden, dass die Sicherzeiten der Gaisen um ein Vielfaches höher als jene der Böcke waren.

Im Sommer flüchten Gais-Kitzrudel früher und legen auch größere Strecken zurück als im Winter. Böcke reagieren allgemein später auf Störungen. Ihre Reaktionsdistanz bleibt auch fast ganzjährig gleich. Während Gaisen besonders sensibel im Juni sind, verringert sich ihre Reaktionsdistanz mit dem Heranwachsen der Kitze bis zum Herbst erheblich. Wie gesagt, die Toleranz gegenüber Störungen steht in engem Zusammenhang mit der Entfernung zum nächstgelegenen Fluchteinstand. Das ist auch einleuchtend, denn wenn ich weiß, dass es nur fünfzig Meter bis zur nächsten sicheren Felswand sind, dann kann ich mir länger Zeit lassen, als wenn ich einige hundert Meter über offene Almmatten zurücklegen muss.

In diesem Zusammenhang sollte man auch die Gamsjagd ins Spiel bringen. Gerade beim tagaktiven Gamswild kann man die Auswirkungen schlechter Jagdpraktiken am deutlichsten beobachten. Wer in touristisch stark frequentierten Gebieten Gams jagt, der muss sich besonders anstrengen. Intelligente und rücksichtsvolle Jagd gehört sicher mit zu den wichtigsten Maßnahmen, die der Jäger setzen kann, wenn er dem Gamswild helfen will!

Gams und Flugobjekte

Paul Ingold zählt zu jenen Schweizer Wildtierforschern, die vor allem über die Auswirkung von Störreizen auf Gamswild gearbeitet haben. Seine Studien sind heute wesentliche Grundlagen, wenn es um das Thema „Wildtier und Störung“ geht. Über die Auswirkung menschlicher Aktivitäten auf Wildtiere gibt es eine Vielzahl von Untersuchungen. Ob die Fahrt mit dem Schneemobil, ob Wandern, Mountainbiken, Orientierungslaufen, Paragleiten oder Jagen, Wildtiere reagieren unterschiedlich darauf. Dennoch fällt die Entscheidung schwer, wenn man wissen will: Wer stört mehr oder weniger? Um den Einfluss verschiedener Störreize zu quantifizieren, entwickelten Ingold und Enggist-Düblin ein Modell. Damit konnten sie nachweisen, dass am Augstmatthorn der Einfluss von Paragleitern auf Gamswild jedenfalls stärker ist als jener von Wanderern. Das sieht man schon aus den oben zitierten Reaktionszeiten. Das Modell zeigt jedoch ganz klar, dass mit zunehmendem Flugbetrieb jener Effekt, der von Paragleitern ausgeht, immer stärker wird, währenddessen eine höhere Anzahl von Wanderern nicht automatisch mit mehr Störung gleichzusetzen ist!

Auch eine Berchtesgadener Gamswildstudie weist darauf hin, dass es gravierende Unterschiede zwischen einzelnen Störquellen gibt. Und sie kommt ebenfalls zu dem Schluss, dass die Dauer der Wirkung sehr unter-

Plötzlich auftauchender Hubschrauber.

Solche Situationen zählen zu den gravierendsten Störfällen. Gams- und Steinwild flüchten dann oft panikartig über weite Strecken.

Ein Himmel voller Paragleiter.
Mit zunehmendem Flugbetrieb erhöht sich der Störeffekt von Paragleitern. Gams reagieren auf Hängegleiter heftig und ziehen sich aus den beflogenen Zonen zurück.

schiedlich ist. Stellt man eine Reihenfolge auf, so gibt es nach den Ergebnissen aus Berchtesgaden die heftigsten Reaktionen bei Hubschrauberflügen, danach kommen Drachenflieger, Variantenskifahrer, Skifahrer und am Ende Wanderer. Dabei spielt es offenbar keine Rolle, wie groß eine Gruppe ist oder aus welcher Richtung sie sich an das Wild annähert. Die Bayern fanden zudem keine Indizien dafür, dass es beim Wild zu einem Gewöhnungseffekt kommt! Gams in abgelegenen, also weniger von Touristen frequentierten Lebensräumen, tolerieren Störungen jedoch sicher weniger als solche in gut erschlossenen Gebieten. Dies ist kein Widerspruch. In häufig begangenen Gebieten mit regelmäßigem Besucheraufkommen sind Störungen für das Wildtier leichter voraussehbar, sie können besser eingeschätzt werden. Für Gamswild in abgelegenen Gebieten sind seltene Störungen dagegen weniger gut berechenbar.

Gerade Luftfahrzeuge führen uns vor Augen, dass Gams je nach Typ des Flugobjektes, nach seinem Flugverhalten, dem Gelände, aber auch je nach Jahreszeit, ob als Bock, Gais, Einzeltier oder Rudel unterschiedlich reagieren. Allgemein gültige Aussagen dazu gibt es zwar wenig, Andreas Boldt von der Schweizer Arbeitsgemeinschaft FaunAlpin hat jedoch eine umfangreiche Literaturstudie zusammengestellt. Aus ihr ergibt sich, dass mit dem zunehmenden Flugbetrieb im Alpenraum eine breite Palette von negativen Beeinträchtigungen möglich ist. Grundsätzlich gilt dabei: Lärm ist für Wildtiere meist weniger problematisch, eine viel größere Rolle spielt die optische Wirkung. Helikopter, Gleitschirme und Deltasegler haben stärkere Auswirkungen als Motorflugzeuge. Boldt bringt dies in Zusammenhang mit den geringeren Flughöhen und den unregelmäßigen Flugwegen. Er führt weiters aus, dass eine Gewöhnung an diese zeitlich und räumlich unregelmäßig auftretenden Luftfahrzeuge schwierig ist. Dies kann dazu führen, dass manche Gebiete gemieden oder ganz verlassen werden. Wald und Fels dienen meist als Rückzugsräume, dort sind Wildtiere Luftfahrzeugen weniger ausgesetzt.

Immer wieder nimmt man an, dass Wildtiere Luftfahrzeuge als überdimensionale Greifvögel betrachten und deshalb oft sehr heftig darauf reagieren. Andreas Boldt führt dazu aber aus, dass die unterschiedlichen Reaktionen auf verschiedene Flugobjekte darauf hinweisen: Luftfahrzeuge werden kaum mit Greifvögeln verwechselt. Gams reagieren wenig auf Motorflugzeuge oder Kampfjets, meist aber sehr heftig auf Helikopter. Der laute, kreisende Hubschrauber kann aber wohl schwer mit einem Adler verwechselt werden. Murmeltiere, für die der Steinadler einer der wesentlichen Raubfeinde ist, reagieren auf Gleitschirme nur schwach, Steinböcke dagegen sehr stark. Jedes Flugobjekt als Adlerattrappe zu sehen, greift also viel zu kurz. Gams und Steinwild reagieren auf Hängegleiter (Gleitschirme und Deltasegler) sehr heftig. Dabei gibt es zwar Unterschiede je nach Jahreszeit und Region, in der Regel zieht sich Gamswild über kurz oder lang aber aus den beflogenen Zonen zurück. Die Farbe der Gleitschirme spielt dabei keine Rolle, die Fluchtdistanz gegenüber Gleitschirmfliegern war in drei verschiedenen Schweizer Untersuchungsgebieten außerordentlich hoch. Sie lag zwischen 410 und 780 Metern! Auf solche Entfernungen ist es allein oft schwierig, den Zusammenhang zwischen Ursache und Wirkung zu erkennen.

Im Allgäu waren die Reaktionen teilweise genau so stark, teilweise geringer, im Nationalpark Berchtesgaden wurden Reaktions- und Fluchtdistanzen um 300 Meter erhoben. Es ist klar, dass dabei allein die Geländebeschaffenheit und damit auch die möglichen Sichtdistanzen eine grundlegende Rolle spielen. Steinböcke flüchteten am Augstmatthorn immer vor Gleitschirmfliegern, mit Fluchtdistanzen von 700 bis 1.200 Metern! Interessant ist in diesem Zusammenhang, dass das Steinwild in dem Banngebiet auf Helikopter weniger häufig reagierte als auf Gleitschirmflieger.

Flucht, Aufgabe von Äsungsplätzen, Rückzug in den Wald sind großräumige Bewegungen, beobachtet man im Detail, wie die Tiere ihr Verhalten ändern, dann erkennt man zunächst meist, dass die Aktivität erhöht wird, das Wild bewegt sich mehr, die Ruhephasen werden kürzer. Von Fall zu Fall wird die Nahrungsaufnahme erheblich reduziert, sogar kürzere Säugezeiten können damit verbunden sein. Man weiß wenig darüber, ob und wie dies alles vom Wildtier wieder ausgeglichen werden kann. Bekannt ist, dass in einigen Regionen das mittlere Körpergewicht von Gamsgaisen abgenommen hat, nachdem dort der Flugbetrieb mit Gleitschirmen begonnen wurde. Bei Gamswild sind Überflüge kritischer zu bewerten als Passierflüge, dabei spielt die Flughöhe eine wichtige Rolle, Kreisen über den Tieren oder wiederholtes Überfliegen wirkt sich besonders negativ aus. Gaisen reagieren in der Regel stärker als Böcke, besonders wenn sie Kitze führen. In Berchtesgaden wurde nachgewiesen, dass größere Gruppen Gamswild ebenfalls stärker auf Luftfahrzeuge reagieren. Das kann damit zusammenhängen, weil sich in Rudeln meist Gaisen mit Jungtieren aufhalten. Wenn im Winter die Fluchtdistanzen kürzer werden, so heißt dies nicht, dass die Tiere dann weniger empfindlich sind, sondern dass Wild zu dieser Jahreszeit mit seinen Energiereserven besser haushalten muss. Zudem hindert der Schnee die Bewegung. Das zwingt Gams gleichsam dazu, abzuwarten und mögliche Feinde näher herankommen zu lassen. Daran sollte auch der Gamsjäger im Dezember denken …

Der Schweizer Gamswildkenner Hannes Jenny stellt im Zusammenhang mit dem Thema „Wildtier und Störung“ fest: Stören tut immer der andere! Dabei gilt aber ganz grundsätzlich, dass das Feindbild Mensch vor allem durch die Jagd gesetzt wird – Luftfahrzeuge, Schifahrer oder hetzende Hunde sind regional und von Fall zu Fall ein ernstes Thema, doch die Wildart wird im gesamten Alpenraum bejagt, und damit wird der Mensch ganz allgemein zum potentiellen „Raubfeind“, der auch auf große Entfernung gefährlich werden kann. Kurze Jagdzeiten, überlegte Jagdausübung sowie ein sinnvolles Angebot an Wildruhezonen, Wegegeboten und Wildschutzgebieten können nach Jenny viel zur Problemlösung beitragen. Die Alpengams zählt nicht zu den gefährdeten Tierarten. Mit zunehmender Entwicklung von Outdoor-

Sportarten werden jedoch mehr und mehr Lebensräume erschlossen, die zuvor zwar nicht unberührt, aber weitgehend frei von menschlicher Nutzung waren – der Luftraum zählt heute besonders dazu. Damit beeinflussen wir zunehmend gesamte Ökosysteme in den Alpen – vom Bergwald, der die Siedlungen im Tal schützt, bis zu Hochlagen, die als Weidegründe oder Überwinterungsgebiete wichtig sind. Gams sind dabei oft nur ein Vektor; also ein „Träger“, der diesen Druck verstärkt und auf gesamte Lebensgemeinschaften überträgt. Wer glaubt, wir lösen Probleme, indem wir einfach den Vektor ausschalten, der irrt sich.

Neuntes Kapitel:

Raubfeinde

Geht es um Gams und Raubwild, dann gibt es traditionell immer wieder Einzelberichte über Steinadler, die das ein oder andere Kitz schlagen, man weiß, dass der Fuchs besonders im ausgehenden Winter nach Fallwild sucht. Auch Luchs und Wolf jagen Gams, wenn es die Möglichkeit gibt. Über lange Zeit wusste man in den Alpen jedoch nichts über die Beziehung zwischen Luchs und Gams; einige alte Stiche, ein paar Berichte und Geschichten sowie die ein oder andere Anekdote vom Balkan untermauerten das Bild, welches wir uns von der Wechselbeziehung zwischen beiden gemacht haben. In der Schweiz ist der Luchs heute wieder heimisch, und von dort gibt es auch eine ganze Reihe von Studien zum Thema „Luchs und Gams". Eine der ersten wurde 1990 veröffentlicht, und sie sorgte auf Anhieb für großes Aufsehen. Es war Heinrich Haller, heute Direktor des Schweizer Nationalparks, der über die Ökologie und Wiederansiedlung des Luchses in den Walliser Alpen geforscht hat, und es waren die Luchse vom Turtmanntal, die Wildbiologen und Jäger wachgerüttelt haben …

Gams und Luchs

Das Turtmanntal im Schweizer Wallis erstreckt sich vom gleichnamigen Gletscher im Süden bis zur Rhone im Norden. Seit 1952 gibt es dort ein Jagdbanngebiet mit einer Fläche von 3.700 Hektar. Zu der Zeit gab es dort nur mehr einige wenige Gams. Die Wildart wurde beinahe wie der Luchs ausgerottet. Nach etwa dreißig Jahren schätzte man den Gamsbestand in dem Schutzgebiet auf 700 bis 800 Stück. Die Zahlen werfen ein Licht auf das Potential und die Bestandesdynamik der Wildart. Auch Schafe und Ziegen weiden im Sommer frei in dem Alpental. Der Luchs hat sich im Wallis länger gehalten als in anderen Teilen der Schweiz. Noch in der ersten Hälfte des 19. Jahrhunderts wurden dort über 50 Luchse erlegt. Nach 1850 gibt es von dort noch zehn Meldungen, wobei 5 Tiere südlich der Rhone getötet wurden. Der Luchs wurde dort auch in Fallen gefangen. Die letzte Meldung über einen der ehemals heimischen Luchse stammt aus dem Jahr 1909. Die erste Aussetzung von Luchsen erfolgte dann wieder 1971 im Kanton Obwalden mitten in der Schweiz. Die Luchse im Turtmanntal wurden wahrscheinlich Mitte der 1970er-Jahre heimlich ohne Genehmigung ausgesetzt. Spätestens Anfang der 1980er-Jahre gab es fast in allen geeigneten Gebieten im südlichen Wallis Luchsnachweise. Bei Jägern ist das Thema „Luchs" dort heute noch mit Emotionen verbunden. Wir werden gleich sehen warum.

Heinrich Haller konnte zwischen 1985 und 1988 im Turtmanntal und dessen Umgebung sechs Luchse fangen und mit Telemetriesendern versehen. Unter den Tieren waren zwei Kuder und vier Katzen. Besonders die beiden Luchse aus dem Turtmanntal jagten über Jahre fast ausschließlich Gamswild

– das Angebot war enorm in dem Banngebiet. Haller konnte nachweisen, dass die Luchse dort jährlich etwa 130 bis 140 Gams erbeuteten. Damit haben sie den Gamsbestand etwa auf die Hälfte reduziert. Dennoch war die Gamswilddichte mit rund 10 Stück je 100 Hektar immer noch gut. Während der Kuder vorwiegend ältere Gams erjagte – die Hälfte der von ihm erbeuteten Stücke war über zehn Jahre –, jagte die Katze fast zur Hälfte Kitze. Hier muss man jedoch einschränken: Das Beispiel Turtmanntal zeigt nur, was möglich ist, es kann keineswegs auf andere Gebiete übertragen werden, sondern bleibt ein Sonderfall. Bis heute gibt es keinen zweiten bekannten Fall, wo der Luchs derart starken Einfluss auf ein lokales Gamswildvorkommen hatte.

Auch dem Rehwild setzten die Luchse im Turtmanntal stark zu – es verschwand dort fast völlig. Rehe zählen zu den wichtigsten Beutetieren für den Luchs. Im Alpenraum ist Gamswild daneben die beste „Alternative". Im Schweizer Jura hat Anja Molinari-Jobin untersucht, wie Luchse ihre Beute wählen und welche Auswirkung dies auf den Bestand an Beutetieren hat. Die zehnjährige Studie gibt uns guten Einblick in das Beuteschema der Raubkatze und auch in die Auswirkung auf den Schalenwildbestand. Gehen wir also in den Jura und sehen uns an, welche Schlüsse Anja Molinari-Jobin aus den Luchsrissen, die sie und ihre Mitarbeiter auf einer Fläche von 71.000 Hektar gefunden haben, zieht. Die Luchse waren dort ebenfalls mit Telemetriesendern ausgestattet, sodass ein Riss einem bestimmten Luchs zugeordnet werden konnte. Die Schweizer fanden je nach Alter und Geschlecht eindeutige Unterschiede in der Beutewahl der Raubkatzen. Kuder schlugen mehr Gams als Katzen. In der Beutewahl von Jungluchsen scheinen Gams überhaupt nicht auf. Im Durchschnitt hat ein Weibchen mit Jungen alle fünf Tage ein Stück Schalenwild gerissen. Auf einen einzelnen Luchs fällt alle sechseinhalb Tage ein Riss. Die Dichte der Luchse auf der Gesamtfläche war recht stabil, auf 10.000 Hektar lebte im Schnitt ein Tier. Aus diesen Daten haben die Schweizer Wildtierforscher errechnet, dass die Luchse auf den 71.000 Hektar jährlich etwa 350 Rehe und rund 90 Gams entnehmen.

Ob mehr Gams oder Reh gerissen werden, hängt vom Anteil der Kuder im Luchsbestand ab. Ein Rückgang der ausgewachsenen Kuder bewirkte einen Rückgang der Gamsrisse um etwa ein Viertel. Interessant ist dabei auch, wie der Luchs in den Gams- und wie in den Rehbestand eingreift: Beim Gamswild wurden mehr Böcke als Gaisen oder Kitze erbeutet, beim Rehwild wurden deutlich mehr Gaisen gerissen. Der Anteil an Jungwild, welches vom Luchs erbeutet wurde, war entsprechend dem „Angebot" am höchsten von Anfang Juni bis Mitte August. Die Quote von männlichen und weiblichen Beutetieren veränderte sich nicht im Jahreslauf, obwohl weibliche Tiere während der Tragzeit etwas häufiger erbeutet wurden. Während Gams öfter beim Äsen gerissen wurden, haben Luchse mehr Rehe beim Wiederkäuen erbeutet. Die Luchse im Jura haben etwa 9 Prozent des Rehbestandes und 11 Prozent des Gamsbestandes erbeutet. Setzt man dies in Bezug zur Nachwuchsrate der beiden Schalenwildarten, so hatte der Luchs im Jura einen größeren Einfluss auf den Gamsbestand.

Der Luchs wurde etwa Mitte des 19. Jahrhunderts im Alpenraum ausgerottet. Zur selben Zeit wurden auch die Schalenwildbestände sehr stark reduziert. Gamswild war in weiten Teilen seines ehemaligen Verbreitungsgebietes ebenso verschwunden wie Reh und Rotwild. Zur gleichen Zeit war der Bestand an Haustieren hoch, viel Vieh weidete in Wäldern und auf Almen. Die Waldfläche war gering. Wenig Wald, wenig Wild und viel Vieh – Luchse mussten immer häufiger auf Haustiere ausweichen. Die Ausrottung des Luchses war leicht, da er in der Regel über Tage an den Riss zurückkommt. Dort kann er leicht erlegt werden. Die Übergriffe auf den Viehbestand haben besonders zur Abneigung gegen die Raubkatze beigetragen. Heute nimmt die Waldfläche laufend zu, die Schalenwildbestände sind hoch, und im Wald weidet kaum noch Vieh, dennoch ist die Abneigung gegen die Raubkatze nach wie vor aufrecht. Wir bezahlen für Trophäen ein Vielfaches mehr als für Wildbret, und kaum jemand jagt noch, weil er davon leben muss. Es wäre längst an der Zeit, umzudenken.

Gams und Wolf

In Bulgarien geht man davon aus, dass im Rila-Gebirge etwa 5-7 Prozent der Verluste beim Gamswild auf Kosten des Wolfes gehen, selbst wenn die Wolfsdichte hoch ist. Den Einfluss des Wolfes auf die Gamswildbestände schätzen die Bulgaren daher gering ein. Zu einem ganz ähnlichen Ergebnis kommt man auch in Italien. Dort hat man in den Westalpen untersucht, welche Schalenwildarten der Wolf bevorzugt. Hier gab es eine klare Reihenfolge: Die meisten Wolfsrisse gab es beim Rotwild, danach folgt Rehwild und zuletzt die Gams. Über Losungsanalysen fand man heraus, dass im Jahresschnitt drei Viertel der Beutetiere Cerviden waren, bevorzugt wurde insgesamt Jungwild. Beim Rotwild entfallen beinahe 60 Prozent der Risse auf Tiere, knapp 30 Prozent waren Kälber und nur etwa 10 Prozent Hirsche. Der Anteil an den Verlusten beim Gamswild entspricht jenem im Rila-Gebirge, und ebenso wie die Bulgaren schließen auch die Italiener, dass der Einfluss des Wolfes auf den Gamsbestand nur gering ist. Bleiben wir noch einen Moment bei den Wölfen in den Westalpen. Von Mai bis Oktober wird dort auch Vieh aufgetrieben, und Wölfe erbeuten auch einen Teil davon. Trotz des hohen Angebotes an Weidevieh im Sommer bevorzugten die Wölfe aber dennoch Wildtiere. Der Wolf erobert derzeit wieder ehemalige Lebensräume in Europa. Dabei hat er sein Verbreitungsgebiet vom Apennin auf Teile der

Westalpen ausgedehnt. Sowohl in Frankreich als auch in der Schweiz, wie auch im Nordwesten Italiens gibt es wieder Wölfe. Der Schweizer Kanton Wallis liegt direkt in dieser Region. Berechnungen zeigen, dass etwa ein Fünftel der Fläche dieses Kantons noch als Lebensraum für den Wolf geeignet wäre. Wir werden sehen, ob sich die Wölfe an diese Berechnungen halten …

Gams und Steinadler

In einem Gamsbuch kann der Adler nicht unerwähnt bleiben – auch wenn seine Rolle als Gamsjäger immer wieder überschätzt wird. Stark vereinfacht könnte man die Beuteliste des Steinadlers in den Alpen so zusammenfassen: Im Sommer Murmel, im Winter Schalenwild. Nicht überall, wo Adler in den Alpen jagen, gibt es Murmeltiere, dennoch zählen die großen Nagetiere zur Hauptbeute des Steinadlers. In Graubünden entfielen von rund 800 Nahrungsbelegen 60 Prozent auf das Murmeltier. Jener Heinrich Haller, der im Schweizer Wallis die erste grundlegende Arbeit über den Luchs in den Alpen erarbeitet hat, gibt uns mit seiner nachfolgenden Studie über den Steinadler in Graubünden ebenso grundlegende Einblicke zur Ökologie dieses Greifvogels im zentralen Alpenraum.

Im Winter, wenn die Murmeltiere schlafen, ernähren sich die territorialen Vögel in Graubünden zu über 80 Prozent von Schalenwild. Gams, Reh und Steinwild können zwar bis zum Alter von einem Jahr geschlagen werden, mindestens ebenso häufig werden aber Kadaver angenommen. Vor allem für die meist jungen und unerfahreneren Einzeladler scheint Fallwild eine wichtige Nahrungsquelle zu sein, von 36 Stück Schalenwild, die Jungadler geatzt haben, wurden nur 3 (!) geschlagen, der Rest war Fallwild. In Graubünden, wo die Winterfütterung für Schalenwild eigentlich kaum eine Rolle spielt, stand die Anzahl von Einzeladlern in einem Gebiet in direktem Zusammenhang mit der Schneelage. Große Schneemengen verursachten mehr Fallwild, damit war ein höheres Nahrungsangebot für die Adler gegeben. Die Vorliebe für Fallwild wurde den Adlern aber einst auch immer wieder zum Verhängnis. Studiert man eine Serie von 23 illegal getöteten Adlern, die in der Obersteiermark seit den 1950er-Jahren bekannt geworden sind, so wird damit ebenfalls die Vorliebe für Fallwild untermauert. Von den 23 getöteten Adlern endeten nämlich 20 in Fuchseisen!

Sicher hat der ein oder andere Gamsjäger auch schon beobachtet, dass bald nach einem Schuss der Adler kommt, um Ausschau zu halten, ob etwas vom Aufbruch für ihn abfällt. Wir hatten in unserem Revier über Jahre einen Steinadler, der beim Gamsjagern sehr bald nach dem Schuss auftauchte, um in unmittelbarer Nähe aufgeblockt auf den Aufbruch zu warten. Meist dauerte es gar nicht viel länger als eine halbe Stunde, und der Adler saß auf dem zurückgelassenen Aufbruch.

Ein Adler vermag mit seinen Fängen die Hirnschale einer Gams zu perforieren und damit sein Opfer sofort zu töten. Im Einzelfall kann er aber auch einen Fuchs oder ein Murmeltier durch Fallenlassen töten, oder er versucht ein potentielles Opfer in Panik zu versetzen, um es so zum Absturz im Steilgelände zu bringen. Dass Schalenwild im Alpenraum im Gegensatz zu vielen anderen Vorkommen eine Rolle bei der Ernährung der Adler spielt, drückt sich bereits in der Körpergröße unserer Adler aus. In Graubünden geht man immerhin von 0,25 geschlagenen Tieren (Kitze, Jungwild) je 100 Hektar Gebietsfläche und Jahr aus, wohingegen in vielen anderen Verbreitungsgebieten des Steinadlers geschlagenes Schalenwild nur sehr selten im Beutespektrum zu finden ist. In diesen Gebieten sind die Adler entsprechend dem Beutetierangebot (Hasen und Hörnchen) deutlich kleiner als bei uns, außerdem legen sie dort aufgrund der stärker schwankenden Beutetierbestände bei gutem Nahrungsangebot mehr Eier – haben also in guten Jahren mehr Nachkommen, in schlechten unter Umständen auch keine.

In der Steiermark haben Lisbeth Zechner und Mike McGrady die Nahrungsreste aus fünf Steinadlerhorsten zusammengetragen und untersucht. Dabei stellte sich heraus, dass es neben dem unterschiedlichen Angebot auch auf das Beuteschema der einzelnen Vögel ankommt. Reh- und Gamskitze haben in der Aufzuchtzeit beinahe zwei Drittel der Masse aller Beutetiere ausgemacht. Murmeltiere gab es nur in zwei Revieren. Interessant war dabei, dass Rehkitze viel häufiger als Gamskitze geschlagen wurden. Das Alter der Rehkitze weist darauf hin, dass sie mit etwa drei Wochen, wenn sie nicht mehr still abliegen, sondern bereits der Gais folgen oder beginnen selbständig zu äsen, am meisten gefährdet sind. Ein Gamskitz folgt der Mutter vom ersten Tag an. Und die Gamsgais sorgt nicht nur dafür, dass Gefahr rechtzeitig erkannt wird, sondern schützt und verteidigt auch ihren Nachwuchs. Um zu zeigen, wie breit das Beutespektrum des Steinadlers sein kann, möchte ich noch ein paar Beutetiere, welche bei der steirischen Untersuchung gefunden wurden, herausgreifen. Neben Raufußhühnern waren auch Drosseln, ein Turmfalke, Baummarder, Fuchs, Hasen, ein Maulwurf, eine Kurzohrmaus und sogar ein Hund zu finden – die Forscher nehmen an, dass es sich um einen etwas größeren Dackel gehandelt hat…

ZEHNTES KAPITEL:

Jagd

Bestandeserhebung – Gamszählung

Für eine nachhaltige jagdliche Nutzung ist die Wildstanderhebung eine wichtige Basis, und kaum eine andere heimische Wildart bietet bessere Voraussetzungen dafür als die tagaktiven Gams.

Große Gamsreviere und etwas Zeit gehören dazu, wenn man erfassen will, wie viel Stück annähernd im Revier stehen. Wo Berufsjäger oder Wildhüter viel draußen sind, wird man brauchbare Schätzungen erhalten. Dennoch, Gams bevorzugen je nach Jahreszeit Sonn- oder Schattseiten, sie wechseln zwischen Hochlagen und tiefer liegenden Bergwäldern. Nur selten sind Reviere heute noch so groß, dass sie Ganzjahreslebensräume abdecken. Wer jagen will, ohne den Bestand zu übernutzen oder dessen Struktur zu gefährden, der sollte sich in einem Reviersystem also mit seinen Nachbarn absprechen und die Gams ein bis zwei Mal jährlich gemeinsam zählen. Das kommt dem Wildbestand zugute – und vielleicht auch den nachbarschaftlichen Beziehungen.

Die Zählung ist keine Hexerei, zum Gamsjagern gehört das Spekulieren von einem gut übersichtlichen Platz ohnehin dazu. Günstig ist es, wenn man zwei Mal im Jahr zählt. Die Sommerzählung erfolgt im Juni/Juli, die Herbstzählung im September/Oktober. Am besten sind die dämmerungsnahen Tageszeiten, also der Morgen oder der Abend. Ich würde den Morgen bevor-

Gamszählen anno dazumal.

zugen; wer will, kann aber auch schon am Abend davor einen Durchgang machen. Man sollte mindestens ein bis eineinhalb Stunden auf seinem Beobachtungsposten bleiben. Sind viele Zähler im Einsatz, dann muss für jeden ein Teilgebiet abgegrenzt werden. Am besten ist eine Karte, in welcher die Bereiche und auch die gesichteten Gams eingetragen werden. Bei revierübergreifenden Zählungen sind die Uhrzeiten wichtig, damit ziehende Tiere nicht doppelt erfasst werden. In ein Zählformular werden der Beobachter, der Standort, das Wetter und die Uhrzeit eingetragen. Man unterscheidet zwischen Kitz und Jahrling, Gais und Bock sowie unbestimmten Tieren. Einzelne markante Stücke werden gesondert vermerkt. Auch die Größe der Gruppen sollte aufgenommen werden. Am schwierigsten zu erfassen ist der Anteil an Böcken und Jahrlingen.

Je nach Standort und Wetter können die Ergebnisse zwischen Sommer und Herbst und auch von einem Jahr zum anderen deutlich schwanken. Gilt es, große Revierteile zu erfassen, und es gibt nicht genügend Beobachter, dann kann man auch durch ein gut einsichtiges Teilgebiet gehen und dabei die beobachteten Gams aufnehmen. Exakt kann der Bestand nicht erfasst werden, über die Jahre erhält man aber einen guten Einblick in die Bestandesstruktur und in die Nachwuchsraten. Wer die Anzahl an Jahrlingen, also den effektiven Nachwuchs, mit dem Wetter im letzten Winter oder Spätwinter vergleicht, lernt den Einfluss des Klimas einzuschätzen.

Abschussplanung

Beobachtungen und Zählergebnisse liefern Grundlagen für die Abschussplanung. Wie im Kapitel zur Bestandesdynamik erläutert, gibt es für den Zuwachs beim Gamswild eine Grundregel, sie ist gut untermauert: Der effektive Zuwachs bewegt sich zwischen 10 und 20 Prozent des Wildbestandes. Damit sind zwei klare Eckpunkte gesetzt. Wer meint, dass er reduzieren muss, der kann darüber hinausgehen, wer aber glaubt, er kann längere Zeit über die 20 Prozent gehen, ohne den Grundbestand zu verringern, der wird eines Besseren belehrt werden. Auch in Waldgamsgebieten mit milderem Klima ist das Zuwachsprozent kaum höher. *Wie* man nun in den Bestand eingreift, hängt zunächst von Altersaufbau und Geschlechterverhältnis ab, ebenso ist die Bestandesdynamik zu berücksichtigen, danach sollte man den Lebensraum ins Auge fassen, und schließlich geht es auch um die Frage: Muss ich Gams jagen oder darf ich jagen? Der letzte Punkt ist wesentlich dafür, wie man an die Sache herangeht…

Ob man beim Gamswild nur in Jugend-, Mittel- und Altersklasse einteilt oder Kitze und Jahrlinge zusätzlich noch separat ausweist, ist aus meiner Sicht von untergeordneter Bedeutung. Ich halte wenig davon, dass man Kitzabschüsse zwingend vorschreibt. Im Kapitel zur Bestandesdynamik sind wir darauf schon näher eingegangen, im Zusammenhang mit der Jagd soll hier noch angemerkt werden, dass vermehrte Kitzabschüsse bei einer sozialen, langlebigen Wildart sogar dazu führen können, dass manche Gaisen bestimmte günstige Äsungsplätze meiden und damit den zur Verfügung stehenden Lebensraum nicht mehr voll nutzen. Sicher ist jedenfalls: Gamsgaisen lernen ebenso wie Rotwildmütter aus Erfahrung, und sie geben diese Erfahrung weiter! Gams können in stark beunruhigten Gebieten auch auf die Nachtstunden ausweichen. Die Bejagung wird damit immer schwieriger.

Generell ist die Jugendsterblichkeit hoch. Das heißt, bei den Kitzen und Jahrlingen gibt es von Natur aus die größten Ausfälle. In der Mittelklasse überleben die meisten Tiere. In der Altersklasse nehmen die natürlichen Ausfälle wieder zu, der Anteil an alten Tieren am Gesamtbestand ist aber gering. Die Mittelklasse ist das „Rückgrat" des Bestandes! Wenn wir in Gamsbestände eingreifen, dann sollten wir also besonders auf die Jungen und die Alten jagen. Die mittlere Altersklasse ist zu schonen. Die Dreiteilung ist hilfreich bei der Abschussplanung, Altersklassen sind aber nicht gleichzusetzen mit sozialen Gruppen. Wenn man ein Stück einer bestimmten sozialen Gruppe zuordnen möchte, dann muss man sich vor Augen halten, wie gut oder weit es entwickelt ist – hier geht es um körperliche und soziale Reife. Also von der Kindheit über die Pubertät ins Erwachsenen- und Greisenalter. Altersklassen orientieren sich rein rechnerisch nach Jahren. Wenn man nach den drei Altersklassen einteilt, dann würde ich Böcke von 1 bis 4 Jahren zur Jugendklasse zählen, von 5 bis 10 Jahren fallen sie in die Mittelklasse, und mit 11 Jahren und darüber sind sie in der Altersklasse. Die Gaisen von 1 bis 3 Jahren – oder auch nur bis 2, wenn sie mit 3 schon führen – gehören zur Jugendklasse. Jene von 3 oder 4 bis 12 Jahren sind in der Mittelklasse, und die Gaisen mit 13 Jahren und darüber gehören in die Altersklasse. Und welchen Anteil am Gesamtbestand sollten die jeweiligen Altersklassen einnehmen? Trennt man nach Geschlechtern, kann als Richtwert gelten: 25 Prozent in der Jugendklasse, 20 Prozent in der Mittelklasse und 5 Prozent in der Altersklasse. Bei den Böcken kann der Anteil in der Jugend etwas höher sein, weil dann später mit etwas mehr Ausfall zu rechnen ist. Bei den Gaisen wird der Anteil in der Mittelklasse um einige Prozent darüber liegen, weil führende Gaisen nicht einfach erlegt werden können.

Tatsächlich findet man aber kaum in einer Abschussrichtlinie Klasseneinteilungen mit den von mir angegebenen Altersgrenzen. Warum? Weil diese Richtlinien immer Kompromisse zwischen den Forderungen der Jagd und den Ansprüchen der Wildart sind. Viele Richtlinien begrenzen die Mittelklasse bei den Böcken nach oben mit 7 Jahren, mit 8 fällt der Bock dann bereits in die Altersklasse – eigentlich im besten Alter. Alt ist ein Gamsbock mit 8 Jahren sicher nicht. Dazu kommt, dass man einen 7- von einem 8jährigen Gamsbock nur schwer unterscheiden kann. Das Ansprechen ist dann selbst für Experten schwierig. Habe ich aber einen 11jährigen Bock vor mir, dann kann selbst ein Laie Altersmerkmale finden – es wird weniger Fehleinschätzungen geben. Derzeit werden in vielen Ländern die Gamsböcke in der Mittelklasse übernutzt, während die freigegebenen Abschüsse in der Altersklasse nicht erfüllt werden können – obwohl die Grenze ohnehin zu weit nach unten gerückt wurde. Das wirft ein Licht auf die Bestandesstruktur. Die Bedeutung der Mittelklasse wurde ausführlich dargelegt – ich möchte das hier nicht wiederholen. Bis Gamsböcke körperlich und sozial wirklich reif sind, brauchen sie jedenfalls Zeit – und die sollten wir ihnen geben. Paul Schwab, Forstmeister und Gamswildkenner aus Tirol, führt dazu an: „Bei falscher Bejagung und daraus folgend gestörter Sozialstruktur beträgt die Anzahl der Böcke, welche ein Alter von etwa 10 Jahren erreichen, nur etwa 0,5 Prozent des Bestandes – unter günstigen Bedingungen fallen drei bis acht Mal mehr Altböcke an. Die Anzahl der wirklich alten Böcke ist also ein guter Weiser, wie es um die Sozialstruktur in einem Bestand steht."

Ein Beispiel aus dem Aostatal zeigt, wie gravierend sich unterschiedliche Jagdpraktiken auf die Bestandesstruktur auswirken. Wir vergleichen die Strecken von freien Jagddistrikten, welche über Lizenzen bejagt werden, mit privaten Gamsrevieren im selben Tal. In den Lizenzrevieren steht uns eine Streckenstatistik über sieben Jahre zur Verfügung, in den Privatrevieren ein Schnitt aus vier Jahren. In den freien Revieren waren weniger als 5 Prozent der erlegten Böcke älter als 9 Jahre, weniger als 10 Prozent waren älter als 7 Jahre. In den Privatrevieren waren 12 Prozent der Böcke älter als 9 Jahre und 21 Prozent älter als 7 Jahre – also jeweils mehr als doppelt so viel. Wir sehen, die Altersstruktur eines Gamsbestandes fällt je nach Jagddruck sehr unterschiedlich aus.

Bei den Gaisen sind die Vor- und Nachteile einer Zweiklasseneinteilung gegenüber einer Dreiklasseneinteilung abzuwägen. Grundsätzlich wird man führende Gaisen schonen, es sei denn, Gais und Kitz sind in schlechter Kondition. Gaisen mit 11, 12 Jahren gehören noch nicht zum „alten Eisen", auch 14- und 15jährige Gaisen können durchaus noch gut entwickelte Kitze führen. Teilt man nur in eine Jugendklasse und eine Altersklasse, bleibt mehr Spielraum für die Auswahl nach körperlicher Kondition. Eine Dreiklasseneinteilung kann aber auch mithelfen, damit Gamsgaisen etwas älter werden. Tatsächlich hat es aber jeder Gamsjäger zu einem Gutteil selbst in der Hand, wie alt er die Gams werden lässt – mit und ohne Abschussrichtlinien.

Zum Geschlechterverhältnis sei bemerkt: Es sollte möglichst nahe bei 1:1 liegen. Das heißt, zum Abschuss werden etwas mehr weibliche als männliche Gams freigegeben. Die Lebenserwartung bei den Böcken ist kürzer. Werden zu viele Böcke erlegt, führt dies zu einem Überhang an weiblichem Wild – höhere Zuwachsraten, mehr Konkurrenz, geringere Kondition und mehr Fallwild sind die Folge. Letztendlich wird man sich bei der Jagd auf Gams nach der körperlichen Verfassung und dem Alter orientieren, Einteilungen nach Güteklassen in „A“ und „B“ sind sicher keine gute Grundlage, weil sie fast ausschließlich nach wenigen Trophäenmerkmalen erfolgen. Womit wir beim nächsten Thema sind.

Auslesekriterien

Die Jagd als Selektionsfaktor kommt in den letzten Jahren immer mehr ins Gerede. Ein Grund dafür sind genetische Studien, die zunehmend Licht in die Sache bringen. Gerade bei der Jagd auf Hornträger spielt die Trophäe eine zentrale Rolle. Hier muss man aber etwas einschränken, denn für einen wirklichen Gamsjäger zählt das Alter eines erlegten Stückes mindestens ebenso viel wie die Krucken. Liefern uns Trophäenmerkmale wirklich eine brauchbare Grundlage fürs Jagen, und kann man beim Gamswild über die Auswahl nach Kruckenmerkmalen überhaupt etwas erreichen?

Krucken als Qualitätsmerkmal

Es war eine Studie über Hornträger, welche Wildbiologen und besonders Jäger in Nordamerika aufhorchen ließ. David W. Coltman hat die Auswirkungen der Trophäenjagd auf Dickhornschafe untersucht, und seine Ergebnisse waren ebenso erstaunlich wie ernüchternd. Am Ram Mountain in Alberta erfolgte die Freigabe der Widder nach Schneckenlänge. Wenn die Schnecke von der Seite gesehen vier Fünftel eines Vollkreises erreicht hat, dann konnte das Stück erlegt werden – in manchen Provinzen wird dafür der „full curl“, also der volle Kreis verlangt. Die Auswahl nach der Hornlänge führte dazu, dass Widder mit schnellerem Hornwachstum früher entnommen wurden – noch bevor sie eine dominante Stellung im Rudel einnahmen und sich erfolgreich fortpflanzen konnten. Am Ram Mountain zeigte sich, dass dadurch die Widder mit besonders guter genetischer Qualität viel häufiger erlegt wurden. Die Hornlänge der Widder in diesem Bestand verringerte sich in dreißig Jahren auffällig – also innerhalb von nur fünf Schafgenerationen. Ein ähnliches Beispiel kennen wir auch vom Mufflon im Süden Frankreichs. Lebensraumverlust und selektive Jagd auf die Widder mit den stärksten Schnecken führte im Süden Frankreichs beim Mufflon zu einer Verringerung der Körpergröße bei männlichem und weiblichem Wild sowie zu deutlich geringeren Schnecken bei den Widdern in allen Altersklassen – dies in einem Zeitraum von nur 28 Jahren in einem Gebiet von rund 17.000 Hektar.

Gams – eine faszinierende Wildart.
Die Natur legt ihre eigenen Maßstäbe an, wir sollten ihr im Zuge der Jagd nach bestimmten Trophäenmerkmalen nicht unnötig ins Handwerk pfuschen. Die eng gestellten Krucken sind bei diesem Kraftlackl sicher kein Auslesekriterium.

Beide Beispiele zeigen, dass die Jagd das genetische Potential eines gesamten Bestandes verändern kann – wir nennen dies heute „durch den Menschen bedingte Evolution". Wenn man aber durch konsequenten Abschuss der Besten eine messbare Verringerung von Hornlänge und Körpergröße erreichen kann, dann müsste man durch konsequente Auslese doch auch eine Vergrößerung erreichen, oder? Darauf gibt es eine kurze Antwort: Von dem Versuch ist dringend abzuraten! Wildtiere haben sich über Tausende von Jahren angepasst, die Selektion nach ein oder zwei Trophäenmerkmalen, welche uns derzeit gerade einmal gefallen, ist ganz sicher keine Unterstützung dafür, dass Gams in ihrer Lebenswelt besser zurechtkommen. Und nur um Letzteres geht es. Dazu kommt, dass wir nicht wissen können, welche genetischen Merkmale wir damit sonst noch beeinflussen, ohne dass wir uns dessen überhaupt bewusst werden. Mittlerweile gibt es eine ganze Reihe von Beispielen, die zeigen, wie über Wilderei oder heutige Trophäenjagd die Genetik von Wildtierbeständen beeinträchtigt wird. Beispiele dafür gibt es bei Elefanten ebenso wie bei Rothirschen. Die Jagd durch den Menschen wirkt sich weltweit auf Wildtiere aus, und dabei geht es nicht nur um die zahlenmäßige Reduktion, wir beeinflussen damit auch das evolutionäre Potential jeder dieser bejagten Arten – also letztendlich deren Anpassungsmöglichkeiten. Genetische „Vielfalt“ ist die Basis dafür. Vielfalt setzt voraus, dass wir verschiedenste Formen, Ausprägungen und Spielarten zulassen. Ein Gamsbock mit weiter Auslage gehört also ebenso dazu wie ein Enger.

Beim Gams ist der Versuch, nach Kruckenmerkmalen auszulesen, aber ohnehin wenig erfolgversprechend. Das zeigen Studien aus den italienischen Seealpen. Marco Rughetti und Marco Festa-Bianchet haben dort Gamsböcke aus bejagten und unbejagten Beständen verglichen. Dabei ging es um die Beziehung zwischen Hornlänge und Körpergewicht. Ein Ergebnis: Die Kruckenlänge der erwachsenen Böcke steht kaum in Zusammenhang mit dem Körpergewicht. Das Körpergewicht spielt für den Brunfterfolg aber eine viel größere Rolle als die Länge der Krucken.

Wie gesagt, Peter Meile hat schon vor vielen Jahren von einem Gamsbock berichtet, dem beide Schläuche abgebrochen waren. Der Bock konnte sich dennoch gegenüber anderen durchsetzen und hat auch erfolgreich an der Brunft teilgenommen. Überraschend war bei den untersuchten italienischen Gams, dass die Entwicklung in der frühen Jugend keinen Einfluss auf das Körpergewicht im Alter hatte. Der Grund dafür heißt wieder einmal „kompensatorisches Wachstum“. Die meisten Böcke haben also in späteren Jahren aufgeholt, was in der Jugend nicht möglich war. Die beiden Wildbiologen fanden wenig Unterschiede zwischen den Gamsböcken aus bejagten und geschützten Beständen. Sie schließen daher, dass der Phänotyp, also das Erscheinungsbild von Gamsböcken, über die Jagd kaum beeinflusst werden kann. Die Ergebnisse aus der Studie weisen auf einen wichtigen Punkt hin: Ob sich jagdliche Auslese auf die genetische Vielfalt einer Wildart auswirkt, hängt davon ab, nach welchen Merkmalen der Jäger wählt – und, ob diese Merkmale für den Fortpflanzungserfolg des Wildtieres von Bedeutung sind. Wenn bei Gamsböcken die Krucken für den Brunfterfolg nur eine untergeordnete Rolle spielen, dann hilft es also wenig, wenn man versucht, nach Kruckenmerkmalen zu selektieren.

Haarkleid als Konditionsweiser

Gamshaare haben für die Wildart ebenso wie für österreichische und bayerische Jäger besondere Bedeutung. Für Gams ist das Haarkleid nicht nur Schutz gegen Witterung, es hat auch Signalfunktion, ja man kann sagen, dass die reifen Böcke tatsächlich einen seidig schwarzen Hochzeitsanzug tragen. Gams sind die einzige heimische Wildart, bei der es einen auffälligen Wechsel zwischen Sommer- und Winterkleid gibt. Das Haarkleid hilft ganz sicher bei der Altersansprache, aber liefert es auch Hinweise auf die Kondition?

Sehr schwaches Kitz am Winterbeginn.
Man kann so ein Kitz entnehmen, sollte dabei jedoch auch an die mögliche Störung denken, welche mit dem Eingriff verbunden ist. Häufiger Kitzabschuss führt dazu, dass manche Gaisen ehemals bevorzugte Äsungsplätze meiden.

Ganz allgemein wird der Haarwechsel gern als Hinweis auf die Kondition von Wildtieren genommen. Dabei sollte man aber zwischen dem Beginn des Verfärbens und der Färbung unterscheiden. Die Färbung allein sagt noch nicht alles, wichtig sind immer auch die Kondition und der körperliche Zustand. Gerade beim Gamswild gibt es helle und dunkle Farbschläge. Das zeigt sich schon im Frühjahr beim Haarwechsel, und es zeigt sich ebenso im Herbst. Nach meiner Erfahrung treten diese unterschiedlichen Farbschläge je nach Vorkommen verschieden deutlich zu Tage. In unserem Untersuchungsgebiet am Hochschwab waren sie sehr ausgeprägt. Dabei meine ich jetzt nicht alte Gams, welche nicht mehr vollkommen ins schwarze Winterhaar verfärben und deren Haar oft stumpf und glanzlos bleibt. Nein, am Hochschwab gibt es im Spätherbst schwarze und lichtere Böcke, und wer glaubt, dass nach einem langen Winter jedes Haar durch die UV-Strahlung gleich ausgebleicht ist, der irrt, denn auch im Frühjahr sind beide Farbschläge noch ebensogut zu erkennen. Im Sommer gibt es fast überall dunkle rotbraune und helle fahlgelbe Gams; wobei man einwerfen muss, dass die älteren Stücke in der Regel lichter gefärbt sind. Manche der älteren Gams in unserem Untersuchungsgebiet waren so auffällig hell, dass sie fast weiß erschienen – der Anteil an wirklich alten Gams war außergewöhnlich hoch.

Nicht über die Färbung, sondern über den Haarwechsel als Konditionsweiser beim Gams hat Ilse Storch vor über zwanzig Jahren eine Arbeit verfasst. Dabei wurde das Wild von zwei benachbarten Gebirgsstöcken in Bayern verglichen. Jäger haben seit jeher auf den Haarwechsel geachtet, wenn sie die Kondition einzelner Stücke beurteilen. Storch ist heute Professorin für Wildbiologie in Freiburg, bekannt wurde sie vor allem durch ihre Arbeiten über Raufußhühner. Sie war aber die erste, welche die Sache mit dem Haarwechsel beim Gamswild genauer unter die Lupe genommen hat. Dabei ging es nicht um das Verfärben im Herbst, sondern um den Haarwechsel im Frühjahr. Beim Rehwild achten viele darauf, beim Rotwild schon etwas weniger, bei Gams schauen aber nur mehr wenige, wann sie im Juni verfärben – weil die Wildart zu dieser Zeit eben nicht bejagt wird. Im Frühjahr beginnt der Gams am Haupt mit dem Haarwechsel, gut erkennbar ist dies aber erst, wenn die Haare am Träger auszufallen beginnen. Ilse Storch fand zwischen den beiden Gamsbeständen in den Ammergauer Bergen deutlich ausgeprägte Unterschiede. Das durchschnittliche Körpergewicht lag in dem einen Bestand bei Böcken wie auch bei den Gaisen um mehr als drei Kilogramm über jenem des Vergleichsgebietes. Körpergewichte wie auch Fettreserven ließen also auf konditionelle Unterschiede schließen.

Tatsächlich haben jene Gams aus dem Bestand mit den höheren Durchschnittsgewichten um zwei bis drei Wochen früher mit dem Verfärben begonnen. Die Böcke noch deutlich eher als die Gaisen. Insgesamt war aber nur bei den Gaisen ein eindeutiger Unterschied nachzuweisen, und zwar nur bei Beginn des Verfärbens. Die Zeitspanne, welche ein Gams im Schnitt für den Wechsel vom Winterhaar in die kurze Sommerdecke benötigt, war in beiden Beständen gleich lang – knapp vierzig Tage. Die Böcke aus dem besser konditionierten Bestand haben deutlich früher mit dem Haarwechsel begonnen, fasst man aber alle Tiere aus diesem Bestand zusammen, hat sich dort der Haarwechsel über einen Zeitraum hingezogen, der fast doppelt so lange war, wie bei den Gams mit den geringeren Wildbretgewichten.

Die „Leichteren“ haben also deutlich später angefangen, waren dafür aber schneller fertig. Bei den Böcken gab es demnach kein eindeutiges Ergebnis. Böcke beginnen eher mit dem Verfärben, weil Gaisen ihre Reserven zunächst fürs Setzen und Säugen brauchen. Bei den Böcken gibt es aber wieder Unterschiede zwischen reifen, mittelalten und jungen. Vor allem die Jungen und Mittelalten sind den Älteren im Juni beim Haarwechsel zum Teil weit voraus. Jahrlinge, die nur schwer über ihren ersten Winter gekommen sind, brauchen dagegen oft lange, bis der Haarwechsel abgeschlossen ist.

Die Ergebnisse von Ilse Storch zeigen, dass man nicht grundsätzlich vom Beginn des Haarwechsels auf Unterschiede in der Kondition schließen kann, auch das Klima, genetische Eigenschaften oder eben das Alter und die

Bestandesstruktur können hierbei eine Rolle spielen. Vergleicht man benachbarte Gebiete, dann sind Rückschlüsse auf die Kondition noch möglich, beim Vergleich von Regionen können aber verschiedene Gründe für den Zeitpunkt des Verfärbens verantwortlich sein. Interessant ist in diesem Zusammenhang vielleicht noch, dass unsere Gratgams am Hochschwab am Ende des Winters oft ein völlig ausgebleichtes Haarkleid tragen, während die Winterdecke der von uns untersuchten Waldgams in der Weststeiermark zur gleichen Zeit noch immer dunkel ist. Die UV-Strahlung am Berg bleicht also Gamshaare über die langen Wintermonate stark aus – so wird aus einem schwarzen Gams ein fahlbrauner.

Auslesefaktor „Schadwild"

Hubert Schatz, jagdlich versierter Wildbiologe des Landes Vorarlberg, schreibt im Jahr 2011 über die Gamswildbewirtschaftung im westlichsten Bundesland Österreichs: „Der Anteil von Schadwildabschüssen nimmt dramatisch zu. Schadwild- und Hegeabschüsse stellen ein immer größer werdendes Problem für die Vorarlberger Gamswildhege dar. Während diese im Zeitraum von 2001 bis 2008 bereits 36 Prozent aller Bockabschüsse betrugen, ist ihr Anteil in den vergangenen zwei Jahren auf alarmierende 50 Prozent (490 Stück pro Jahr!) angestiegen. Jener bei den Gaisen ist um 15 Prozent auf 30 Prozent des Gesamtabschusses gestiegen. Damit rutscht bei den Böcken der im Bundesländervergleich hervorragende Abschussanteil von 50 Prozent Klasse I aus den regulären Abschüssen auf rund 30 Prozent im Gesamtabschuss zu Lasten der Mittel- und insbesondere der Jugendklasse ab." Um es nochmals in Worte zu fassen: In Vorarlberg fiel um 2010 die Hälfte (!) aller erlegten Gamsböcke und ein Drittel (!) aller Gaisen unter den Begriff „Schadwild". Wie immer man feststellt, dass ein Stück Gamswild ein Stück Schadwild ist, weiß ich nicht. In der Regel reicht es, wenn das Wildtier eine bestimmte Zone betritt. Meist sind das ausgewiesene Objektschutzwälder, und meist sind es Böcke, die tiefer im Wald stehen – der Bockanteil an der „Schadwildstrecke" spricht für sich. Schatz weist in dem Beitrag auch ausdrücklich darauf hin, dass über die Entnahme von Schadwild der Anteil der Böcke an der gesamten Strecke stark zugenommen hat. Interessant bei den Aussagen von Hubert Schatz ist für mich aber auch die Feststellung: Man kann auf Landesebene 50 Prozent der Böcke in der Altersklasse erlegen. In Vorarlberg fällt der Bock mit 8 Jahren in die Alters- oder Ernteklasse.

Der Begriff „Schadwild" hat wenig mit Auslese zu tun, dabei geht es nicht um das Wildtier an sich, sondern um mögliche Schäden, die es verursacht. Ein Schaden entsteht nur, wenn menschliche Interessen beeinträchtigt werden. In der Regel wird bei „Schadwild" wenig differenziert, wodurch beim

Gams im Wald bevorzugt Böcke erlegt werden. Letztendlich steht für mich in Frage, ob man damit aber die geforderten Ziele erreicht. Wie gesagt: Eine Verschiebung des Geschlechterverhältnisses zugunsten der Gaisen steigert das Zuwachsprozent. Wird das Durchschnittsalter geringer, kommt mehr Dynamik in den Bestand, die Wildbestände schwanken stärker und sind damit schwerer zu kontrollieren. Wenn nötig, dann ist der Wildbestand zu reduzieren. Der Fehler, den wir immer wieder dabei machen, ist: Wir zerstören gleichzeitig die Bestandesstruktur. Oder um es drastischer zu formulieren: Auf der Suche nach einfachen, schnellen Lösungen demolieren wir das Sozialgefüge! Damit bringen wir Wildtierbestände in instabile Phasen – die Jagd kann darauf nur noch reagieren, aber nicht mehr vorausschauend agieren. Zudem kommt, dass nur erfahrene, ältere Tiere tradiertes Wissen weitergeben können, sie kennen ihren Lebensraum und nutzen ihn viel regelmäßiger als Jungwild. Viel Jungwild, viele Weibchen, viel Zuwachs, große Schwankungen und unregelmäßige Lebensraumnutzung erschweren Regulation und Kontrolle! Viel altes Wild, weniger Zuwachs, ein ausgeglichenes Geschlechterverhältnis und stabile Bestände erleichtern die jagdliche Bestandeskontrolle. Wer nur nach Stückzahl geht, der denkt nicht langfristig. Wenn also Wildstände zu reduzieren sind, dann sollte man – im Gegenteil zur gängigen Praxis – versuchen, das Durchschnittsalter anzuheben und das Geschlechterverhältnis auszugleichen. Stärkere Eingriffe besonders in die weibliche Jugend sind dafür eine Voraussetzung.

Generell sollten Wildbestände nicht die Lebensraumkapazität erreichen. Schwierig wird die Sache aber, wenn gleichzeitig mehrere Schalenwildarten nebeneinander vorkommen. Zum einen sollte dann keine einzelne Art an die Kapazitätsgrenzen stoßen, zum anderen beeinflussen sich die Arten aber auch gegenseitig. Das heißt: Rotwild setzt dem Gamswild Grenzen, Gams und Rotwild können die Lebensraumkapazität für das Rehwild vermindern. Es gibt eine Reihe von Beispielen, die belegen, dass der Rothirsch Gamswild verdrängen kann. Im Schweizer Nationalpark war dies in den 1960er-Jahren so. Die Hirschbestände sind damals stark angewachsen. In den 1980er-Jahren wurde dort der Rotwildbestand dann deutlich reduziert, worauf der Gamsbestand wieder zunahm. Wer also Wildschäden verringern will, der sollte auch an das Wechselspiel zwischen den verschiedenen Schalenwildarten denken.

Gamswildhege

Gamswildkenner sind sich seit jeher einig: „Eine Fütterung dieser Wildart bringt mit Sicherheit mehr Nachteile als Vorteile!“ Das scheint heute unumstritten, obwohl es auch auf diesem Gebiet immer wieder Experimente gab und leider noch immer gibt. Bemerkenswert ist diese Aussage, wenn wir uns im Vergleich mit Reh- oder Rotwild vorstellen, dass es sich dabei um eine jener Wildarten handelt, die in extremen Lebensräumen über den Winter kommen muss, und wo der Winter sicher auch heute noch zu den Hauptfaktoren der Bestandesregulierung zählt.

Wer nun meint, man könnte also wohl nur sehr wenig für unser Gamswild in Sachen „Hege“ tun, der irrt. Man kann sehr viel für das Wohlergehen der Gamsbestände tun, nur eben nicht mit dem Futtersack, sondern durch Einsatz für den Lebensraum, vernünftige Jagd, Bestandeserfassung und durch Berücksichtigung der grundlegenden wildbiologischen Kenntnisse über Bestandesstruktur und Aufbau eines Gamsbestandes. Sozialstruktur und Wohlbefinden hängen eng zusammen.

Wenn wir über Gamshege sprechen, dann macht allein die Art des Jagens schon viel aus. Dabei sind zumindest zwei Grundsätze voranzustellen: Keine Weitschüsse, und möglichst wenig Verknüpfung zwischen Mensch und Gefahr. Wird weit geschossen und lernt das Wild anschließend den Menschen

Idylle.

Tief verschneite Berglandschaften mögen romantisch wirken, für Gams bedeuten sie harten Überlebenskampf. Ab Mitte Dezember sollte die Jagd hier vorbei sein.

Viel beobachten, wenig stören.
Bevor man sich seinen Gams vom Berg holt sollte man sich ein wenig Zeit zum Spekulieren und Beobachten nehmen. Wenn kein passendes Stück dabei ist, wird dieser Jäger erst gar nicht in das Kar einsteigen.

mit Gefahr zu verbinden, dann geht allein über die Jagd viel Lebensraum verloren. Gams sind Fluchttiere. Für ein sicheres Leben im offenen Gelände über der Baumgrenze ist es notwendig, dass man lernt, Gefahrenquellen auf Entfernung einzuschätzen. Die Frage, welche immer wieder über Leben und Tod entscheidet, lautet: Ab wann muss ich flüchten, damit mir ein Raubfeind nichts anhaben kann? Die Fluchtdistanz zur Gefahrenquelle wird heute in vielen Gamswildlebensräumen über die Schussdistanz vorgegeben. Weiter schießen heißt also früher flüchten, mehr Sicherheitsabstand zu Steigen und Wegen, Meidung von „gefährlichen" Zonen und ganz allgemein „Achtung vor Menschen". Wird der Mensch als Gefahrenquelle eingestuft, vor der man schon auf 200 bis 300 Meter flüchten sollte, dann kann sich jeder ausmalen, wie viel an Lebensraum mit zunehmender Erschließung der Bergwelt verloren geht, oder besser gesagt nicht mehr genutzt wird. Wer also in Gebieten jagt, wo der Bergtourismus eine wichtige Rolle spielt, der muss für die Gamsjagd besonders viel Gespür und Achtsamkeit mitbringen. Das fängt lange vor dem Schuss an und schließt das Versorgen und die Beförderung der Beute mit ein. Besonders wichtig ist dabei, dass man nach dem Schuss einfach Zeit gibt und wartet, bis sich das Wild wieder beruhigt. Falls möglich, ist dies ebenfalls von Vorteil, wenn man auf Schussentfernung herangekommen ist. Kurzum, ein guter Gamsjäger sollte sich in das Wild hineindenken können, und zwar vor und nach dem Schuss. Kann er das, wird er die passende Gelegenheit nutzen und sich dann seinen Gams vom Berg holen. Gelingt es ihm am Ende, den Berg zu verlassen, ohne dass sich seine Spuren im Gedächtnis der Wildart eingegraben haben, dann hat er nichts zurückgelassen, was nicht dorthin gehört.

Ebenfalls nicht auf den Berg gehören Ansitzeinrichtungen mit Schlafgelegenheit ähnlich den Biwakschachteln. Es hat wenig mit Jagd zu tun, wenn jemand in so einem Kasten darauf wartet, dass ein Stück Wild vorbeizieht. Da diese „Bunker" besonders gern dort errichtet werden, wo ein Angehen im freien Gelände kaum mehr möglich ist, sind sie meist eine Quelle der Beunruhigung in letzten unerschlossenen Rückzugsgebieten. Damit sind wir bei einem weiteren Punkt, wenn es um Gamswildhege geht. Auch wenn heute die Reviere immer kleiner werden, so sollte sich dennoch jeder überlegen, ob er nicht irgendwo einen Winkel für die Gams übrig hat. Die ein oder andere Ruhezone, wo nicht gejagt wird oder wo nur zu bestimmten Zeiten das ein oder andere Stück entnommen wird, ist nicht nur ein Beitrag zur Gamshege, sondern bietet auch gute Gelegenheit, um mit der Wildart vertrauter zu werden. Mit dem Hinweis auf solche jagdlichen Ruhezonen können auch Wildschutzgebiete leichter durchgesetzt werden. Und noch einen letzten Punkt möchte ich hier anführen. Wer über Schitourengeher, Schneeschuhwanderer oder Eiskletterer jammert, aber selbst bis Silvester auf Gams jagert, der ist unglaubwürdig. Spätestens Mitte Dezember, besser noch Anfang des Monats sollte man die Jagd auf unser Bergwild einstellen …

Gams ansprechen

Höhe und besonders Stärke der Krucken sagen fast nichts über das Alter einer Gams. Kitze und Jahrlinge sind leicht anzusprechen, auch 2- bis 3jährige Stücke haben noch ein kindliches Aussehen. In der Mittelklasse von etwa 6 bis 9 Jahren fällt das Ansprechen schwer, während man sich bei alten Gams wieder leichter tut und oft sogar auf das Jahr ganz gut hinkommt. Ganz allgemein hilft es, wenn man das Stück einmal spontan in eine Altersgruppe einordnet. Innerhalb dieser Gruppe kommt man dann schon leichter weiter, und oft reicht ja die Zuordnung zu einer Altersklasse völlig aus.

Verhalten

Ältere Gams stehen gern etwas abseits. Alte Gaisen halten sich lieber am Rande der Gruppe auf, alte Böcke stehen häufig allein. Bockjährlinge sind ebenso wie manch Zweijährige noch bei den Scharwildrudeln. Eigene Verbände bilden die Böcke ab dem Alter von 2 bis 3 Jahren. Erst reife Böcke sind wieder lieber allein oder zu zweit. Wie bei anderen Wildarten auch sind junge Tiere unbekümmert, ältere mehr aufmerksam und vorsichtig. Dennoch zeigen oft gerade alte Böcke große Nervenstärke und lassen sich von Fall zu Fall auch übergehen. Bei den Gais-Kitzrudeln stehen in der Brunft hauptsächlich mittelalte Böcke, alte und vor allem sehr alte Böcke sind in der Brunft nicht mehr soviel auf den Läufen, sie beteiligen sich auch kaum noch an den abenteuerlichen Hetzjagden.

Im Sommer halten alte Gaisen zwar noch ganz gern Kontakt mit dem Rudel, es können sich aber auch einige alte Damen zusammentun und eigene kleinere Gruppen bilden. Steht die alte Gais um diese Zeit ganz alleine, dann spricht einiges dafür, dass sie nicht gesund ist. Wird ein ganzes Rudel abgehoben, bleibt manchmal die ein oder andere alte Gamsgais zurück oder stellt sich dann allein irgendwo ein. Ein junger Gams springt, ein alter Gams steigt…

Körperbau

Bei jungen Gams wirkt das Haupt dreieckig und kurz. Mancher Jäger spricht im Zusammenhang damit auch noch vom reinen, unbekümmerten „Kinderblick". Bei alten Gams dagegen treten die Augenhöhlen und damit die Lichter stärker hervor, das Haupt wird breiter, deutlich länger und derber. Böcke bekommen oft ein Ramsnase. Ein alter Gams hat einen kastenförmigen, grobknochigen Körperbau. Das Brustbein tritt bei ihm deutlich hervor, wodurch die Vorderläufe weiter hinten stehen. Bei alten Gaisen wirkt der Träger im Verhältnis zum Körper oft dünn und aufgesetzt. Besonders im Winter scheinen reife und alte Böcke auf kürzeren Läufen zu stehen. Bei

Altersansprache

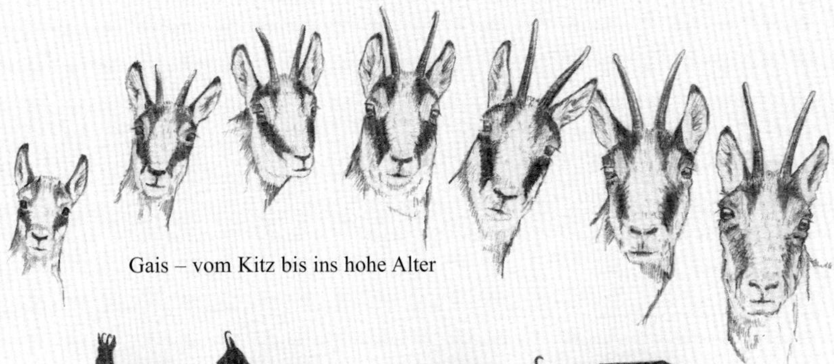

Gais – vom Kitz bis ins hohe Alter

Silhouette von vier verschieden alten Böcken

Gaiskitz

junge Gais

mittlere Gais

alte Gais

alte Gais

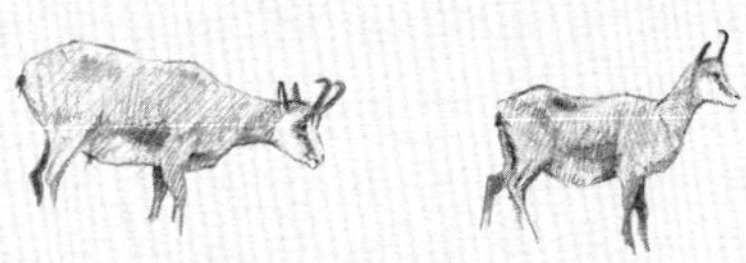

alter Bock und alte Gais

Gaisjährling

älteren Stücken hängt der Bauch etwas durch, sie weisen meist einen leichten Senkrücken auf und sind im hinteren Körperdrittel oft etwas eingefallen. Jüngere Gams sind schlank und stehen höher auf den Läufen.

Pinsel und Gesäuge

Der Pinsel hilft bei der Altersansprache. Er ist aber, ebenso wie alle anderen Altersmerkmale auch, kein vollkommen verlässliches Kennzeichen für einen alten Gamsbock. Bei jungen Böcken sind es wenige längere Haare, die an einen etwas stärkeren Faden erinnern. Erst bei reifen, alten Gamsböcken ist er breit und auffällig dicht. Das sind dann Herren im Alter von mindestens 10 bis 12 Jahren. Mittelalte Böcke haben dagegen kaum einen wirklich ausgeprägten breiten Pinsel.

Das Gesäuge der Gaisen ist im kurzen Sommerhaar gut erkennbar. Im längeren Winterhaar verschwindet es. Nur, weil eine Gais ohne Kitz unterwegs ist, heißt dies aber keinesfalls automatisch, dass sie nicht führt.

Schwache Hakelung, starker Gams. Bock oder Gais?

Ein wenig zuwarten, und alles ist klar: Bock!

Färbung

Da Äser und Stirn mit zunehmendem Alter breiter werden, wird auch die weiße Stirnblesse breiter. Bei alten Gams verläuft sie von der Stirn zum Windfang gleichmäßig, bei jungen Gams wird sie gegen den Windfang deutlich schmäler. Die Zügel der mittelalten Stücke heben sich auf jeden Fall scharf ab. In den Zügeln alter Gams gibt es mehr und mehr graue Haare, der Kontrast der schwarzen Streifen zu den hellen Wangen wird geringer und im hohen Alter mehr und mehr verwaschen.

Ein reifer Bock vom lichten Schlag.

Ein junger Bock vom dunklen Schlag.

Zwei reife Böcke beim Imponierzeremoniell im Frühjahr. Auch im ausgebleichten Winterhaar sind lichter und dunkler Schlag noch gut zu unterscheiden.

Grundsätzlich gibt es zwei Farbschläge: einen lichten und einen dunklen Typ. Die einen haben eher eine fahlgelbe Decke, die anderen eine rötlichbraune. Bei den dunkel gefärbten ist das Ansprechen wesentlich schwieriger, in der Regel handelt es sich um jüngere Stücke. Der lichte Gams hat mit etwa 10 Jahren bereits eine ganz fahle Deckenfärbung. Beim dunklen Typ sind die Zügel auch in höherem Alter noch kaum verwaschen. Mittelalte Böcke – das sind die 6-, 7- und 8jährigen – sind zur Brunftzeit meist kohlrabenschwarz. Sie haben auch den besten Bart. Sind Böcke sehr dunkel, dann sollte man sich also den Gams genau anschauen. Die Decke alter Böcke geht dagegen eher ins Graubraune, im Spätherbst ist sie beinahe dachsfarben.

Ältere Gais Ende Oktober.
Sie wird nicht mehr in die tiefschwarze Winterdecke wechseln.

Alte Gaisen brauchen oft außerordentlich lange, bis sie das Winterhaar vollkommen gewechselt haben – manchmal sind sie erst Anfang August richtig durchgefärbt. Dennoch bleibt ihr Haar meist fahl mit wenig Glanz. Wirklich alte Gaisen sind meist auch im Winterhaar auffällig lichter, das heißt, grau bis schwarzbraun. Sie verfärben nicht mehr ins dunkle, tiefschwarze Winterhaar. Alte Gaisen tragen auch nicht mehr die dunkle, schwarze Winterdecke, sondern bleiben eher grau mit struppigem, rauem Haar.

Ganz allgemein fehlt bei alten Gams der seidige Glanz im Haar, es wirkt stumpf und rau. Das Sommerhaar alter Gams bleibt fahl. Der oft erwähnte helle Keulenfleck ist ein Jugendmerkmal, das aber nicht immer deutlich ausgeprägt ist.

Ein alter Gams macht Freude

Unerfahrene Gamsjäger machen immer wieder den Fehler, dass sie zu viel auf die Krucken achten. Höhe oder gar Auslage sagen aber wenig über das Alter. Stark verpechte Krucken sind bei Böcken ein gutes Altersmerkmal, weil der Gams Jahre braucht, um einen dicken Pechbelag aufzubauen. Aufpassen sollte man aber bei stark verpechten Gaisen, denn sie sind im Gegensatz zu Böcken mit 9 oder 10 Jahren noch nicht wirklich alt. Grundsätzlich gilt: Ein Merkmal allein sagt wenig! Verhalten, Färbung und Körperbau geben zusammen ein Bild, das weiterhilft. Wie gesagt, die Trophäe spielt beim Gamsjagern eine untergeordnete Rolle – wirklich Freude macht ein alter Gams.

Über den Wert der Gamsjagd

Gams werden seit der Steinzeit vom Menschen bejagt, man weiß aber wenig über die Jagdtechniken, mit denen damals dieser Wildart nachgestellt wurde. Ein wenig weiterhelfen kann uns hier wieder einmal Martin Strasser von Kollnitz. Der fürsterzbischöfliche Jägermeister meint um 1630: Jene Gamsjäger, die weder Armbrust noch Gewehre kannten, werden Gams am ehesten nach drei Methoden bejagt haben: Entweder wurde das Wild mit langen Stangen aus den Wänden geworfen, oder man hat es mit Spießen, an denen Tillmesser befestigt waren, ausgestochen. Als dritte Möglichkeit – für einen heutigen Jäger ebenso unvorstellbar – führt er das Ausseilen an. Erst danach erwähnt er als weitere Jagdarten das Einjagen in Netze sowie den Einsatz von Spießen und Bögen. Gamsjagd war sicher kein leichtes Unterfangen, auf jeden Fall musste man in schwierigem Gelände nahe an das Wild herankommen. Über die Gamsjagd in der Frühzeit wissen wir also wenig, bekannt ist jedoch, dass gerade die Jagd auf diese Wildart in der Geschichte und im Selbstverständnis aller Alpenvölker eine bedeutsame Rolle einnimmt. Warum?

Bleiben wir noch einen Moment bei Strasser von Kollnitz, auch auf die Frage nach der Bedeutung der Gamsjagd im Alpenraum kann er uns zumindest einen Anstoß geben. Über den Gamsjäger und seine Qualitäten meint er: Dieser Jäger muss nicht nur über das Wild Bescheid wissen, er muss auch besonders geländegängig sein, er soll gut steigen können, muss einen klaren

Gamsjagd stellt Anforderungen an den Jäger und auch jene, die bei Wind und Wetter auf ihn warten müssen …

Kopf haben, soll stark, ehrlich, bescheiden, mutig, treu, ausdauernd, verlässlich in Notlagen, geschwind, aktiv, willig, unverdrossen und entschlossen sein. Dazu ergänzt er, dass ein Gamsjäger mehr Qualitäten braucht als ein Hirschjäger. Um die Bedeutung der letzten Aussage zu unterstreichen, muss man wissen, dass Strasser selber eigentlich durch und durch Hirschjäger war, und dass er die Jagdarten auf sämtliche Wildarten kannte. Neben den körperlichen Voraussetzungen sind es vor allem Charaktereigenschaften, die hier der Jägermeister fordert. Nun geht es nicht darum, jede dieser Eigenschaften in die Waagschale zu werfen, und niemand muss sich ausrechnen, was oder wie viel auf wen zutrifft. Es geht um ein Leitbild, für das der Gamsjäger über viele Generationen in den Alpen stand. Schon lange vor Strasser hat sich Kaiser Maximilian die Fähigkeiten eines Bergjägers zunutze gemacht, um damit Reputation und Prestige seiner Person auszubauen. Das ist ihm auch gut gelungen. In Tirol blieb ihm dieses Ansehen bis heute erhalten.

Den Wert der Gamsjagd können uns Betriebswirte nicht erklären, weil er nie mit Geld zu tun hatte. Der Wert der Gamsjagd lag seit jeher in den Anforderungen, die sie an den Jäger stellt. Wir drücken uns heute immer mehr um diese Anforderungen herum, mit technischen Krücken aller Art. Damit verliert die Jagd auf eine der letzten wirklich wildlebenden Schalenwildarten in den Alpen tatsächlich an Wert. Gamsjagd fordert einen gesunden Körper, aber noch viel mehr einen gesunden Geist. In diesem Sinne: Ich hoffe dieses Buch kommt der Wildart zugute …

ELFTES KAPITEL:

Steckbrief Gamswild

Systematik

Stamm: Wirbeltiere *(Vertebrata)*
Klasse: Säugetiere *(Mammalia)*
Ordnung: Paarhufer *(Artiodactyla)*
Unterordnung: Wiederkäuer *(Ruminata)*
Familie: Hornträger *(Bovidae)*
Unterfamilie: Ziegenartige *(Caprinae)*
Gattung: Gams *(Rupicapra)*
Arten: Nördliche Gams *(Rupicapra rupicapra);*
Südliche Gams *(Rupicapra pyrenaica)*

Körpermaße (Nördliche Gams)

Körperlänge: 110 bis 130 cm
Schulterhöhe: 70 bis 85 cm
Wedel: 10 bis 15 cm

Gewicht:	*Böcke:*	lebend erwachsen:	30 bis 50 kg
		aufgebrochen:	20 bis 35 kg
	Gaisen:	lebend erwachsen:	25 bis 40 kg
		aufgebrochen:	15 bis 25 kg

Es gibt bedeutende Gewichtsunterschiede zwischen einzelnen Regionen. Sie hängen oft mit Bestandesdynamik und Sozialstruktur zusammen. Ab einem Alter von ungefähr eineinhalb Jahren zeigen Böcke und Gaisen unterschiedliche Wachstumsmuster. Gaisen reproduzieren bereits, wenn sie knapp 80 Prozent ihres endgültigen Körpergewichtes erreichen. Sie erlangen ihr Erwachsenengewicht etwa drei Jahre früher als Böcke. Das Gewicht der Böcke steigt bis zum 6. Lebensjahr deutlich an, jenes der Gaisen bis zum 3. oder 4. Lebensjahr. Der größte Gewichtsunterschied zwischen den beiden Geschlechtern tritt dann im Alter von 7 bis 8 Jahren auf.

Geburtsgewicht: 1,5 bis 3,4 kg, meist 2,5 kg

Alter

Bock: 13 bis 15 Jahre (max. 21 Jahre)
Gais: 15 bis 20 Jahre (max. 24 Jahre)

Fortpflanzung

Brunftzeit: November, Dezember
Tragzeit: 180 bis 190 Tage
Setzzeit: Mai/Juni
Nachwuchs: 1 Kitz im Jahr

Säugezeit: mindestens 6 Monate. Säugende Kitze kann man aber auch noch vereinzelt im März oder sogar April des Folgejahres beobachten – das Kitz ist dann beinahe schon 1 (!) Jahr alt.

Sexuelle Reife: *Gais:* 2,5 Jahre;
Bock: 3,5 bis 4 Jahre

Fortpflanzung: *Bock:* (18) 42 bis 48 Monate;
Gais: (18) 30 bis 42 Monate

Hörner – Krucken

Die Hörner der Gams bestehen aus Knochenzapfen, die fast senkrecht am Schädel ansetzen. Diese werden von einem Hornschlauch umgeben. Er wächst zeitlebens, sodass der älteste Hornabschnitt an der Spitze liegt. Hörner sind fest mit dem Schädel verbunden, sie werden im Gegensatz zu Geweihen nie abgeworfen und sind auch niemals so wie Geweihe verzweigt. Beim Gamswild tragen beide Geschlechter schwarze, schlanke Hörner, die 20 bis 25 cm, in Ausnahmefällen 30 cm lang werden können. Sie sind an der Spitze nach hinten gebogen, bei Böcken sind sie stark gekrümmt, bei Gaisen verläuft der Haken flach nach hinten. Die Hornschläuche der Böcke sind um 10 bis 20 Prozent dicker als jene der Gaisen. Im Winter wird das Wachstum unterbrochen, sodass man Wachstumsabschnitte erkennen kann. Anhand dieser Abschnitte kann das Alter eines Tieres gut bestimmt werden. Achten sollte man bei der Altersbestimmung darauf, dass Jahresringe und Schmuckringe auseinandergehalten werden. Schmuckringe sind ringförmige Verdickungen am Hornschlauch. Im Gegensatz zu Jahresringen wird dort das Hornwachstum jedoch nicht unterbrochen. Schmuckringe und Jahresringe kann man leichter unterscheiden, wenn man weiß, wie lang die Wachstumsschübe in den einzelnen Lebensjahren sind.

Im 1. Lebensjahr schiebt das Kitz kurze Hornspitzen. Im Herbst sind diese bereits gut erkennbar, im folgenden Frühjahr sind sie etwa 5 bis 6 cm lang. Im zweiten Jahr ist dieser erste Wachstumsabschnitt noch gut erkennbar, später wird hier das Horn abgescheuert und blank poliert. Der erste Wachstumsabschnitt reicht in der Regel von den Hornspitzen bis zur Krümmung der Krucken. Er ist beim erwachsenen Gams nicht mehr zu erkennen.

Im 2. Jahr erfolgt der längste Wachstumsschub. In diesem Lebensjahr entscheidet sich, wie kapital eine Gamskrucke später einmal wird. Im Durchschnitt wächst der Hornschlauch im zweiten Lebensjahr 8 bis 9 cm. Die Bandbreite schwankt aber zwischen 5 und 15 cm.

Im 3. Lebensjahr werden nur noch etwa 3 bis 4 cm geschoben.

Der Wachstumsschub im 4. Lebensjahr beträgt in der Regel 1 cm. Dieser „Zentimeterring“ gibt guten Anhalt.

Im 5. Jahr wird in der Regel nur mehr ein halber Zentimeter geschoben, danach gibt es nur noch Millimeterringe, das heißt in einem Jahr wachsen nicht mehr als 1 bis 2 Millimeter zu. Diese Millimeterringe sind gut und eindeutig zu erkennen. Wenn man also den Zentimeterring findet und richtig einordnet, dann kann man das Alter anhand der Krucken recht gut bestimmen. Es sei denn, die Krucken sind stark verpecht. Dann sind die Jahresringe oft kaum zu erkennen.

Siehe auch Zeichnung Seite 196!

Zähne

Erwachsene Gams besitzen im Dauergebiss 32 Zähne: je Kieferast 6 Backenzähne, im Unterkiefer gibt es 6 Schneidezähne und 2 vorgerückte Eckzähne.

Zahnformel Gams: $\frac{3P \quad 3M}{3I \quad 1C \quad 3P \quad 3M}$

Für die Altersbestimmung kann beim Gamswild auch der Zahnwechsel herangezogen werden. Sichere Auskunft geben nur die Schneidezähne. Sie sind spätestens im 4. Jahr vollständig gewechselt. Danach kann das Alter anhand der Zähne nicht mehr eindeutig bestimmt werden. Bei Kitzen sind immer alle Schneidezähne Milchzähne. Im Unterkiefer gibt es jeweils 3 Schneidezähne und gleich anschließend den vorgerückten Eckzahn, der ebenfalls wie ein schmaler, außen anbei sitzender Schneidezahn aussieht. Etwa im Sommer des 2. Lebensjahres werden die ersten beiden Schneidezähne gewechselt, das sind die zwei in der Mitte. Die Schneidezähne im Dauergebiss sind deutlich größer als jene im Milchgebiss und daher leicht von diesen zu unterscheiden. Ein Jahrling besitzt also mit Sicherheit zwei deutlich größere Schneidezähne (I1), die bereits zum Dauergebiss gehören.

Etwa im Juni/Juli am Beginn des 3. Lebensjahres sind die zwei nächsten Schneidezähne (I2) vorhanden. Der Gams ist nun 2 Jahre alt. Hier gibt es allerdings die größten Schwankungen – der Wechsel des I2 kann sich vom 2. bis zum 4. Lebensjahr hinziehen. Vom 3. auf das 4. Jahr werden in der Regel die zwei nächsten Schneidezähne gewechselt (I3), ungefähr wenn der Gams 3 Jahre alt wird. Im Sommer desselben Jahres können dann auch die beiden Eckzähne gewechselt werden. Ein 3jähriger Gams hat im Herbst zur Jagdzeit also fast immer alle Schneidezähne gewechselt, und es können auch bereits die zwei außen anliegenden Eckzähne vom Dauergebiss sein. Ein 4jähriger Gams hat dann in jedem Fall alle Schaufeln gewechselt.

Die Backenzähne des Gamswildes sind sehr dauerhaft und hochkronig. Deshalb nutzen sie sich über die Jahre nur wenig ab, eine Altersbestimmung anhand der Zähne ist

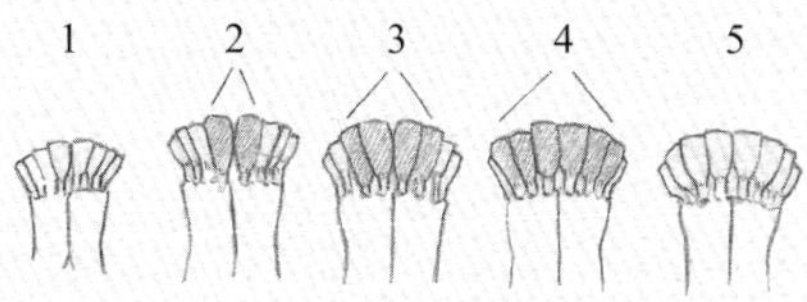

1 Schneidezähne im Milchgebiss eines Gamskitzes.

2 Im Sommer des 2. Lebensjahres werden die mittleren Schneidezähne gewechselt.
(Ein Jahrling hat im Herbst jedenfalls die mittleren Schaufeln gewechselt).

3 Im Juni/Juli des 3. Lebensjahres werden die nächsten zwei Schneidezähne gewechselt.
Der Gams ist nun 2 Jahre alt.

4 Vom 3. auf das 4. Jahr werden die nächsten 2 Schneidezähne gewechselt.
Der Gams ist nun etwa 3 Jahre alt.
(Ein 3jähriger Gams hat im Herbst fast immer alle Schneidezähne gewechselt)

5 Ein 4jähriger hat in jedem Fall alle Schaufeln gewechselt (auch die Eckzähne).

also nur schwer möglich. Bis zum 4. Jahr kann man jedoch über den Zahnwechsel auch mit Hilfe der Backenzähne auf das Alter rückschließen. Gerade bei Fallwild findet man oft nur noch einen Kieferast mit den Backenzähnen. Die Milchbackenzähne sind bereits kurz nach der Geburt vorhanden. Der erste Backenzahn (M1) wird etwa mit einem halben Jahr gewechselt. Der zweite Backenzahn (M2) bricht mit rund 15 Monaten durch, und der dritte Backenzahn (M3) erscheint etwa mit 27 Monaten. Die Prämolaren, das sind die Vorbackenzähne, werden mit etwa 27 bis 36 Monaten gewechselt. Der dritte Prämolar (P3) ist im Milchgebiss im Unterkiefer dreiteilig, im Dauergebiss ist er zweiteilig. Sobald er zweiteilig ist, ist der Gams 2 Jahre und 3 Monate alt (27 Monate). Der zweite und dritte Prämolar im Oberkiefer sind als Milchzähne zweiteilig, im Dauergebiss aber einteilig.

Bei alten Gams kann es vorkommen, dass die Zähne dicke, wulstige Anlagerungen aufweisen, besonders wenn im Winter viel harzreiche Äsung, wie etwa Latschen, aufgenommen wird. In sehr seltenen Fällen sind die Zähne von Gamswild auch mit einem goldglänzenden Belag bedeckt. Dabei handelt es sich um Biotit. Über den Speichel werden dabei Spuren von Mineralien an den Zähnen abgelagert. Auf diese Art kann entweder ein silbrig-perlmuttartiger oder ein goldbrauner Glanz zustande kommen.

Haarkleid und Färbung

Das Sommerhaar ist beim Gamswild kurz. Im Sommer ist die Wildart fahlgelb bis rötlichbraun gefärbt. Läufe, Zügel, die Rückseite der Lauscher sowie Wedel und Aalstrich sind ganzjährig schwarz bis schwarzbraun, ebenso ein dunkler Streifen zwischen Bauch und Flanken. Wie bei anderen Schalenwildarten auch gibt es lange Leithaare, etwas kürzere Grannenhaare und Wollhaare. Grundsätzlich kann man zwei Farbschläge unterscheiden. Es gibt einen hellen, fahlgelben und einen dunklen eher rötlichbraunen. Der helle und dunkle Typ ist auch im Winterhaar sowie im Frühling, wenn das Haar schon ausgebleicht ist, zu erkennen. Zu bemerken ist dazu, dass jüngere Gams häufig eher rotbraun gefärbt sind, ältere Gams sind oft sehr licht. Die Winterdecke ist schwarz bis schwarzbraun. Das Winterhaar ist deutlich länger, die Haare sind dicker und fester als im Sommer, eine dichte Unterwolle schützt vor Kälte. Im Winter sind nur Stirn, Wangen, die Innenseite der Lauscher und die Kehlregion blassgelb gefärbt. Als „Zügel" bezeichnet man das schwarzbraune Band, welches vom Windfang über die Lichter bis zu den Lauschern reicht. Die gesamte kontrastreiche Gesichtszeichnung heißt „Maske". Mit zunehmendem Alter werden die Zügel mehr und mehr grau und die Maske verschwimmt. Kitze tragen im ersten Monat ein graubraunes, wolliges Haarkleid. Nach ein bis eineinhalb Monaten wachsen die Grannenhaare durch. Die langen Leithaare entlang des Aalstrichs am Rücken werden nur einmal gewechselt. Sie können bei den Böcken bis über 20 Zentimeter lang werden. Ihre Spitzen sind pigmentleer, in der Jägersprache wird dies als „Reif" bezeichnet. Bayerische und österreichische Jäger verwenden dieses Haar, um daraus den Gamsbart zu binden. Den Gamsböcken dienen die Leithaare entlang der Rückenlinie zur Konturvergrößerung beim Imponieren gegenüber Rivalen. Am längsten sind sie im Frühjahr; dann kommen sie ebenso zum Einsatz wie während der Brunftzeit.

Warum unser Gamswild im Herbst tatsächlich ein schwarzes Winterkleid anlegt, ist bis dato nicht eindeutig klar. Erklärt wird dies immer wieder damit, dass eine schwarze Oberfläche Wärme besser aufnimmt. Also ein Vorteil im kalten Bergwinter? Die dunkle Fellfarbe entsteht vor allem durch Melanin. Es wird in Pigmentzellen der Haut gebildet. Wie gesagt, die Haare der Winterdecke sind dicker im Durchmesser. Allein dadurch

Weiße Gamsgais mit normalgefärbtem Kitz.

erscheinen sie bereits dunkler. Langes Haar reflektiert auch das Licht anders als kurzes. Schon allein deshalb kommen Farbunterschiede zwischen Winter- und Sommerdecke zustande. Das Haarkleid hilft aber nicht nur, Wärme zu speichern, Haare absorbieren auch UV-Strahlen. Damit schützen sie vor schädlichen Einflüssen der Sonnenstrahlen. Besonders im Hochgebirge ist das Haar des Gamswildes im Frühjahr stark ausgebleicht. Von der schwarzbraunen Herbst- und Winterfärbung ist dann nichts mehr zu erkennen. Die Melaninbildung beginnt vor der Geburt. Gamskitze sind in den ersten Wochen, wenn sie noch das feine Wollhaar tragen, viel dunkler gefärbt als erwachsene Tiere. Auch bei Rehkitzen ist dies so. Wahrscheinlich hängt dies mit dem Schutz vor UV-Strahlung ebenso wie mit der Wärmespeicherung zusammen. Vereinzelt kommt es bei Gams immer wieder vor, dass Teile der Haut keine Melanozyten enthalten. Diese Hautzellen bilden den Farbstoff Melanin. Wo sie fehlen, bleibt das Haar weiß. Auf diese Art entsteht Leuzismus, das heißt, es gibt weiße Flecken. Beim Albino sind Melanozyten vorhanden, sie können aber kein Melanin erzeugen.

Weiße Gams haben zwar die Fantasie vieler Jäger und Bergbewohner bewegt, bleiben wir aber bei den schwarzen Wintergams. Bei keiner anderen heimischen Schalenwildart unterscheiden sich Winter- und Sommerfärbung derart stark, und bei kaum einer spielt das Haarkleid bei Auseinandersetzungen eine derart wichtige Rolle. Haare werden eben auch beim Imponieren und Drohen eingesetzt, wenn sie das Tier aufrichtet, vergrößert es damit seine Konturen. Gamsböcke setzen Haare aber auch ein um „Duftstoffe" besser zu verbreiten. Gamswild führt uns also vor Augen, wozu Haare dienen können.

Vergleicht man die Hornträger mit den Geweihträgern, dann sieht man, dass erstere eine große Vielfalt an abwechslungsreichen Fellzeichnungen aufweisen. Etliche afrikanische Antilopenarten geben ein buntes Bild ab, wobei immer wieder kontrastreiche schwarze oder weiße Farbmuster auftreten: weiße Spiegel schwarz umrandet, schwarze Streifen im Gesicht oder an den Körperseiten, weiße Kehl- und Stirnflecken. Gamswild ist die einzige heimische Schalenwildart mit auffällig kontrastreicher Gesichtszeichnung. Die Zügel sind zwar ganzjährig schwarz, und auch die helle Färbung von der Stirn über den Rücken des Windfangs sowie an Wangen und Kehlbereich bleibt über das gesamte

Leuzismus.

Gibt es Hautbezirke ohne Melanozyten, wird dort kein Melanin produziert, hier bleibt das Haar weiß. Dabei handelt es sich nicht um Albinismus.

Jahr schmutzigweiß. So richtig zur Geltung kommt die gesamte Zeichnung aber erst, wenn die Gams ins dunkle Winterhaar verfärben. Erst dann wirkt die Maske. Die Wildart bevorzugt offene Landschaften. Im offenen Gelände kommt dem Sehsinn immer eine wichtige Rolle zu. Ende Oktober, zu Beginn der Gamsbrunft, fällt in den Bergen zwar oft schon der erste Schnee, aber meist gibt es noch keine geschlossene Schneedecke. Sicher ist, dass auf Schnee, Raureif, fahlgelben Grasmatten oder Schuttfeldern schwarze Gams viel besser über weite Entfernungen zu erkennen sind. Es muss also auch um Signale der Verständigung gehen.

Beim Gams stehen die Lichter besonders weit seitlich hervor, sie haben also ein großes Sehfeld. Körperfärbung dient im Tierreich auch, um Informationen zu vermitteln. Weiß lässt Bewegungen besser erkennen. Bei Schwarz kommen Umrisse besonders deutlich zur Geltung. Wenn Balletttänzer üben, tragen sie ein schwarzes Trikot. In dieser Kleidung sind Stellung und Körperhaltung gut zu sehen, damit treten Fehler viel deutlicher zu Tage und können korrigiert werden. Zwei imponierende Gamsböcke in schwarzer Winterdecke sollten also Konturen ebenso wie Bewegungen oder Unsicherheiten ihres Gegenübers leicht erkennen. Auch auf weite Entfernung ist ein schwarzer Wintergams, der von erhöhter Warte Ausschau hält, gut wahrzunehmen, Körperkonturen und Bewegungen treten durch diese Färbung in dieser Jahreszeit deutlich hervor. Was hat es aber nun mit der Gesichtsmaske auf sich?

Bei vielen Tierarten gibt es Augenringe, Streifen über den Augen, viele Arten haben auffällige Markierungen im Gesicht. Sind die Augen besonders hervorgehoben, dann ist die Blickrichtung eines Tieres besser zu erkennen. Auch Gams haben zwei weißliche Flecken über den Lichtern, und zwar nicht seitlich, sondern vorne. Sie werden deutlich

Gesichtszeichnungen männlicher Antilopen

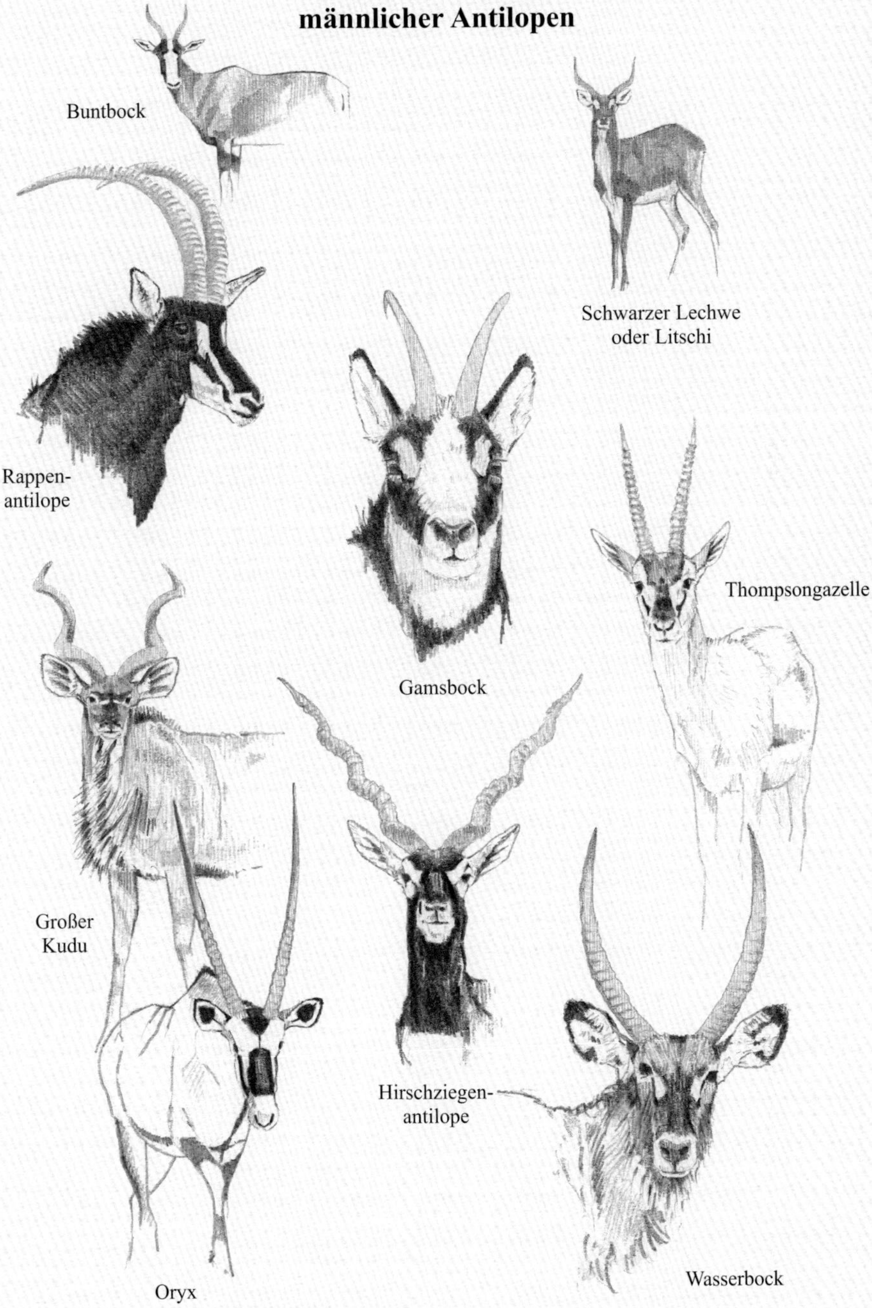

sichtbar, wenn einen das Tier direkt anblickt. Von vorne gesehen setzen auch die Lauscher so am Haupt an, dass die helle Innenseite direkt zu den Lichtern führt. Linien, wie die Zügel beim Gams, verstärken ebenfalls den Eindruck, wenn einen ein Tier anschaut. Sie führen ebenfalls zu den Lichtern. Die Zügel begrenzen auch den hellen Streifen, der sich vom Windfang zur Stirn hinzieht. Bei alten Gams werden Windfang und Nasenrücken immer breiter und damit auch die helle Blesse. Bei jungen Gams wird sie zum Windfang hin deutlich schmäler, bei alten Gams ist sie annähernd gleichmäßig breit. Selbst Kohlgams weisen in der Regel immer noch die weiße Blesse von der Stirn bis zum Nasenrücken auf. Zeigt sich diese, wird damit immer noch klar unterstrichen, wenn einen das Tier direkt anblickt.

Die Zügel unterstreichen die Konturen des Gesichtes, die weiße Blesse gibt Bewegungen wieder, und die Flecken über den Lichtern betonen die Augen. Nähert sich ein Gamsbock einer brunftigen Gais, legt er das Haupt zurück und präsentiert die weiße Kehle. Damit werden die Signale der Gesichtszeichnung, welche alle zu den Lichtern führen, stark abgeschwächt. Direktes Anschauen oder Anstarren ist in der Regel mit Selbstvertrauen oder sogar Drohen verbunden. Geht es bei Auseinandersetzungen um Dominanz, dann helfen Gesichtszeichnungen, weil damit jedes Zögern, jede Veränderung der Blickrichtung und jeder Seitenblick unmissverständlich deutlich gemacht wird. Bei vielen Antilopenarten sind die Gesichtszeichnungen besonders bei den Männchen ganz deutlich ausgeprägt, man kann davon ausgehen, dass sie bei Auseinandersetzungen eine Rolle spielen. Ein Brunftbock, der sich einer Gais nähert, will aber keine Auseinandersetzung, sondern er will Distanz abbauen. Das geht nur, indem er direktes Anstarren vermeidet. Die Gesichtsmaske ist dabei hinderlich, die weiße Kehle ist praktisch ein neutraler Ersatz dafür.

Kohlgams

Beim Kohlgams handelt es sich um eine auffällige Farbvariante, deren Ursachen genetisch verankert sind. Niethammer gibt an, dass der Anteil dieser „melanistischen Mutante“, also der dunkelgefärbten Veranlagung, auf der nördlichen Seite der Niederen Tauern zwischen Schladminger und Rottenmanner Tauern am größten ist. Ihr Verbreitungsgebiet erstreckt sich von den Seckauer Tauern im Osten bis nach Großarl und umfasst im Süden den östlichen Teil der Hohen Tauern. Dort kommt sie regelmäßig von Mallnitz bis ins obere Mölltal vor. Am häufigsten sollen Kohlgams in den Niederen Tauern nördlich der Wasserscheide zwischen Mur und Enns auftreten. Dazu muss man bemerken: Günther Niethammer war eigentlich Ornithologe, er hat seinen Bericht über die Kohlgams der Alpen Ende der 1960er-Jahre verfasst, wahrscheinlich ist der Zoologe über die Jagd auf dieses Thema gestoßen. Man muss also etwas vorsichtig sein, wenn man diese Angaben auf die heutige Zeit überträgt. Für Mallnitz und das Mölltal treffen sie nach wie vor zu, und auch aus den Schladminger Tauern in der Steiermark gibt es immer wieder Meldungen über diese Farbvariante. Das Interessante dabei ist, dass sich diese melanistische Form der Gams seit Jahrhunderten zu einem geringen Anteil in bestimmten Bereichen der Alpen hält. Schon Kaiser Maximilian berichtet um 1500 von einem „Gämsgejaid“ im Gschnitztal bei Steinach am Brenner. Er bemerkt dazu, dass es in dem Tiroler Seitental schwarze Gams wie in der Steiermark gibt. Sonst gibt es diese Gams nirgends. Aus Beobachtungen geht hervor, dass normal gefärbte Gaisen „Kohlkitze“ setzen können, und dass Kohlgaisen sowohl normal gefärbte Kitze wie auch „Kohlkitze“ setzen können.

Kohlgais.

Bei dieser Farbvariante gibt es weder Zügel noch helle Überaugenflecken, nur die weiße Stirnblesse ist hier vorhanden – oft fehlt auch diese.

Anhand einzelner Gaisen wurde auch beobachtet, dass sie in Folgejahren jeweils ein gleichgefärbtes Kitz setzten. Über einen Wechsel zwischen normal und melanistisch gefärbten Kitzen bei ein und derselben Gais berichtet Niethammer nichts.

Kohlgams wurden zum Teil wegen ihres außergewöhnlichen Aussehens geschätzt – das ist auch heute noch der Fall. In einigen Revieren wurden sie hingegen konsequent verfolgt – unter anderem, weil ein Kohlgams nur blinde Barthaare liefert. Der Anteil von Kohlgams am Gesamtbestand konnte jedoch weder durch Schutz noch durch Verfolgung nachhaltig verändert werden.

Skelett, körperliche Leistung

Der Körperbau dieser Wildart gewährt hohe Beweglichkeit. Sowohl Klettern als auch weit ausholendes, schnelles Laufen und starkes Strecken beim Springen sind damit möglich. Im Stand steht der Oberarm zum Schulterblatt ebenso wie der Oberschenkelknochen zum Becken in einem spitzen Winkel. Dieser ist kleiner als etwa bei Schafen, im Sprung können dadurch die Gliedmaßen stärker gestreckt werden. Sprünge von 2 Metern Höhe und 6 Metern Weite sind kein Problem. Berichtet wird sogar von Sprüngen bis zu 7 Meter weit und 8 Meter in die Tiefe. Dabei wird das gesamte Körpergewicht auf wenigen Quadratzentimetern aufgefangen. Im Tierpark von Berlin hat sogar ein 7 Monate altes Kitz einen 2,5 Meter hohen Gitterzaun überwunden, um zu seiner Mutter zu gelangen. Die Wirbelsäule setzt sich aus 7 Hals-, 13 Brust-, 6 Lenden-, 5 Sacral- und 7 Schwanzwirbeln zusammen.

Gams können auch in abschüssigem Gelände 50 Kilometer pro Stunde schnell laufen. Wer dies in großen Höhen schafft, der muss auch ein entsprechend angepasstes Herz haben: Gams haben eine dickere Herzwand als andere Säugetiere vergleichbarer Größe. Bei uns Menschen steigt der Puls bei großer Anstrengung kurzfristig auf rund 160 Schläge pro Minute, das Gamsherz schafft 200 Schläge/Minute spielend über längere Zeit.

Schalen

Gams sind Paarhufer. Ihre Schalen sind lang und schmal. Der elastische Sohlenballen wird von den harten Hornschalen eingeschlossen. Damit sind sowohl Haftung als auch Gleitschutz gegeben. Die Schalen sind gegeneinander sehr beweglich und werden durch ein starkes Band zusammengehalten. Sie können sehr weit gespreizt werden. Dies ergibt beim Gehen auf Schnee eine größere Auflagefläche. Im steilen, steinigen Gelände oder bei der Flucht spielen die Afterklauen eine wichtige Rolle.

Augen

Mit zunehmendem Alter wird der Augenwinkel größer. Bei erwachsenen Gams sitzen dann die Lichter weit seitlich am Haupt. Das heißt, Gams sehen auf kurze Entfernung nur mäßig plastisch, sie haben aber ein großes Gesichtsfeld und erfassen Bewegungen auch noch auf große Entfernung. Durch den kleinen toten Winkel nehmen die Tiere auch Annäherungen von hinten bald wahr. Die Iris der Augen ist rotbraun, die querstehende, längliche Pupille kann bis zu einem schmalen Schlitz zusammengezogen werden.

Drüsen

Gamswild besitzt wenig Duftdrüsen. Es gibt zwar wie beim Reh zwischen den Schalen Zwischenklauensäckchen, aber – nach Anthony Bubenik – keine Duftdrüsen. Im steinigen Gelände scheint die Übermittlung von Duftinformationen am Boden wenig sinnvoll und daher kaum ausgeprägt. Stark ausgebildet sind hingegen zwei Hautdrüsen am Hinterkopf, die sogenannten Brunftfeigen. Sie werden im Herbst des 2. Lebensjahres sichtbar. Mit Hilfe dieser Postcornualdrüsen markieren Gams beiderlei Geschlechts ganzjährig an Latschen, Grashalmen oder dürren Zweigen und ähnlichem. Besonders zur Brunftzeit sind diese Drüsen bei den Böcken stark angeschwollen, manchmal hat man deshalb den Eindruck, die Krucken wären weniger hoch.

Lautäußerungen

Gamswild „pfeift“, indem es die Luft durch die Nüstern presst. Dieses Geräusch ähnelt einem rauen Pfiff. Es ist ein Warnsignal, das weit zu hören ist. Wenn Kitze ihre Mutter suchen, meckern sie. Gaisen können ebenfalls meckern. Eigene Beobachtungen wie auch neuere Forschungen an Hausziegen lassen den Schluss zu, dass sich zumindest Mutter und Kind an der Stimme erkennen. Während der Hetzjagden keuchen die Böcke. Dieses Keuchen hört man ebenfalls über weite Entfernung. In der Brunft blädern Böcke. Das Blädern wird meist mit geöffnetem Äser ausgestoßen, es ist ein schnarrender Laut.

Tag-, Nachtaktivität

Gamswild wird seit jeher als „Tagtier“ bezeichnet. Dennoch wird unter Jägern seit langem die Frage diskutiert: Sind Gams auch nachtaktiv? Kurze Antwort: Ja, das sind sie auch. Es gibt sogar Hinweise darauf, dass Gamswild in touristisch stark genutzten Gebieten ihre Aktivität stärker in die Nachthälfte verlegen –, besonders, wenn es um die Nutzung guter Äsungsflächen entlang von Wegen oder Steigen geht. Am stärksten tritt die Nachtaktivität wahrscheinlich im Frühjahr während der Übergangszeit und der Umstellung der Äsungs- und Ernährungsgewohnheiten auf. Das ist, je nach Höhenlage, von April bis Mai. Nun gibt es beinahe einen sprunghaften Anstieg. Ich konnte dann

Gams oft im Mondschein vor meiner Hütte beobachten. Sie besuchten den Hüttenanger, weil es dort besonders frische, eiweißreiche Äsung gab. In dieser Zeit sind Gams sehr aktiv, weil sie nun versuchen, Energiereserven wieder aufzubauen. Das Pansenvolumen wird vorübergehend stark erweitert, der Gams wird vom Raufutterfresser zum Konzentratselektierer.

Im Frühsommer gibt es nach einer Aktivitätsphase am frühen Morgen ein Ruhefenster am Vormittag. Danach wird immer wieder geäst und geruht bis zum Abend. Im August ruhen Gams sehr viel. Nun suchen sie gerne schattige, kühle Plätze auf. Im September steigt dann die Aktivität wieder an, nun gibt es zwei deutliche Aktivitätsgipfel morgens und abends. Besonders aktiv werden Gams dann nochmals zur Brunftzeit im November. Danach wird zwar im Dezember nochmals intensiv nach letzten ergiebigen Äsungsflächen gesucht, in diesem Monat sowie im Jänner und Februar wird aber dann die Aktivität insgesamt stark gedrosselt.

Ausgewählte Literatur:

AUSTRHEIM, G., A. MYSTERUD, B. PEDERSEN, R. HALVORSEN, K. HASSEL und M. EVJU (2008): Large scale experimental effects of three levels of sheep densities on an alpine ecosystem. In: Oikos 117, 837-846.

BASSANO, B., A. PERRONE und A.v.HARDENBERG (2003): Body weight and horn development in Alpine chamois Rupicapra rupicapra (Bovidae, Caprinae). In: Mammalia 67, Nr. 1 2003, 65-73.

BAUER, J.J. (1982): Untersuchungen zur Dynamik von stabilen und kolonisierenden Gemspopulationen (Rupicapra rupicapra L.) Neuseelands. Diss. an der Biolog. Fakultät der Albert-Ludwigs-Universität zu Freiburg i. Brsg. 205 S.

BAUMANN, M., C. BABOTAL und J. SCHIBLER (2005): Native or naturalized? Validating alpine chamois habitat models with archaezoological data. In: Ecological Applications 15 (3), 2005, 1096-1110.

BAUMANN, M. (2000): Altersbestimmung beim Gämswild. Krucken und Zähne als Mittel zur Altersbestimmung erlegter Gämsen. Jagd und Fischerei Kanton Solothurn Weiterbildungsmappe Nr. 1, Feb. 2000. 17 S.

BAUMANN, M. und M. STRUCH (2000): Waldgemsen. Wildbiologie in der Schweiz 6/31 (3/2000), Infodienst Wildbiologie & Ökologie. 20 S.

BLANKENHORN, H-J. (1998): Was sucht die Gämse im Wald? In: Umweltschutz – BUWAL-Bulletin 4, 53-54.

BISCHOF, R. (2009): Selective Harvesting: Short- and long-term consequences for wild populations and their management. PhD-Thesis, Department of Ecology and Natural Resource management, Norwegian University of Life Sciences, Thesis Nr. 2009/30.

BOLDT, A. (2007): Auswirkungen von Luftfahrzeugen auf Säugetiere – Literaturstudie. FaunAlpin GmbH, Jerisbergmühle, Gurbrü. 41 S.

BOSCHI, C. und NIEVERGELT, B. (2003): The spatial patterns of Alpine chamois (Rupicapra rupicapra rupicapra) and their influence on population dynamics in the Swiss National Park. In: Mamm. Biol. (68), 16-30.

BÖGEL, R. (2001): Lebensraumansprüche der Gämse in Wechselwirkung zu Waldentwicklung und Tourismus. Bundesamt für Naturschutz, Bonn.

BRAMBILLA, P., BOCCI, A., FERRARI, C., und LOVARI, S. (2006): Food patch distribution determines home range size of adult male chamois only in rich habitats. In: Ethology Ecology & Evolution 18, 185-193.

BUBENIK, A.B. (1984): Ernährung, Verhalten und Umwelt des Schalenwildes. BLV Verlagsgesellschaft, München. 272 S.

CHIRICHELLA, R. (2010): Ecological factors affecting investment in body mass, and horns in the alpine chamois (Rupicapra rupicapra). Dissertation, University of Sassari, Ph.D. School in Natural Sciences, Sassari, Italy. 133 S.

COLTMAN, D.W., P. O'DONOOGHUE, J.T. JORGENSON, J.T. HOGG, C. STOREBECK und M. FESTA-BIANCHET (2003): Undesirable evolutionary consequences of trophy hunting. In: Nature, Vol. 426, 2003, 655-658.

CORLATTI, L. (2007): Sex-age structure of a chamois Rupicapra rupicapra rupicapra (Linnaeus, 1758) population in the Italian Alps. In: Il Naturalista Valtellinese – Atti Mus. Civ. Stor. Nat. Morbegno 18, 31/12/2007, 81-100.

CORLATTI, L., K. LEBL, F. FILLI und T. RUF (2011): Unbiased sex-specific survival in Alpine chamois. In: Mammal Biology (2011) MAMBIO-40488. 5 S.

COTÉ, S.D., M. FESTA-BIANCHET UND K.G. SMITH (1998): Horn growth in mountain goats (Oreamnus americanus). In: Journal of Mammalogy, 79(2), 406-414.

DARMON, G., C. CALENGE, A. LOISON, J-M. JULLIEN, D. MAILLARD UND J-F. LOPEZ (2011): Spatial distribution and habitat selection in coexisting species of mountain ungulates. In: Ecography 34 2011, 1-10.

DE ROOS, A., N. GALIC UND H. HEESTERBEEK (2009): How resource competition shapes individual life history for nonplastic growth: ungulates in seasonal food environments. In: Ecology 90(4), 2009, 945-960.

DESPARTES ESTES, R. (1992): The Behavior Guide to African Mammals. The University of California Press. 611 S.

ELSNER V. D. MALSBURG, I. (1982): Überleben im Hochgebirge: Eine Studie zur Raumnutzung von Gams. In: Z. f. Jagdwiss. 28 (1982), 18-30.

ENGGIST-DÜBLIN, P., UND INGOLD, P. (2003): Modelling the impact of different forms of wildlife harassment, exemplified by a quantitative comparison of the effects of hikers and paragliders on feeding and space use of chamois Rupicapra rupicapra. Wildl. Biol. 9, 37-45.

EVJU, M., G. AUSTRHEIM, R. HALVORSEN und A. MYSTERUF (2009): Grazing reponses in herbs in relation to herbivore selectivity and plant traits in an alpine ecosystem. Oecologia (2009) 161, 77-85.

FESTA-BIANCCHET, M. und S. COTÉ (2008): Mountain Goats – Ecology, Behavior, and Conservation of an Alpine Ungulate. Island Press. 265 S.

FESTA-BIANCHET, M., J-M. GAILLARD und S.D. COTÉ (2003): Variable age structure and apparent density dependence in survival of adult ungulates. In: Journal of Animal Ecology 72 (2003), 640-649.

FESTA-BIANCHET, M., J.T. JORGENSON und D. REALE (2000): Early development, adult mass, and reproductive success in bighorn sheep. In: Behav. Ecol. Vol. 11, Nr. 6, 633-639.

FILLI, F. und W. SUTER, ED. (2006): Huftierforschung im Schweizer Nationalpark. Nationalpark-Forschung in der Schweiz Nr. 93, Zernez 2006, sc nat. 241 S.

FORSYTH, D.M. (2000): Habitat selection and coexistence of the Alpine chamois (Rupicapra rupicapra) and Himalayan tahr (Hemitragus jemlahicus) in the eastern Southern Alps, New Zealand. In: Journal of Zoology (2000) 252, 2, 215-225.

FORSYTH, D.M. und G.J. HICKLING (1998): Increasing Himalayan thar and decreasing chamois densities in the eastern Southern Alps, New Zealand: evidence for interspecific competition. In: Oecologia (1998) 113, 377-382.

FRANKHAUSER, R. und P. ENGGIST (2004): Simulation of alpine chamois Rupicapra r. Rupicapra habitat use. In: Ecological Modelling 175 (2004), 291-302.

FUSCHLBERGER, H. (1955): Das Gamsbuch. F.C. Mayer Vlg, München-Hamburg. 504 S.

GIACOMETTI M., M. JANOVYKY, L. BELLOY und J. FREY (2002): Infectious keratoconjunctivitis of ibex, chamois and other Caprinae. In: Rev. Sci. Tech. Off. Int. Epiz., 2002, 21 (2), 335-345.

GARCIA-GONZALEZ, R. und P. CUARTAS (1996): Trophic utilization of a montane/subalpine forest by chamois (Rupicapra pyrenaica) in the Central Pyrenees. In: Forest Ecology and Management 88 (1996), 15-23.

GAREL, M., A. LOISON, J.-M. JULLIEN, D. DUBRAY, D. MAILLARD und J.-M. GAILLARD (2009): Sex specific Growth in Alpine Chamois. In: J. Mammal (2009) 90 (4), 954-960.

GAZZOLA, A., E. AVANZINELLI, I. BERTELLI, A. TOLOSANO, P. BERTOTTO, R. MUSSO und M. APOLLONIO (2007): The role of the wolf in shaping a multi-species ungulate community in the Italian western Alps. Italian Journal of Zoology, Vol. 74 (3), 2007, 297-307.

GAZZOLA, A., I. BERTELLI, E. AVANZINELLI, A. TOLOSANO, P. BERTOTTO und M. APOLLONIO (2005): Predation by wolves (Canis lupus) on wild and domestic ungulates of the western Alps, Italy. Journal of Zoology, Vol. 266 (2), 205-213.

GORDON, I.J., A.J. HESTER und M. FESTA-BIANCHET (2004): The management of wild large herbivores to meet economic, conservation and environmental objectives. In: Journal of Applied Ecology 2004, 41, 1021-1031.

HADWIGER, K. (1920-30): Die Gams in der Mittelsteiermark. Skript. 15 S.

HALLER, H. (1996): Der Steinadler in Graubünden. In: Der Ornithologische Beobachter, Beiheft 9,1996. 167 S.

HALLER, H. (1990): Zur Ökologie des Luchses Lynx lynx im Verlauf seiner Wiederansiedlung in den Walliser Alpen. Habil-Schrift im Forstwissenschaftl. Fachbereich der Georg-August-Uni, Göttingen. 92 S.

HAMEL, S., J.-M. GAILLARD, N. G. YOCCOZ, A. LOISON, C. BONENFANT und S. Descamps (2010): Fitness costs of reproduction depend on life speed: empirical evidence from mammalian populations. In: Ecology Letters (2010) 13(7), 915-935.

HAMEL, S., S.D. COTÉ und M. FESTA-BIANCHET (2010): Maternal characteristics and environment affect the costs of reproduction in female mountain goats. In Ecology 91(7), 2010, 2034-2043.

HAMEL, S., J.-M. GAILLARD, M. FESTA-BIANCHET und S.D. COTÉ (2009): Individual quality, early-life conditions, and reproductive success in contrasted populations of large herbivores. In: Ecology, 90(7), 2009, 1981-1995.

HAMR, J. (1984): Home range sizes of male chamois, Rupicapra rupicapra, in the Tyrolean Alps, Austria. In: Acta Zoologica Fennica, 1984.

HAMR, J. (1984): Home range sizes and determinant factors in habitat use and activity of the chamois (Rupicapra rupicapra L.) in Northern Tyrol, Austria. Diss. Dep. Of Zoology, Leopold-Franzens Uni, Innsbruck. 179 S.

HARDENBERG V., A., B. BASSANO, A. PERACINO und S. LOVARI (2000): Male Alpine Chamois Occupy Territories at Hotspots Before the Mating Season. In Ethology 106 (2000), 617-630.

HÄSLER, H. (2001): Untersuchungen zur natürlichen Bestandsregulierung der Gemsen (Rupicapra rupisacpra L.) im Schweizer Nationalpark. Master thesis, Zoologisches Institut der Uni Zürich, 1-92.

IGNASI, M., R. ROSELL, O. CABEZÓN, G. MENTABERRE, E. CASA, R. VELARDE und S. LAVIN (2009): Border Disease Virus among Chamois, Spain. In: Emerging Infectious Diseases, www.cdc.gov/eid Vol. 15 (3), 2009.

INGOLD, P., A. BOLDT, E. BÄCHLER, P. ENGGIST, M. V. ARX und C. WILLISCH (2002): Tourismus und Wild Schlussbericht 1997-2002 Zusammenfassung und Synthese. 49 S.

KLANSEK, E. (2004): Nahrungszusammensetzung von Rot-, Reh-, und Gamswild im Berggebiet. In: Tagung für die Jägerschaft, 16./17. Febr. 2004, Gumpenstein, 57-60.

KNAUS, W., und W. SCHRÖDER (1975): Das Gamswild. Paul Parey, 2. A. 234 S.

KRAUSE, M. (1997): Zur Winterökologie der Gemse (Rupicapra rupicapra) – geschlechtsspezifische Äsestrategien in Hochlagen. Diplomarbeit am Inst. f. Zoologie, Wien. 65 S.

KRÄMER, A. (1969): Soziale Organisation und Sozialverhalten einer Gemspopulation (Rupicapra rupicapra L..) der Alpen. In. Z. f. Tierpsychol, Bd. 26, Heft 8, 889-964.

LA MORGIA, V., und B. BASSANO (2009): Feeding habits, forage selection, and diet overlap in Alpine chamois (Rupicapra rupicapra L.) and domestic sheep. In: Ecol. Res. (2009) 24, 1043-1050.

LAIBACHER ZEITUNG Nr. 43., 21. Febr. 1868, Feuilleton. Beiträge zur Landeskunde Krains. II. Der Triglavgletscher und die Spuren einstiger Gletscher in Oberkrain – Die Sage vom Goldkrikel (Zlatorog).

LINN, S., und J. BAUER (1995): Gamswild – Umdenken gefordert!, Die Pirsch 20/95, 29-33.

LOISON, A., G. DARMON, S. CASSAR, J.-M. JULLIEN und D. MAILLARD (2008): Age- and sex-specific settlement patterns of chamois (Rupicapra rupicapra) offspring. In: Can. J. Zool. 86, 588-593.

LOISON, A., J. APPOLINAIRE, J.-M. JULLIEN und D. DUBRAY (2006): How reliable are total counts to detect trends in population size of chamois Rupicapra rupicapra and R. pyrenaica? Wildl. Biol. 12, 77-88.

LOISON, A., J.-M.JULLIEN und P. MENAUT (1999). Subpopulation structure and dispersal in two populations of chamois. J. Mamm. 80(2), 620-632.

Loison, A., J.M. Gaillard und H. Houssin (1994): New insight on survivorship of female chamois (Rupicapra rupicapra) from observation of marked animals. Can. J. of Zool. 1994, 72 (4), 591-597.

Lorenz, K. (1964): Das sogenannte Böse. Zur Naturgeschichte der Aggression. Borotha-Schoeller Verlag, Wien. 415 S.

Lovari, S., F. Sacconi und G. Trivellini (2006): Do alternative strategies of space use occur in male Alpine chamois? In: Ethology Ecology & Evolution 18, 221-231.

Mason, T.H., R. Chirichella, S.A. Richard, P.A. Stephens, S.G. Willis und M. Apollonio (2011): Contrasting Life Histories in Neighbouring Populations of a Large Mammal. In: PLoS ONE, 6 (11).

McDonough, T., J.R. Crye und G.G. Del Frate (2006): Can Horn Length of Mountain Goats Be Used as a Measure of Habitat Quality? In: Bienn. Symp. Northern Wild Sheep and Goat Council. 15, 158-166.

Meile, P. (1981): Sozialklassen beim Gemswild. Wildbiologie, 4/8 Jagd und Hege, Schweiz. Dokumentationsstelle für Wildforschung und Forschungsstelle für Naturschutz und angewandte Ökologie, FORNAT, Zürich. 13 S.

Meile, P. (1973): Die Hege des Gamswildes im Randgebiet seines natürlichen Vorkommens. Schweizerjäger, 24. 8. 1973, 58. Jg, 384-391.

Molinari-Jobin, A., P. Molinari, A. Loison, J.M. Gaillard und U. Breitenmoser (2004): Life cycle period and activity of prey influence their susceptibility to predators. Ecography 27, 323-329.

Molinari-Jobin, A., P. Molinari, C. Breitenmoser-Würsten und U. Breitenmoser (2002): Significance of lynx Lynx lynx predation for roe deer Capreolus capreolus and chamois Rupicapra rupicapra mortality in the Swiss Jura Mountains. Wildl. Biol. 8, 109-115.

Mysterud, A. (1998): The relative roles of body size and feeding type on activity time of temperate ruminants. Oecologia (1998) 113, 442-446.

Nestia, I., M. Posillico und S. Lovari (2010): Ranging behaviour and habitat selection of Alpine chamois. In: Ethology Ecology & Evolution 22 (3), 2010, 215-231.

Papaioannou, H.I., und V.I. Kati (2007): Current status of the Balkan chamois (Rupicapra rupicapra balcanica) in Greece: Implications for conservation. Belg. J. Zool., 137 (1), 33-39.

Parkes, J.P., und D.M. Forsyth (2008): Interspecific and seasonal dietary differences of Himalayan thar, chamois and brushtail possums in the central Southern Alps, New Zealand. In: New Zealand Journal of Ecology (2008) 32(1), 46-56.

Trinidad, P., S. E. Hammer, J. Albornoz und A. Domínguez (2011): Y-chromosome phylogeny in the evolutionary net of chamois (genus Rupicapra). www.biomedcentral.com/1471-2148/11/272.

Robin, K., A. Brülisauer, R. Ehrbar, C. Ruhlé, D. Rüegg, M. Struch, R. Fankauser, K. Bieri, R. Gilgen, B. Leuthold Hasler und M. Wilhelm (2004): Schafberg-Bulletin, Uznach, 1-12.

Rodriguez, F., P. Trinidad, S.E. Hammer, J. Albornoz und A. Domínguez (2010): Integrating phylogeographic patterns of microsatellite and mtDNA divergence to infer the evolutionary history of chamois (genus Rupicapra). In: www.biomedcentral.com/1471-2148/10/222.

Rodríguez, F., S.E. Hammer, P. Trinidad, F. Suchentrunk, R. Lorenzini, J. Michallet, N. Martinkova, J. Albornoz und A. Domínguez (2009): Cytochrome b Phylogeography of Chamois (Rupicapra spp.). Population Contractions, Expansions and Hybridizations Governed the Diversification of the Genus. In: Journal of Heredity 2009, 100 (1), 47-55.

Rossi, L., C. Fraquelli, U. Vesco, R. Permunian, G.M. Sommavilla, G. Carmignola, R. Da Pozzo und P.G. Meneguz (2007): Descriptive epidemiology of scabies epidemic in chamois in the Dolomite Alps, Italy. In: Eur. J. Wildl. Res. (2007) 53, 131-141.

Ruckstuhl, K.E. und P. Neuhaus (2002): Sexual segregation in ungulates: a comparative test of three hypotheses. In: Biol. Rev. (2002) 77, 77-96.

Rughetti, M., und M. Festa-Bianchet (2011): Seasonal changes in sexual size dimorphism in northern chamois. In: Journal of Zoology 284 (2011), 257-264.

Rughetti, M., und M. Festa-Bianchet (2011): Effects of early horn growth on reproduction and hunting mortality in female chamois. In: Journal of Animal Ecology (2011) 80, 438-477.

Rhugetti, M., C. Tolgo, A. v. Hardenberg, E. Rocchia und M. Festa-Bianchet (2011): Effects of an exeptionally snowy winter on chamois survival. In: Acta Theriol (2011) 56, 329-333.

Rughetti, M., und M. Festa-Bianchet (2010): Compensatory Growth Limits Opportunities for Artifical Selection in Alpine Chamois. Journal of Wildlilfe Management 74 (5), 1024-2019.

Rüttimann, S., M. Giacometti und A.G. Elligott (2008): Effect of domestic sheep on chamois activity, distribution and abundance on sub-alpine pastures. In: Eur. J. Wildl. Res. (2008) 54, 110-116.

Ryser-Degiorgis, M.P., P. Ingold, H. Tenhu, A.M. Tebar Less, A. Ryser and M. Giacometti (2002): Encounters between alpine ibex, alpine chamois and domestic sheep in the swiss alps. Hystrix 13 (1-2), 2002, 1-11.

Salzmann, H.C. (1977): Gewicht, Schädelgröße und Gehörnwachstum von Gemsen aus dem Jura und ein Vergleich mit anderen Populationen. In: Z. Jagdwiss. 23 (1977), 69-80.

Sägesser, H., und F. Knapp (1986): Rupicapra rupicapra (Linneaeus, 1758) – Gemse, Gams. In: Handbuch der Säugetiere Europas Band 2/II Paarhufer. Aula-Verlag, 316-438.

Schatz, H. (2011): Gamswildbewirtschaftung in Vorarlberg. In: Vorarlberger Jagd, 4-6.

SCHAUMBERGER, J., M. SCHARDT, T. GUGGENBERGER, H. GALLAUN, A. SCHAUMBERGER, A. DEUTZ, G. GREẞMANN und J. Gasteiner (2005): GIS-gestützte Ermittlung der Veränderung des Lebensraumes alpiner Wildtierarten (Birkhuhn, Schneehuhn, Gamswild, Steinwild) bei Anstieg der Waldgrenze aufgrund Klimaveränderung. StartClim2005.F. – 41 S.

SCHNIDRIG-PETRIG, R., und P. INGOLD (2001): Effects of paragliding on alpine chamois Rupicapra rupicapra rupicapra. Wildl. Biol. 7, 285-294.

SCHRÖDER, W. (1971): Untersuchungen zur Ökologie des Gamswildes (Rupicapra rupicapra L.) in einem Vorkommen der Alpen. Z. f. Jagdwiss. 17 (1971), I. Teil,. 113-168, II. Teil, 197-325.

STANKOWICH, T., und T. CARO (2009): Evolution of weaponry in female bovids. In: Proc. R. Soc. B (2009) 276, 4329-4334.

STORCH, I., und W. SCHRÖDER (1987): Haarwechsel als Konditionsweiser für Gamspopulationen (Rupicapra rupicapra). In: Z. f. Jagdwiss. 33 (1987), 213 – 220.

STORCH, I. (1989): Condition in chamois populations under different harvest levels in Bavaria. In: Journal of wildlife management 53 (1989), 925-928.

STRASSER V. KOLLNITZ, M. (1997): Das Jagdbuch des Martin Strasser von Kollnitz. Hrsg. K. Lindner, Vlg. des Kärntner Landesarchivs. 419 S.

VALCHEV K., KR. ANDONOV, G. POPGEORGIEV, D. PLACHIJSKI und ST. AVRAMOV (2006): Action Plan for the Chamois in Bulgaria 2007-2016. BBF – SFA, Sofia, 93 S.

VALENTINCIC, S. (1974): Gravidität der Gamsgaisen in den Julischen Alpen. Z. f. Jagdwiss. 20 (1974), 50-53.

WALTHER, F.R. (1979): Das Verhalten der Hornträger (Bovidae) 10 (30), 1-184. Handbuch der Zoologie, 8. Band, de Gruyter, Berlin-New York.

WILLISCH, C. (2009): Density and climate effects on demographic parameters in a population of Alpine chamois in the Swiss Alps. Einfluss von Dichte und Klima auf demographische Parameter in einer Population von Alpengämsen in den Schweizer Alpen. FaunAlpin , Bern. 22 S.

WILLISCH, C., und P. Ingold (2007): Feeding or Resting? The Strategy of Rutting Male Alpine Chamois. Ethology 113, 97-104.

WILLISCH, C. (2004): Populationsökologische Untersuchung zu den Gämsen am Augstmatthorn. Ergebnisse der Bestandeserhebungen 1990-2004. Bern, 2004. WildARK. 38 S.

YOCKNEY I.J., und G. J. HICKLING (2000): Distribution and diet of chamois (Rupicapra rupicapra) in Westland forests South Island, New Zealand. In: New Zealand Journal of Ecology (2000) 24 (1), 31-38.

ZECHNER, L., und M. MCGRADY (2003): Beiträg zur Nahrungsökologie des Steinadlers Aquila chrysaetos in der Steiermark. Steir. Landesjägerschaft. 24 S.

ZUPAN, M. (2010): Mineral supply and fertility of chamois. Graduation Thesis, Univerza v Ljubljani, Biotehniska Fakulteta. 75 S.

ZUM THEMA GAMS

Gams

Bilder aus den Bergen

Von Gunther Greßmann, Veronika Grünschachner-Berger, Thomas Kranabitl und Hubert Zeiler.
160 Seiten, über 200 Farbfotos.

Preis: 49.- Euro.

Eindrucksvolle, in dieser Dichte einzigartige Fotos, gepaart mit ausdrucksstarken Texten. – In den Bildern spiegelt sich sehr viel Wissen über diese faszinierende Wildart wieder. Der Bildband „Gams – Bilder aus den Bergen" ist daher eine sehr sinnvolle Ergänzung zum vorliegenden Gamsbuch von Hubert Zeiler.

Gamsräude

Von Elisabeth Schaschl.
160 Seiten, mit großzügiger Farbillustration.
Exklusiv in Leinen.

Preis: 31.- Euro.

Wie eine Geißel hängt die Gamsräude über vielen Bergrevieren. Kein Wunder, dass diese folgenschwere Krankheit die Jäger seit jeher beschäftigt hat. Grund genug, diesem Thema ein ausführliches Buch zu widmen. – Großzügig illustriert!

Österreichischer Jagd- und Fischerei-Verlag
1080 Wien, Wickenburggasse 3
Tel. +43/ 1/ 405 16 36 Fax +43/ 1/ 405 16 36/ 59
E-mail: verlag@jagd.at Internet: www.jagd.at

VON HUBERT ZEILER

Rotwild

in den Bergen

384 Seiten, davon 64 Seiten Farbtafeln mit über 100 Farbbildern und SW-Zeichnungen. Exklusiv in Leinen.

Preis: 65.- Euro.

Alles über Biologie, Lebensraum, Geschichte, Verhalten, Bestandesentwicklung, Jagd, Geweih und Vererbung des Rothirsches.

Rehe

im Wald

304 Seiten, 200 Farbfotos und Zeichnungen. Exklusiv in Leinen. – Preis: 65.- Euro.

Spannende Einblicke in das Leben einer vermeintlich bekannten Wildart. Der Leser wird durch dieses Buch lernen, die Rehe mit anderen Augen zu sehen.

Auerwild

Leben – Lebensraum – Jagd

240 Seiten, 48 Seiten Farbtafeln mit über 100 Farbfotos und 50 SW-Zeichnungen. Exklusiv in Leinen. – Preis: 65.- Euro.

Eine vollständige Monografie über den Großen Hahn. Mit Anleitungen, wie man die Lebensräume des Auerwildes mit wenig Aufwand wieder verbessern kann.

Birkwild

Haselhuhn – Schneehuhn

296 Seiten, 48 Seiten Farbtafeln mit über 100 Farbfotos und 50 SW-Zeichnungen. Exklusiv in Leinen. – Preis: 65.- Euro.

Dieses Buch komplettiert die Serie über heimische Raufußhühner und bringt das Wissen um diese Vögel auf den heutigen Stand.

Österreichischer Jagd- und Fischerei-Verlag
1080 Wien, Wickenburggasse 3
Tel. +43/ 1/ 405 16 36 Fax +43/ 1/ 405 16 36/ 59
E-mail: verlag@jagd.at Internet: www.jagd.at